지구온난화에 속지 마라

UNSTOPPABLE GLOBAL WARMING

Unstoppable Global Warming

지구온난화에 속지 마라

© 프레드 싱거·데니스 에이버리, 2009. Printed in Seoul, Korea.

초판 1쇄 펴낸날 2009년 8월 5일 | 초판 12쇄 펴낸날 2018년 11월 28일
지은이 프레드 싱거·데니스 에이버리 | 옮긴이 김민정 | 펴낸이 한성봉
편집 서영주·박래선 | 디자인 정애경 | 마케팅 박신용 | 경영지원 국지연
펴낸곳 도서출판 동아시아 | 등록 1998년 3월 5일 제1998-000243호
주소 서울시 중구 소파로 131 [남산동3가 34-5]
페이스북 www.facebook.com/dongasiabooks | 전자우편 dongasiabook@naver.com
블로그 blog.naver.com/dongasiabook | 인스타그램 www.instagram.com/dongasiabook
전화 02) 757-9724,5 | 팩스 02) 757-9726

ISBN 978-89-6262-012-2 03400
파본은 구입하신 서점에서 바꿔드립니다.
값 15,000원

지구온난화에 속지 마라

| 과학과 역사를 통해 파헤친 1,500년 기후 변동주기론 |

프레드 싱거 · 데니스 에이버리 지음 ● 김민정 옮김

동아시아

차례

그린란드의 운명

10세기가 끝날 무렵, 붉은 에이리크(역자 주: 에이리크 라우디는 붉은 에이리크라는 뜻이다. 영어 이름을 따 에릭 더 레드(Erik the Red), 붉은 에릭이라고도 부른다. 붉은 머리카락 때문에 붙은 별명이다. 또 토르발드의 아들이라는 뜻으로 에이리크 토르발드손(Eiríkr Þorvaldsson)이라고 부르기도 한다. 그린란드에 최초로 노르드 인 식민지를 개척하였다.)가 노르드 족을 이끌고 그린란드에 정착할 당시 그와 그 후손들은 지구에서 일어날 가장 드라마틱한 기후 변동을 겪게 될 것이라는 사실을 알지 못했을 것이다.

기다란 배를 아이슬란드에서부터 서쪽으로 운항하던 바이킹들은 그 거대하고 아무도 살지 않는 섬을 발견하고는 흡족해 했다. 그 섬의 해안선을 따라 형성된 목초들로 소와 양을 먹일 수 있었고, 얼지 않은 해안가에는 대구와 물개들이 풍부했다. 가족들에게 먹일 수 있는 야채 등을 재배할 수 있었고, 겨울에는 동물들을 먹일 수 있는 건초도 마련할 수 있었다. 목재가 될 만한 것들은 없어도 마른 생선이나 물개 가죽, 해마 가죽으로 만든 질긴 동아줄 등을 실어 다른 노르드 족의 항구로 가져가 필요한 물품들과 교환할 수도 있었다. 새 개척지는 번성하여 1100년대에는 인구가 3천 명에 달하고, 교회가 두 개에 주교까지 있었다. 초기 정착자들은 두 그룹으로 나뉘어 한 그룹은 남서쪽 해안가에, 다른 한 그룹은 서쪽 해안선을 따라 올라가 훨씬 북쪽에서 정착하였다.

그들은 정작 당시 400년간 계속 되었던 중세 온난기의 덕을 보고 있었다는 것을 몰랐다. 중세기 온난기 동안 북유럽의 기온은 섭씨 2도가량 높았다. 온난기에 대해서만 몰랐던 것은 아니었다. 온난기가 끝난 다음 500년간 지속된 소빙하기로 접어들고, 노르웨이와 아이슬란드를 따뜻하게 해주었던 걸프 해류가 바뀌어, 그들이 살고 있던 목초지대가 얼음으로 변하게 될 것이라는 점도 알지 못했다.

소빙하기가 진행되면서 개척지는 점점 더 살기 어려운 곳으로 변했다. 얼음 덩어리들이 그린란드 해안까지 형성되면서, 배들은 빙하를 피하기 위해 더 남쪽으로 항로를 이동해야 했다. 여름이 점점 짧아지고 서늘해지면서 더 길고 추워진 겨울을 나기 위해 필요한 식량과 건초 등의 수확량도 줄게 되었고 눈보라는 점점 심해졌다.

1350년경, 빙하가 그린란드 북쪽 정착지를 덮쳤고, 1410년경에는 배가 정착지의 남쪽을 지나고 나서는 항로가 아예 단절되었다. 빙하가 침식됨에 따라 남쪽으로 이동한 이누이 족과 물개를 놓고 전쟁이 벌어졌다. 대구 떼들은 난류를 찾아 정착지와 떨어진 남쪽으로 이동하였다. 무덤에 매장된 시체들을 보면 신장이 그 전보다 작아졌다는 것을 알 수 있다. 이는 기후 변화로 인해 영양 상태가 나빠진 것을 입증하는 것이다.

남아 있던 노르드 족이 이누이 족에 의해 죽임을 당했는지 아니면 굶어 죽게 되었는지 아니면 얼어 죽었는지, 또 언제 죽었는지에 관해 정확히는 알 수 없지만 그들이 마지막까지 우유를 먹었다는 것을 알 수 있다. 그린란드 노르드 족 사체에서 발견된 치아 속 산소 동위원소를 분석한 결과 1100년과 1400년 사이에 평균적으로 1.5도의 기온 하강이 있었던 것으로 나타난다. 덴마크는 소빙하기로 인해 그 거대한 영토가 줄어들게 되는 1721년 이전까지 그린란드에 대해 알지도 못했다.

현대 온난기로 접어든 지 150여 년이 지난 오늘날 그린란드에는 50,000명의 인구와 20,000마리의 양들이 있다. 대부분의 국민들은 새우와 고기를 잡는 어업으로 살아가고 있고 짧은 여름에는 억척스런 관광객들이 다녀가기도 한다. 황폐화된 노르드 족의 성당과 주교가 살았던 곳이 부분적으로 복원되면서 아름다웠던 그린란드의 노르드 족 시대를 기념하고 있다.

그린란드는 현대 온난기가 계속되는 최소한 몇 백 년 동안 더 유명한 관광지로 각광받을 것이다. 그러나 빙하와 해저 침전물들을 보면 지난 백만 년에 걸쳐 600번의 1,500년 기후 변동주기가 있었던 것으로 나타난다. 그 주기는 다시 변하고 그린란드는 또 다시 얼음이 덮인 어려운 시기를 맞게 될 것이다. 15세기의 소빙하기와 다음에 있을 빙하기의 유일한 차이는 인류의 기술 발달로 인해 그 대처 능력이 향상되었다는 것이다. 25세기의 그린란드 사람들은 그 조상들보다 더 단열기능이 뛰어나고 튼튼할 뿐만 아니라, 인공위성을 통한 통신 기능 및 빙하를 부술 수 있는 쇄빙선을 가지게 될 것이다.

제1장
기후 전쟁

   지구가 더워지고 있는 것은 사실이지만, 지구 도처에서 발견되는 과학적 증거들은 인간의 활동에 의해 배출되는 이산화탄소가 온난화에 미치는 영향이 미미하다는 것을 말하고 있다. 대신 지금의 따뜻한 온난화는 적어도 백만 년 전부터 1,500년(±500년) 주기를 가지고 나타나는 자연적 기후 변동 현상의 한 부분인 것으로 보인다.

   이 기후 주기는 너무나 길고 또 너무나 완만해서 기온을 측정할 만한 기구를 가지지 않았던 선사시대 사람들이 역사적 증언으로나마 남길 수 없었다. 하지만 기후 변동을 보여주는 역사적 기록들은 존재한다. 고대 로마인들은 이탈리아와 영국에서 자라던 포도나무 서식지가 북쪽으로 확장되는 사실을 기록하고 있는데, 이는 기원전 200년부터 기원후 600년 사이에 지구온난화가 있었다는 사실을 보여준다. 또한 유럽과 아시아 대륙들에서 발견된 역사적 기록들을 보면 약 900년~1300년 사이에 중세 온난기(Medieval Warming)가 있었다는 것을 알 수 있다. 이 기간은 온화한 겨울, 안정된 계절 변화 그리고 강한 폭풍들이 없었기 때문에 중세 기후최적기(Medieval Climate Optimum)라고 불린

빙하에서 시추한 빙하 코어 보관실의 모습

다. 또한 인류가 남긴 역사 자료들은 1300년부터 1850년까지 소빙하기(Little Ice Age)가 지속되었음을 기록하고 있다. 그러나 사람들은 이런 기후 변동의 한 부분을 개별적 현상들로 보아왔고, 하나의 연속된 현상으로 간주하지 않았다.

이렇게 단편적으로만 해석되었던 기후 변동에 관한 시각이 1984년 덴마크의 윌리 단스고르(Willi Dansgaard)와 스위스의 한스 외슈거(Hans Oeschger)가 그린란드에서 처음으로 채취한 빙하 코어(ice core, 빙하에 구멍을 뚫어 추출한 얼음 조각)에서 나온 산소 동위원소를 분석한 결과를 발표하면서 달라지기 시작했다.[1]

이들 빙하 코어들은 25,000년 동안의 지구 기후 역사를 하나의 보고서처럼 보여주었다. 이 과학자들은 눈이 내릴 당시의 온도를 알려주는 빙하 코어 속 무거운 산소 동위원소(O-18)와 가벼운 산소 동위원소(O-16)의 비를 분석했다. 이들은 당시 이미 알려져 있던 90,000년의 빙하기와 온화한 간빙기를 증명할 만한 근거를 발견할 것으로 예상했고, 빙하 코어 분석 결과들은 그러한 기후 변화가 있었다는 것을 보여주었다. 뿐만 아니라 강하지는 않지만 2,550년의 아주 뚜렷한 주기를 가지고 기후가 변화해 왔다는 것을 발견하게 되었다(이 주기는 곧 1,500년(±500년)으로 다시 추정되었다).

하지만 1980년대 중반까지, 세계는 이미 온실효과 이론 자체를 확신하고 있었고, 인간의 산업활동이 지구의 기후를 변화시키기에 충분할 만큼 급격하게 성장했다고 믿었다. 그때까지 멀리 그린란드에 묻혀서, 세상에 알려지지 않았던 단스고르와 외슈거의 발견은 언론매체의 관심을 거의 끌지 못했다. 그러나 두 과학자의 자연적인 1,500년 기후 변동주기를 뒷받침하는 연구결과들이 1984년 이후 나타나기 시작했다.

● 아이슬란드와 지구 반대편에 있는 남극 보스토크 빙하에서 1987년 추출된 빙하 코어들은 400,000년 동안 기후가 1,500년을 주기로 변화해왔다는 것을 보여주었다.

● 빙하 코어들을 통해 볼 수 있는 결과들은 북극, 유럽, 아시아, 북아메리카, 라틴 아메리카, 뉴질랜드와 남극의 빙하들이 차지하고 있던 면적 변화와도 상관관계를 보였다.

● 이 1,500년 변동주기는 북대서양, 사르가소 해, 남대서양, 아라비아 해와 같은 먼 바다의 해저에서 끌어올린 침전물들의 분석 결과에서도 발견되었다.

- 북반구의 아일랜드와 독일에서 발견된 동굴석순들은 현대에 나타나고 있는 온난화와 이전의 소빙하기, 중세 온난기, 암흑기(Dark Age), 로마시대의 온난기 그리고 로마시대 온난기 이전 명명되지 않은 한랭기들에 대한 증거들을 제시하고 있다.
- 북아메리카로부터 건너온 것으로 추정되는 꽃가루 화석들을 분석한 결과들은 식목들이 지난 140,000년 동안 1,650년 주기로 아홉 번에 걸쳐 완전히 재조직화되었다는 사실을 보여주고 있다.
- 고고학자들은 유럽과 남아메리카 두 지역 모두에서 선사시대의 인간들이 거주지와 농경지를 기후가 온난할 때에는 산간지역으로 옮겼고, 한랭기 동안에는 다시 저지대로 옮겼다는 사실들을 지적했다.

이처럼 지구는 끊임없이 더워지고, 식는다. 이 기후 변동은 부인할 수 없는 사실이며, 아주 오래전부터 있어왔고, 때로는 갑작스럽게 일어났으며 그리고 전 지구에 걸쳐서 나타났다. 또한 이 기후 변동은 인간의 힘으로 멈출 수도 없는 것이다. 빙하 코어와 침전물들에서 발견된 동위원소들과 고대 수목의 나이테들 그리고 동굴석순들을 분석한 결과들은 기후 변동이 태양 복사량의 변화와 상관관계가 있다는 것을 보여준다.

기온 변화는 대체로 심하지 않다. 예를 들면, 온난기 동안 뉴욕과 파리가 위치한 정도의 위도에서는 온도가 장기간 평균기온보다 약 2도 정도 상승했고, 극지방에서는 약 3도 정도 상승했다. 마찬가지로, 한랭기 동안은 기온이 평균기온에서 비슷한 정도로 떨어졌다. 적도 근처를 보면, 내륙지역에서는 기온 변화가 거의 없으나, 강수량은 기후 변화에 영향을 받는 것으로 나타났다.

기후 변동은 대기 중 이산화탄소 양의 변화와도 비슷한 주기를 보이고 있는데, 이런 1,500년의 변동주기에 근거하면, 현재 지구는 현대 온난기(Modern Warming)에 진입한 지 대략 150년 정도 되었고, 이 온난화는 앞으로 수세기 동안 지속될 것이며, 결국에는 중세 기후 최적기의 온화한 기후를 회복할 것으로 예측된다.

사실 지난 연구결과들을 보면 온난기 국면에 기후가 가장 안정적이었고, 소빙하기 동안에는 더 잦은 홍수, 가뭄, 기근과 폭풍우들이 발생하였다. 이러한 모든 과학적 증거들에도 불구하고 수많은 지식인들, 과학자들 그리고 권위 있는 연구기관들, 국가 정부기관들은 현재 관측되고 있는 지구의 온난화가 인간 활동에 의해 배출되는 이산화탄소에 의한 것이고, 치명적인 위험을 가진 것으로 일반인들에게 인식시켜왔다. 그들은 화석연료의 사용을 막아야 하고, 식품 개발, 보건 기술, 생활수준 향상이 "지구를 지키기" 위한 수단들과 연결되어야만 한다고 목소리를 높여 왔다.

우리는 예측 가능한 1,500년 기후 변동주기를 무시해온 것이다.

앞으로도 우리 사회는 지구온난화에 대한 위기의식을 조장하여 화학비료, 자동차, 에어컨 사용을 제한하도록 강요할 것인가? 앞에서 언급된 것과 같은 진보된 과학 기술이 증명하는 사실들을 무시할 것인가?

지난 교토의정서에서 채택된 이산화탄소 안정화 목표를 달성하기 위해서는 인류의 막대한 희생이 요구된다. 이 의정서의 초기 제안은 1990년 배출량 수준에서 5%가량 감축하는 것이지만, 이 정도로는 온실효과에 의한 지구온난화를 막지 못한다고 알려져 있다. 인간의 활동에 의해 야기된 지구온난화로부터 지구를 지키는 일은 아마도 2012년으로 예정된 교토의정서 제2차 공약기간이 시작될 때까지 기다려야 할 것이다.

1995년 미국의 한 환경학자는 다음과 같이 전망했다. "UN 기후변화정부간위원회(IPCC)에 따르면, 대기 중 이산화탄소 농도를 안정화시키기 위해서는 즉각적으로 60~80%의 배출 억제가 필요하다. 저개발국들은 산업화 과정에서 그리고 인구가 늘어나면서 어쩔 수 없이 화석연료의 사용을 늘리게 될 것이다. 그러므로 선진국들은 이 교토의정서의 목표를 달성하기 위해서 제안된 기준치보다 더 많이 배출량을 줄여야 할 것이다."[2]

인류는 식량 생산을 위해 연간 8천만 톤의 질소비료를 사용하고 있다. 질소비료를 사용하기 이전인 1900년을 돌아보면, 1억 5천만 명의 사람들이 훨씬 더 낮은 질의 삶을 영위했고, 쉽게 병들어 생산량이 적은 농작물에서 충분한 식량을 얻기 위해서는 농경지를 늘릴 수밖에 없었으므로 거대한 양의 산림을 없앴다.

이처럼 온 세계가 다시 화학비료를 포기하고 유기농으로 바꿔, 저수확 농작물로 식량을 보급해야 한다고 하자. 그래서 충분한 농작물을 경작하기 위해 산림의 절반을 농경지로 바꾼다고 가정하자. 야생생물의 절반이 지구상에서 사라질 것이며, 인류의 4분의 1이 영양 부족으로 쓰러진다는 것을 예상하기란 어렵지 않다. 그렇다면 만약 기후가 더워지고 있는 것이 이산화탄소 배출 때문이 아니라 자연적인 변화에 기인하는 것이라고 하면 어떠한가? 여전히 그런 희생들이 필요할 것이라고 보는가?

교토조약이나 그와 비슷한 규제들이 제3세계로 하여금 난방이나 조리를 위해 나무를 사용하도록 만드는 것이라면 어떠한가? 이런 저개발국들이 나무를 연료로 사용함으로써 다음 5년 동안에 걸쳐 얼마나 더 많은 산림이 희생되어야 한단 말인가? 사실 지구온난화 논쟁 때문에 초래될 결과들은 심각하다. 인간과 야생생물들 모두 이 논쟁 때문에 희생 당하고 있는 것일지도 모른다.

기후를 둘러싼 다른 견해들

온실효과로 지구가 더워지고 있다고 주장하는 사람들은 다음과 같이 말한다.

"1999년은 현대 기후사상 가장 혹독한 한해였다. 1996년에서 1998년 사이에도 평년보다 기상 악화가 자주 나타났다. 900년 동안 보였던 한랭화 경향은 지난 50년 사이에 갑작스럽게 그리고 뚜렷하게 역전되었다. 과학자들은 지구가 곧 지난 수백만 년에 비해 따뜻해질 것이라고 예견했다. 우리들에게 기후 변화에 대한 악몽이 생겨버린 것이다. 이는 분명 우리 역사상 가장 위험한 일이 될 것이다."[3]

"기후 변화는 여러 기상이변 다시 말해, 우리들이 이전에 보지 못한 심한 태풍을 일으키고, 수백만의 사람들을 죽일 수 있는 길고 혹독한 더위, 아프리카와 인도 전체 대륙을 기아로 몰아갈 수 있는 심한 가뭄을 유발할 수 있다."[4]

"날씨가 더워지고, 해수면이 상승하는 등 지구온난화는 이미 시작되었다. 우리는 온난화를 유발하는 가스들이 어디에서 배출되고 있는지 알고 있다. 바로 발전소와 자동차들이다. 그리고 그 배출량을 제한할 수 있는 것은 바로 우리들이다."[5]

"에너지 사용을 50% 이상 줄이자는 것과 같은 정책들은 인류의 탐욕과 무관심으로부터 우리 행성을 지키는 일이다."[6]

"지구온난화에 관한 과학적 자료들이 모두 엉터리라고 하더라도…… 기후변화 문제는 세계 정의와 평등을 가져다줄 가장 좋은 기회를 제공하고 있다."[7]

반면, 사실에서 근거를 찾는 회의론자들은 다음과 같이 말한다.

"3월 21일자《사이언스》에 실린 한 연구 논문은 북반구의 서로 다른 세 개 대륙에 분포한 열네 개 지역에서 채집한 고대 수목의 나이테를 조사한 결과, 약 800~1000년 전의 중세 온난기가 20세기에 나타나고 있는 온난화 경향과 아주 비슷하다는 것을 보여주고 있다."[8]

"나는 미 연방의회 하원들이 최근 나타나는 기상 악화가 인간에 의해 유발된 기후 온난화에 기인하는 것이라는 언론보도를 믿지 않았으면 한다. 기상 악화는 어디서든 항상 나타난다. 예를 들면, 미국은 2000년 48개 주가 지난 106년을 통틀어 가장 추운 11월, 12월을 보냈다. …… 태풍의 강도와 빈도수는 증가하지 않았다. 토네이도의 강도와 빈도수도 증가하지 않았다. …… 가뭄과 홍수의 발생 수 역시 통계적으로 증가하지도 줄어들지도 않았다."[9]

"태풍, 혹독한 한파와 더위, 폭풍과 토네이도들, 저기압성 홍수와 가뭄, 그리고 지진과 화산 폭발 등은 정상상태로부터 벗어난 이상 현상들이 아니다. 그렇다기보다는 이들 악천후는 우리들이 살고 있는 행성이 그 나름대로 필요한 작업을 하는 것이다. 지구의 일부에서 나타나는 태풍은 연간 강수의 3분의 1을 지구상에 공급함으로써 지구가 수문학적인 균형을 유지하도록 하는 역할을 한다. 우리가 말하는 이른바 '기후'는 사실 열, 한기, 강수, 가뭄과 같은 여러 날씨들을 오랜 시간 동안 평균한 것을 말한다. 그러므로 현재 이야기하고 있는 기상 악화를 아주 짧은 역사 안에서 해석할 것이 아니라 기후학이나 지질학적 자료들이 보여주는 다음과 같은 장기간의 기록들을 이용해서 논의해야 하는 것이다."[10]

"9세기에서 11세기에 있었던 온난기 동안의 평균 홍수 발생빈도를 보면 14세기부터 19세기까지의 소빙하기 동안 발생한 평균 홍수 발생 수의 두 배 이상이다."[12]

기후는 1,500년을 주기로 변한다

여기서 우리는 태양으로부터 비롯되는 완만하고, 불규칙적인 1,500년 주기가 지구의 거의 불변하는 기후 변동의 대부분을 지배한다고 말할 것이다. 이런 주장은 비교적 새롭기는 하지만 이미 검증된 바 있다.

지구는 최근 더워지고 있다. 이것은 의심할 여지가 없다. 천천히 일정하지 않은 속도로 더워지고 있다(1850년 이후 평균 0.8도 정도 상승했다). 1850년에서 1870년 사이, 그리고 1920년에서 1940년 사이에 갑작스러운 온난화가 있었다는 기록이 있기는 하다. 그러나 도시 열섬 현상, 인간들이 차지한 육지 면적의 증가, 지난 30년간에 걸친 남극 대륙의 한랭화 등을 고려할 때, 이산화탄소 배출량이 상당히 늘었음에 불구하고 오늘날 세계 기온은 1940년대에 비해 단지 아주 약간 높을 뿐이다.

사실 우리가 알고자 하는 것은 정말로 지구가 더워지고 있는가에 대한 답이 아니라, 왜, 그리고 얼마나 더워지고 있는가에 대한 답일 것이다. 많은 사람들이 지구온난화가 인간이 만들어낸 것이고 위험한 것이라고 말한다. 그들은 온난화가 발전소, 자동차로부터 배출되는 이산화탄소, 논과 가축들이 배출하는 메탄 등과 같은 온실가스에 의해 유발되는 것이므로, 현대 사회가 지구를 멸망시키고 있다고 주장하며, 우리들이 에너지 생산량과 소비량을 바꾸지 않는다면, 지구의 온도가 농작과 야생생물들의 생존에 치명적인 영향을 미칠 만큼 높아질 것이라고 주장한다. 극지방의 만년설이 녹고, 해수면이 높아지며, 세계 많은 대도시와 농경지가 홍수로 범람할 것이라고 경고한다.

하지만 사실 그들은 자신들의 주장을 뒷받침할 만한 충분한 과학적 근거를 가지고 있지 않다. 그들이 내세우는 자료들이라고는 ① 지구가 더워지고 있다는 사실, ② 과거 150년의 온난화도 잘 설명하고 있지 못하는 이른바 온실효과 이론 그리고 ③ 몇몇 증명되지 않은 컴퓨터 모델들이 만들어낸 결과들이 전부이다.

많은 과학자들은 이산화탄소 배출량의 증가가 위험할 수도 있다는 것에 동의한다. 동시에 이들은 컴퓨터 모델들이 만들어내는 결과에 대해 많은 의문점을 갖고 있다. 이 책은 1,500년 주기의 기후 변동을 증명한 수백 명의 연구자들, 저자들의 연구결과들을 인용한다. 사실 인간이 지구온난화를 초래했다고 주장하는 사람들이 말하는 것과 같은

"과학적 여론"은 없다. 또 그런 여론이 과학적 사실을 만들어내는 것도 아니다. 아마도 갈릴레오는 그 시대에 지구가 태양 주위를 돈다고 믿은 유일한 사람이었을 것이다. 그러나 그는 옳았다. 과학은 이론을 발전시키는 과정이고, 그 이론들이 옳다거나 틀리다로 입증이 될 때까지 관측 자료와의 비교를 통해서 검증해가는 과정인 것이다.

만약 지구가 그냥 더워지는 것이 아니라, 인간이 배출하는 온실가스들 때문에 위험할 정도로 더워지고 있다는 것을 증명할 자료를 찾을 수 있다면, 그때 세계 정부기관들은 자동차와 에어컨의 사용을 배제하는 것과 같은 잠정적인 대책을 검토해야 할 것이다. 아직까지 우리는 그런 증거자료들을 가지고 있지 않다.

만약, 지구온난화가 자연적인 현상이고, 우리 힘으로 멈출 수 없는 것이라면, 이들 정부기관들은 대신 더 효율적인 에어컨을 개발한다든지 혹은 방글라데시와 같은 저지대 지역 부근에 제방시설을 구축한다든지 하는 방식으로 어떻게 하면 그 기후변화에 적응할 것인지에 초점을 맞추어야 할 것이다. 그렇다. 우리는 분명 지구온난화를 겪고 있다. 지금 우리는 그 원인을 확인해야 할 때이다.

인간이 지구를 뜨겁게 만드는 것일까?

빙하로부터 조심스럽게 시추된 빙하 코어들을 통해 우리는 지난 90만 년 동안 우리 행성이 겪었던 기후 변동을 발견하게 되었다. 태양의 활동을 감시하는 위성들과 탄소와 산소의 동위원소를 분석하는 질량분광계들로부터 나온 과학적 자료들 역시 그 사실을 보완하고 있다.

지구는 자신이 겪었던 기후 변천사를 이런 자료들을 통하여 우리들에게 보여주고 있는 것이다.

빙하 코어들은 마지막 빙하기 이후 지난 11,000년 동안, 1,500년 주기를 가지고 우리 지구의 기후가 변화해왔다는 것을 새롭게 알려주었다. 이후 이 사실을 알리는 다른 자료들이 지구 곳곳에서 발견되었고, 이것들을 통해 이전 빙하기들과 간빙기들까지 포함한 장기간의 기후 변동을 이해하게 되었다.

우리는 이 책에서, 지구온난화가 사람들에 의해 만들어지는 것이라 믿는 사람들의 주장과는 달리, 중세 온난기와 소빙하기와 같은 과거 기후 변화들이 단지 유럽에 한정된 현상이 아니라 전 지구적으로 나타났었다는 증거들을 보일 것이다. 이를 위해 이 책에서는 유럽의 고성들로부터 중국의 오렌지 과수원, 일본의 벚꽃, 사하라 호수에서 안데스 산맥의 빙하와 남아프리카의 동굴 등 전 세계로부터 나온 자료들을 수집하였다.

현재 존재하는 어떤 기후 모델도 중세나 고대 로마 때부터 전해지는 온도 자료를 통해 확인된 기후 변동을 완전히 시뮬레이션하지 못한다. 예를 들면, 나무의 나이테들은 온도와 태양빛뿐만 아니라 강수량, 주변의 다른 나무들, 곤충들, 그리고 나무의 성장을 막는 질병들과 같은 다른 요소들 역시 반영하고 있는데, 기후 모델 안에 이 모든 변수들을 고려하기란 불가능하기 때문이다. 시추공(Barehole) 온도 측정 자료도 안으로 들어가면 갈수록 정확도가 떨어진다. 그러므로 증거가 될 만한 자료들을 하나하나 따로 떼어내서 해석하는 것으로는 부족할 수 있다. 그래서 우리는 이 책에서 지리학상으로 광범위하게 퍼져 있고 놀랄 만큼 다양한 증거 자료들을 하나의 큰 시스템 안에 놓고 분석할 것이다.

과거 오랜 기간 동안 기후에 대해 알려주는 나무 나이테들과 해저 침전물들, 고대 유기 침전물들로 가득 찬 토탄 습지들과, 수분과 미네랄이 수세기 동안 흘러내리고 있는 동굴들, 과거 해수온도 변화에 대해 알려주는 산호초들, 그리고 거대한 가뭄이 있었음을 알려주는 고대 철 먼지(iron dust)들을 조사할 것이다.

또한 왜 많은 사람들이 오늘날 지구온난화를 그렇게 두려워하는지 그 이유도 짚고 넘어갈 것이다. 이렇게 따뜻한 날씨에 대해 두려워하는 것은 우리 선조들이 따뜻한 기후를 선호하고 소빙하기를 싫어했던 것과는 아주 반대되는 현상이다. 고대 로마와 마야제국은 현재보다도 기온이 높았던 온난기 동안 번성했었고, 한랭한 암흑기 동안 붕괴했었다. 그리고 유럽이 역사상 최악의 홍수들과 기아를 겪었던 것 역시 소빙하기, 즉 한랭기 동안이었다.

지구의 기후는 태양과 연관되어 있다

사람들은 태양흑점 변화를 통하여 지구의 기후 변동과 태양 변동 사이에 관계가 있다는 사실을 400년 이상 동안 인식해왔다. 가장 극적인 예가 1640년부터 1710년에 걸쳐 나타났던 마운더 흑점 극소기(Maunder Sunspot minimum)인데 그 70년 동안 태양흑점이 전혀 관측되지 않았던 것이다. 이렇게 태양흑점이 실제 눈으로 보이지 않았다는 것은 태양이 지구로부터 멀리 있음을 의미하는 것인데, 그때가 소빙하기 기간 중 가장 추울 때와 일치하였다. 관측자들은 또한 평균 주기인 11년(8년~14년)보다 태양흑점이 길게 지속된 시기에 지구의 기온이 올라갔다는 것을 알았다. 우리 조상들이 실제 몰랐던 것은 어떤 메커니즘으로 태양과 지구 기후가 연결되어 작동하는지이다.

인간들은 인공위성들을 사용하기 전까지 지구에 도달하는 태양복사량이 일정한 주기를 가지고 미미하게 변하고 있다는 사실을 알지 못했다. 최근까지 과학자들은 태양 상수값(solar constant: 지구에 도달하는 일정한 태양에너지의 양)을 정하고 이용해왔다. 하지만, 위성을 이용하여 구름과 지구 대기 밖에서 태양에너지의 강도를 측정할 수 있게 됨에 따라서, 지구에 도달하는 태양에너지의 강도가 실제 일정하지 않고, 1 퍼센티지 포인트도 안 되는 정도의 값 내에서 미미하게 변한다는 것을 알게 되었다.

2001년까지 지구온난화에 관한 토론은 목소리 큰 사람이 주도하는 논쟁이었지, 사실 인간이 유발하는 지구온난화에 관한 과학적 토대는 약해 보였다. 태양이 지구 기후 변동을 지배한다는 이론 역시 그럴듯했으나, 그 당시까지 검증되지 않았다.

그러나 2001년 11월 16일 《사이언스》는 지구 기후와 태양 사이의 연관성과 함께, 과거 32,000년 동안의 기후 변화에 관한 연구결과를 싣고 있다. 제라드 본드와 컬럼비아 대학의 라몬트-도허티 지구관측소(Lamont-Doherty Earth Observatory)의 한 연구팀은 "충적세 동안 태양이 북대서양 기후에 지속적으로 영향을 미치다"라는 논문을 개제한 것이다.[11]

《사이언스》의 리처드 커는 다음과 같이 썼다.

"고해양학자 제라드 본드와 그의 동료들은 태양이 찼다 이울었다 하는 것에 보조를 맞춰서 북대서양의 기후가 더워지고 추워지는 것을 증명했고, 이 현상이 12,000년 동안 아홉 번 반복했음을 보고하고 있다. "정말로 태양이 기후에 중요한 영향을 미치는 것 같다"라고 펜실베이니아 주립대학의 빙하학자인 리처드 엘리 박사는 말한다. "본드 박사와 그 연구팀의 자료는 태양 변동이 17세기의 소빙하기를 포함해서 대략 1,500년 주기를 가지고 나타나는 기후 변동을 설명하는 가장 그럴듯한 가정이라는 것을 충분히 증명하고 있다"고 엘리 박사는 말한다."[13]

본드 박사가 제안한 태양과 지구 기후 사이의 상관관계에 관한 이론은 기후 변화와 태양 활동 모두에 관한 세부적이고 장기적인 자료에 근거하고 있다. 이 자료는 본드 박사가 현미경을 통해 계산한 빙하에서 떨어진 미세 바위 조각들의 수를 정리한 것이다. 그는 빙하기 동안 빙하가 차지하는 면적이 넓어짐에 따라서 대서양 쪽으로 얼음이 이동하는데, 이곳에서 이 미세 바위 잔재량이 매 1,500년(±500년)마다 증가함을 발견했다. 뿐만 아니라, 지난 빙하기 중 가장 온도가 낮은 기간 동안 어마어마한 양의 얼음들이 대서양 쪽 극지방과 아일랜드의 남쪽까지 이동했다는 것을 확인하였다.

나무 나이테의 탄소-14 동위원소와 그린란드 빙하 코어에서 발견된 베릴륨-10 동위원소들이 보여주는 태양 에너지 변화에 관한 연구결과들도 본드 박사의 연구에서 나타난 태양 활동과 지구 기후의 연관성을 보여준다. 탄소와 베릴륨 동위원소들은 우주광선(cosmic ray)이 고층대기에 닿을 때 만들어지는데 이 우주광선의 강도는 태양 활동에 의해서 변한다. 본드 박사의 자료 분석 결과에서 시간에 따른 지구 온도 변화와 태양에너지 강도의 변화가 거의 일치한다는 사실이 밝혀졌다.

태양과 기후의 관계

태양에너지 강도의 아주 미세한 변화가 어떻게 지구 기후를 크게 변화시키는 것일까? 우선, 우리는 이 둘 사이에 분명 연관성이 존재한다는 것과 그것이 막강하다는 것, 그리고 이 태양에너지 강도의 변화가 온실기체들보다 기후 변동에 훨씬 더 큰 영향을 미치고 있다는 것을 알았다. 그러면, 이 연관성이 어떻게 해서 생기는지에 관하여 새로운 과학적 사실들을 통해 이해해보자.

첫째, 우주광선이 중요한 역할을 한다. 태양은 태양 바람(solar wind)을 보냄으로써 우주의 나머지 부분을 채우고 있는 우주광선으로부터 지구를 보호한다. 그런데 태양 활동이 약할 때는 우주광선이 지구의 대기를 통과하게 되고, 공기분자들을 이온화시키는데, 이렇게 이온화된 기체 분자들은 구름 응결핵을 만들게 된다. 이렇게 만들어진 구름 응결핵은 높이가 낮은 구름들을 만들어 지구상에 입사하는 태양광선을 우주로 다시 반사시켜 내보내는 역할을 함으로써 지구의 온도를 떨어뜨린다.

과학자들은 우주광선을 측정하는 중성자함(neutron chamber)을 사용하여, 지구 대기 중으로 우주광선이 통과하는 정도와 구름의 양 사이에 상호관계가 있다는 것을 발견하였다.

두 번째, 이 연관성에 중요한 역할을 하는 것은 대기 중에서 일어나는 오존 화학반응이다. 태양 활동이 왕성할 때에는 많은 양의 자외선이 지구 대기에 닿게 되고, 평소보다 많은 산소분자들이 분해되어 오존분자들을 만든다. 늘어나는 오존분자들은 태양으로부터 더 많은 자외선을 흡수해서 대기 중의 온도를 높인다. 많은 컴퓨터 기후 모델 결

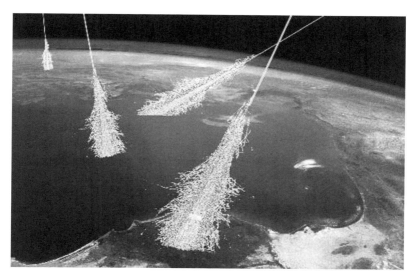

우주로부터 지구로 오는 우주광선을 도해하는 그림

과들도 0.1%의 태양에너지 변화가 지구 오존농도를 2% 정도 증가 또
는 감소시킬 수 있고, 이를 통해 온도와 대기 순환에 영향을 미친다는
것을 보여주고 있다.

온실효과 이론의 배경과 그 실패

　현재의 지구온난화에 인간 활동이 영향을 미치고 있다는 유엔 기후
변화정부간위원회(IPCC)의 주장은 어떠한가? 이러한 주장은 과학적인
이유가 아니라 정치적인 이유로 1996년 IPCC 보고서에 한 조항으로
포함되었다. 사실 이 과학적인 보고서를 편집하는 과정에서 다섯 가지

의 상반된 주장들이, (이 사항들은 과학자들로 구성된 고문들이 합의한 것이었다) 특히 인간 활동이 기후 변화에 미치는 영향이 뚜렷하게 발견되지 않았다는 조항이 삭제되었다. IPCC 보고서의 저자들 중의 한 사람 역시 그러한 주장이 과학적인 근거에 의해서 나온 것이 아니라 정부 고위층으로부터의 압력에 의한 것이라는 사실을 인정했다.[14]

온실효과 이론이 현재 알려진 현상들을 설명하지 못하고 있다는 사실에 대해 간략하게 살펴보자. 첫째, 확실한 것은 지구가 최근 겪었던 로마 온난기, 암흑기, 중세 온난기, 소빙하기와 같은 기후 변동들이 1,500년 주기 기후 변동으로는 잘 설명되지만, 이산화탄소 양의 변화로는 잘 설명되지 못한다는 사실이다.

둘째, 온실효과 이론은 최근의 기온 변화를 설명하지 않는다. 현재 보이고 있는 온난화의 대부분은 인간이 막대한 이산화탄소를 대기 중에 배출하기 전인 1940년 이전에 나타났다. 1940년 이후, 공업화에 따른 이산화탄소의 양이 급증했음에도 불구하고 1975년 정도까지 기온은 떨어졌었다. 이런 현상은 이산화탄소 이론에 반대되는 것이다.

셋째, 현대에 와서 대기 중 이산화탄소가 가장 막대한 양으로 증가했지만, 기후 모델들이 예측한 만큼의 기온 상승을 초래하지 않았다. 즉, 실제 이산화탄소 양의 증가 속도가 기온 상승률보다 빠른 것으로 나타나므로 우리는 미래의 이산화탄소 양의 증가가 기후에 미치는 효과를 지금보다 훨씬 줄여서 봐야 할 것이다. 대기 중에 배출된 이산화탄소 양은 이미 온난화 효과를 낸 것으로 봐야 한다.

넷째, 우리는 대부분의 공식적 온도 자료들이 열섬 효과의 강도와 크기가 강한 도시 근처에서 많이 기록되므로, 온도가 증가했음을 나타내는 기온 자료들을 해석할 때 이런 사실들을 감안해야만 할 것이다.

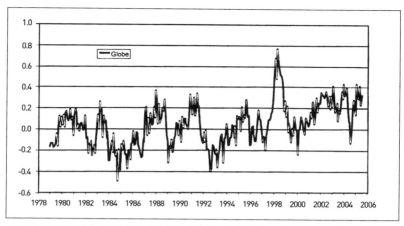

그림 1.1 1979년부터 2004년 사이에 인공위성으로 관측한 온도 자료. 10년에 약 0.125도 정도 상승하는 경향을 보여준다. 1998년에는 강한 엘니뇨현상이 있었던 것을 알 수 있다.

다섯째, 지구 표면 온도계들은 3,000피트 높이 정도에서의 온도보다 더 빨리 온도가 올라간다. 그러나 온실효과 이론은 이산화탄소가 하층대기를 먼저 데우고, 그런 다음 이 더워진 대기가 지표면을 데운다고 설명하지만, 그렇지 않다.

다섯째, 지표면의 2미터 높이에서 관측한 온도계 자료들을 보면 1979년에서 1996년의 10년 동안 약 0.015도 상승률로 기온이 높아졌음을 알 수 있다.[15] 1,500년 주기 변동은 처음 몇 십 년 안에 절반 이상의 변동이 일어나므로, 앞으로 다가올 수세기 동안은 기온 상승률이 현재의 기온 상승률 정도도 되지 않을 것이고, 대신 1920년대 이후 기록된 것과 같이 일시적인 온난화와 한랭화가 나타날 것이다.

여섯째, 빙하 코어 자료들을 보면, 최소한 지난 240,000년 동안 지구가 마지막 세 빙하기와 빙하기 바로 뒤에 나타난 온난화 과정을 거치면서 기온과 이산화탄소 농도가 비슷하게 상승/하강하고 있음을 알 수 있다. 그러나 자세히 보면, 이산화탄소의 변화가 기온 변동 경향보다 약 800년 정도 뒤처져서 나타나고 있다. 즉, 더 많은 이산화탄소가 지구온난화를 야기하는 것이 아니라, 지구온난화가 더 많은 이산화탄소를 생산해낸 것으로 볼 수 있는 것이다. 이런 해석은 해양이 우리 지구상에 존재하는 탄소의 대부분을 보유하고 있는데, 찬 바다가 따뜻한 바다보다 더 많은 이산화탄소를 지닐 수 있다는 물리적 사실과도 일치한다.

일곱째, 온실효과 이론은 증가된 이산화탄소 때문에 지표면이 온난화되는데 특히 남극과 북극 지역에서 이런 현상이 가장 강할 것이라고 예측하고 있다. 그러나 사실 이러한 현상은 일어나지 않고 있다. 극지방에 띄엄띄엄 위치한 기상관측소들과 바다에 설치된 부이(buoy)들이 제공하는 온도자료들을 보면, 알래스카, 북극, 그린란드 그리고 그 주변의 바다의 온도가 1930년대보다 더 낮았음을 알 수 있다. 남극에서는 아르헨티나 쪽으로 뻗은 아주 좁다란 남극반도에서만 온난화가 나타난다. 남극대륙 전역에 걸쳐 퍼져 있는 지상 관측 자료와 위성 자료에 따르면 남극대륙의 나머지 98% 상에서는 1960년대 이후 기온이 서서히 하강하고 있다.

여덟째, 많은 이들이 주장하는 것처럼 지구가 지나치게 가열되기 위해서는 늘어난 대기 중의 이산화탄소가 미치는 영향이 대기 중 수증기양의 증가로 증폭되어야 한다. 온난화에 의해 해양으로부터 대기 중으로 유입된 수증기 양이 증가하는 것은 사실이다. 그러나 더 더워지고, 더 습해진 대기는 더 많은 비를 만들고, 이렇게 더 많은 수분들이 비로 내리기 때문에 고층대기가 현재보다 더 건조하다면 어떠한가? 우리는 고층대기에 이산화탄소 효과를 부추길 만큼 이전보다 많은 수증기들이 존재한다는 것을 증명할 수 없다. 사실, 이와 반대로 NASA와 MIT의 연구팀들은 지구의 대기 상에 어마어마한 열 배출구가 존재한다는 것을 발견했다. 해수면 온도가 28도 이상이 되면 강수현상이 더 활발해진다는 것은 이미 잘 알려진 사실이다. 그리고 이런 강수현상들의 효과는 기후 모델들이 예측하는 것과 같이 이산화탄소가 두 배로 증가함에 따라 발생하는 열기를 배출하고도 남는다.[16]

2001년에 NASA는 이러한 열 배출에 관한 관측 자료들을 정리한 내용들과, 과학자들이 온난화를 증명하기 위해 이용하는 기후 모델들이 이 현상을 모사하지 못한다는 사실을 발표한 바 있지만, 언론의 관심을 끌지는 못했다.[17]

위험한 교토의정서

젊은 시절 나는 선교사로 아프리카에서 봉사한 경험이 있는데, 거기서 당시 필요한 에너지를 공급받지 못하는 사람들과 함께 지냈다. 이른 아침이면 여자들이 땔감을 구하러 수마일 떨어진 숲으로 들어가서는 어마어마한 양의 나무들을 등에 짊어지고 집으로 돌아왔다. 조리와 난방을 위해 집안에서 나무들과 거름들을 태웠기 때문에 집안 공기는 심하게 오염되었다. 당시 나는 만약 이 사람들이 불을 밝힐 수 있는 전구와 전자레인지를 가동시킬 만한 전기를 석탄으로 가동되는 화력발전을 통해 얻을 수 있다면 얼마나 좋을까 하고 늘 생각했다. 그 여인네들은 그들 나름대로 원하는 다른 일들을 할 수 있게 될 것이고, 실내 공기 역시 훨씬 깨끗해질 것이므로 건강에도 도움이 될 것이다. 음식들을 좀 더 안전하게 마련할 수 있을 것이고, 야간에도 책을 읽는 등 많은 활동을 할 수 있는 전등도 갖게 될 것이며, 텔레비전과 라디오를 통해서 많은 정보들도 얻게 될 것이다. 그리고 숲은 아름다운 생태계를 보전할 수 있게 될 것이다.[18]

교토조약을 지키는 데는 연간 약 1,500억 달러 이상이 든다. 유엔아동기금(UNICEF)은 연간 700~800억 달러 정도만 있으면 제3세계에 사는 사람들에게 보건, 교육, 수자원, 위생시설들을 공급할 수 있다고 추정한다.[19]

사람들은 교토조약으로 인해 선진 공업국들이 치러야 하는 비용을 2012년까지 두 배 증가시킬 것으로 전망하고, 그런 다음 다시 추가로 두 배 증가시킬 것으로 본다. 어떻게 보면, 교토조약이 테크놀로지가 인간들의 삶에 줄 수 있는 어마어마한 이득 효과를 막는 것이거나 어쩌면 아예 없애버리고 있는 것일 수도 있다.

'공짜'인 풍력과 태양력의 신화는 언론들과 환경운동가들을 계속 매료하고 있다. 교토회의에서 많은 사람들이 이런 재생 가능한 에너지 자원들의 사용은 현대 사회의 요구에도 부응할 뿐만 아니라, 화석연료에서 태양력이나 풍력으로 전환시키는 것이 많은 사람들에게 일거리를 제공하게도 될 것이라고 주장한다. 하지만 이것은 깨진 창문을 수리하는 것이, 원래의 상태로 복구된다고 보는 것이 아니라, 우리를 부자로 만드는 것이라고 주장하는 것과 같은 이치이다. 재생 가능한 연료로 전환하는 것은 분명 일자리를 만들기는 하겠지만, 이것이 이들에게 복지를 가져다주지는 못한다. 거기다 복지를 추가적으로 만들기 위해서는 시간과 기술 역시 필요한 것이다.

에너지 전문가들은 풍력과 태양력이 전적으로 의존할 만한 에너지 보급원은 되지 못한다고 말한다. 그러니까, 풍력은 바람이 알맞게 불어야 하고, 태양력은 하늘에 태양이 떠서 햇빛이 충분히 공급되어야 생산되는 것이다. 게다가 충분한 양의 풍력과 태양력 에너지를 저장하기란 쉽지 않다. 즉, 신호등이나 병원 수술실 등에 항상 에너지를 공급하기 위해서는 재생 가능한 발전소들을 대신할 수 있는 수단이 필요하다는 말이다. 수십 년간 많은 보조금을 투자했음에도 불구하고, 태양력 발전소와 풍력 발전소는 현재 미국 전력의 5%만을 공급하고 있고, 교통수단에 필요한 에너지에는 전혀 보탬이 되지 못하고 있는 실정이다. 뿐만 아니라, 태양과 바람은 석탄이나 핵에너지 자원보다 여전히 4배에서 10배가량 비싸다. 충분한 양의 재생 가능한 에너지를 만들기 위해서는 수많은 풍차를 설치하고, 태양력 발전소를 만들어야 하므로 다시 수억의 산림과 황무지를 파괴해야 할 것이다.

사실, 대학, 정부, 그리고 연구소 등지에서 일하는 많은 에너지 전문가들은 이들 재생 가능한 에너지로 화석에너지를 대체하고자 하는 것은 초인적인 일이라고 2002년 《사이언스》에서 언급하고 있다.[20]

가장 큰 문제는 현재 세계가 쓰고 있는 연간 12조 와트라는 에너지가, 늘어나는 세계 인구수와 개발도상국의 경제성장을 고려할 때, 다음 50년에 걸쳐 22~42조 와트로 증가될 것이라는 전망이다.

에너지 전문가들은 우라늄의 부족으로 핵발전 역시도 그만큼의 에너지를 공급할 수 없을 것이라고 전망한다. 그러므로 핵발전으로 충분한 에너지를 생산하기 위해서는 안전한 핵증식로(Nuclear breeder reactor)들과 종국에는 융합 반응기들이 필요하게 될 것이고, 우리가 아직 가지고 있지 않은 기술들을 개발하는 데 많은 비용이 들 것이다.

인간이 환경을 보전하는 데 현대기술이 중요한 수단이 되어왔다고 볼 수 있다. 수천 년 동안 인간은 야생 짐승을 잡아서 생계를 유지했다. 이후 농사짓는 법을 알게 되면서, 쓸 만한 좋은 땅들은 거의 모두 곡물을 재배하거나 가축을 기를 수 있는 농장으로 만들어버렸다. 지난 반세기 동안 거의 전 세계가 더 많은 농작물을 생산하기 위해 화학비료를 이용하였다. 이것이 수많은 숲들을 갈아 없애는 것을 막은 셈이다. 비료공장에서 만들어지는 화학비료가 없다면, 우리는 세계의 남아 있는 숲들을 갈아 없애고 농경지를 늘려야만 생산량이 적은 농작물로 현재 식량 소비량을 충당할 수 있게 될 것이다.

인도의 농촌 인구 절반은 부족한 장작을 위해 나무들을 잘라 없앰으로써 매일 숲을 파괴하고 있다. 인도의 장작 소비량은 2020년까지 두 배가 될 전망이다.

대부분의 많은 개발도상국들은 어마어마한 양의 석탄을 태우고, 중장비를 위해 많은 양의 철을 제련함으로써 도시들을 더럽히고 있다. 공업화로 가는 과정의 여러 단계들 중, 이미 가장 오염도가 심한 단계에 와 있는 것이다. 하지만, 이들은 경제적으로 성장해야만 하고, 그럼으로써 결국 다른 선진국들처럼 더 깨끗한 공업화와 기술화 단계로 접어들 것이다. 세계은행(The World Bank)에서 일하는 연구원들은 경제 성장의 초기 단계는 환경에 나쁜 영향을 미치지만, 이후 단계에서는 환경에 더 도움이 된다고 결론짓고 있다. 오늘날 말레이시아와 브라질과 같이 1인당 5,000달러에서 8,000달러 이상의 수입을 가지게 되면, 공기와 수질 정화 그리고 다수확 농작물 경작에 더 많은 투자를 하게 된다. 또한 공업화 과정에서 배출되는 오염물의 양을 대폭 줄이고, 더 많은 공원과 야생생물 보호구역을 만든다.[21]

코펜하겐 컨센서스

《회의적 환경주의자》의 저자 비외른 롬보르는 최근 인류를 위해 500억 달러라는 돈을 쓸 수 있을 경우, 가장 유익하게 쓰는 방법들을 제안하기 위해 유명한 경제학자들로 이뤄진 위원단을 소집했다. 이 위원단은 덴마크 정부와 경제신문인 〈이코노미스트〉로부터 공동 스폰서를 받았다. '코펜하겐 컨센서스'(Copenhagen Consensus)라 불리는 이 제안서는 그 500억 달러에서 270억은 에이즈를 퇴치하기 위한 연구에 쓰여야 하고, 120억은 여성들과 아동에게서 나타나는 철 부족으로 인한 빈혈을 줄이기 위해 식량 공급을 하는 데 써야 하며, 130억은 매년 30억의 사람들을 괴롭히고, 2천 7백만의 사람들을 죽이는 말라리아병을 예방하고 치료하는 데 써야 한다고 제안하고 있다. 여기서 말라리아를 통제하는 것에는 모기 방충을 위해 실내에서 DDT 살충제를 사용하는 것도 포함하고 있다.

지출을 해야 하는 네 번째 분야로 코펜하겐 위원회는 농작물 수확량을 늘리고, 야생생물들을 위한 충분한 면적의 땅을 보전하는 데 도움이 되는 농업 연구를 꼽고 있다. 코펜하겐 위원회는 돈을 사용해야 하는 17가지 방법 중 교토조약을 16번째로 순위를 매겼다. 위원회는 교토조약이 요구하는 비용은 지구온난화가 이산화탄소에 의해 유발되는 것이라고 가정하더라도 그 이득에 비해 지나치게 비싸다고 말하고 있다. 만약 그들이 1,500년 주기의

《회의적 환경주의자》의 저자 비외른 롬보르

기후 변동을 증명하는 과학적 근거들을 알았다면, 교토조약은 코펜하겐 컨센서스에서 아마 훨씬 더 낮은 순위가 되었을 것이다.

"코펜하겐 위원회가 밝힌 이와 같은 사항들은 전 세계 복지 문제들에 관한 논쟁을 장악해 왔던 많은 유럽 국가 지도자들과 환경주의자들, 건강보험 문제에 관한 활동을 벌이고 있는 운동가들, 그리고 반세계화주의자들을 비난하는 것이기도 하다"고 논평가 제임스 글래스만은 기술한다. "올바른 과학적 인식을 강조하고 경제 비용-이득을 잘 분석해서 나온 이 보고서는 지극히 타당하고, 공정하며, 박애정신이 깃들어 있고, 동시에 시끄럽게 떠들어만 대고 있던 급진주의자들을 바보로 만들었다."[22]

우리들이 코펜하겐 컨센서스에서 매겨진 순위를 꼭 그대로 받아들일 필요는 없지만, 교토의정서가 그 순위에서 아주 낮은 위치를 차지해야 한다는 점에서는 동의하는 바이다.

왜 지구온난화를 두려워하는가?

역사, 과학 그리고 우리들 스스로의 본능은 더위보다 추위가 훨씬 더 두려운 것이라고 말하고 있다. 어떻게 보면 에어컨을 갖추며 사는 선진국 사람들이 지구온난화를 제일 먼저 두려워하고 나선다는 것은 미스터리이다. 물론, 인간이 만들어내는 온난화를 옹호하는 사람들은 다음과 같이 근거도 없는 무시무시한 시나리오들을 만들어냄으로써 과학적으로 증명하기에는 약한 그들의 주장을 뒷받침하려고 해왔다.

<u>해수면 수위가 올라가서 도시들과 농경지들이 범람할 것이고, 섬들은
물속에 잠기게 될 것이다</u>

산호초로부터 얻은 자료를 분석한 결과들에 따르면 해수면 높이는
18,000년 전 마지막 빙하기가 정점에 도달한 이후 지속적으로 상승해
왔다. 해수면 높이는 충적세 기후 최적기 동안 가장 빠른 속도로 상승
했다. 지난 5,000여 년 동안, 상승률은 세기당 약 7인치 정도였다. 지
난 100년 동안의 검조의(tide gauge) 자료들을 보면, 1920년과 1940년
사이에 강한 온난화가 있었음에도 불구하고 해수면 높이가 단지 6인
치 정도 상승한 것으로 나타난다. 기후가 온난해질 때는 바닷물의 부
피가 팽창하고 빙하가 녹으며, 그렇기 때문에 해수면이 상승하게 된
다. 그러나 더 따뜻해진 바다는 더 많은 수분을 증발해서, 그 중의 일
부는 그린란드에 다시 눈이나 얼음으로 내리고, 남극의 빙각에 얼음을
보태는 역할을 하게 된다. 그러므로 21세기에 해수면의 상승이 가속화
될 것이라고 예상할 이유가 없는 것이다. 과학자들은 어쩌면 앞으로
7,000년 후면 남극의 서쪽을 덮고 있는 빙판이 녹을 것이라고 예상하
는데, 이것은 전체 빙판의 아주 일부일 뿐 아니라, 그 전에 인간들은
또 다른 빙하기를 맞게 될 것이 거의 명백하다.

<u>다음 세기 안에 수백만 이상의 야생종들이 지구상에서 사라질 것이다</u>

과거 오랜 기간의 기후 관련 자료들을 보면, 짧은 기간 동안 갑작스
럽게 변화가 나타나는 경향들이 자주 있었으므로, 종들이 이런 갑작스
러운 지구온난화에 적응할 것이라는 것을 알 수 있다. 즉, 지구상에 존
재하는 대부분의 종들은 과거 수백만 년 동안 있었던 온난화와 한랭화
를 최소한 5,600번 정도 겪으면서 살아남은 것이다. 아마도, 지구온난

화가 주요하게 영향을 미치는 것은 생물다양성(biodiversity)일 것이다. 사실 이 다양화 현상은 이미 나타나고 있다. 일부의 생물학자들은 앞으로 지구 평균 온도가 0.8도 더 상승하면 수천 종의 생물들이 멸종할 것이라고 주장한다. 그러나 지구의 기온은 8000년에서 5000년 전 사이에 나타났던 충적세 기후 최적기 동안에 훨씬 더 높았음에도 불구하고, 그 당시 온도 상승에 의해 멸종했다고 알려진 종들은 없다.

곡식들이 자라기에는 땅이 너무 뜨거워져 더 많은 기근이 생길 것이다

17세기 이후 세계 식량생산량을 결정지은 것은 기후가 아니라, 최첨단 장비를 이용하는 농업화 과정이었다. 사실 식량생산이 충분하지 못한 열대지역에서는 온도 변화가 거의 없을 것이다. 캐나다와 러시아의 북부 평야 지대는 사실 더 더워질 것이고, 때문에 더 많은 식량을 생산하게 될 것이다. 현대사회는 열대에 위치한 국가들이 최첨단 농업기술을 도입하거나, 시베리아로부터 생산된 더 많은 식량을 인도나 나이지리아에서 농사 외의 일을 하는 사람들에게 공급할 수 있도록 도울 수 있을 것이다. 어떤 기근도 인간들의 잘못에 기인하는 것이지, 기후 탓이 아니라는 말이다.

지구온난화 때문에 기상 악화가 늘어나고, 강도도 더 강해질 것이다

지난 150년의 온난화 기간 동안, 태풍, 폭설, 저기압성 강우, 토네이도 또는 그 외의 여러 종류의 폭풍들의 강도가 강해지거나 발생 빈도가 증가하지는 않았다. 이것은 지극히 이치에 맞는 일인데, 폭풍들은 적도와 극지역 사이의 온도 차이 때문에 유발되고, 온실효과에 의한 온난화는 적도 지역보다는 극지역의 기온을 훨씬 더 많이 상승시키기 때문이다. 그러므로 온난화는 이 온도 차이를 줄임으로써 폭풍을 약화시키는 역할을 해야 말이 되는 것이다. 역사와 고생물학을 통해 인간들이 한랭기 동안보다 온난기 동안 좋고, 쾌적한 날씨를 더 많이 누렸음을 알 수 있다.

지구온난화가 갑작스러운 지구한랭화를 초래할 것이다

지구온난화에 반대하는 운동가들은 상승한 온도 때문에 얼음들이 녹아서 거대한 해류가 적도로부터 극으로 열을 수송하는 해류체계를 교란시킬 수 있다고 주장한다. 걸프 해류는 사라질 것이고, 아메리카 대륙은 얼음으로 뒤덮일 것이라고 주장한다. 이런 현상은 과거에 한 번 나타난 적이 있는 것으로 알려져 있지만, 그때는 캐나다와 시베리아 빙판을 덮고 있던, 현재보다 수십조 톤 이상 많은 양의 얼음이 온난화로 녹았었다. 기후 모델들은 현재 지구상에는 그렇게 충분한 양의 얼음이 존재하고 있지 않기 때문에, 이런 현상이 현대 온난기 동안에는 일어나지 않을 것이라고 본다.

온난화 때문에 발생하는 열과, 곤충들 그리고 질병들 때문에 인간의 사망률이 증가할 것이다

사실 더운 날씨보다 영하 이하의 추운 날씨 때문에 사망한 사람들의 숫자가 더 많은데, 현대 온난기 동안에는 영하 이하로 기온이 떨어지는 날이 상대적으로 줄어든다. 말라리아와 황열 등의 질병 역시 창문에 방충망을 설치하도록 권장하는 등의 조치들로 발병률을 많이 줄게 되었다(참고로, 세계에서 가장 큰 말라리아 발병률은 1920년대 러시아에서 나타났다).

온난화 때문에 산호초들이 멸종할 것이다

수많은 산호초들은 해수면 온도가 상승할 때 산호초와 공생하는 조류(algae)들이 사라짐에 따라 색이 바랜다. 그러나 이들 산호초들은 기온이 하강할 때 역시 색이 바랜다. 이것은 산호와 공생하는 조류들은 현재의 온도에 가장 잘 적응해 있기 때문이다. 그래서 해수 온도가 상승할 때는 찬물에 적응력이 강한 조류들이 떨어져 나가게 되고, 더운 물에 알맞은 조류들을 갖게 되는 것이다. 이렇게 해서 이들 산호초들이 수백만 년 동안의 기후 변화들을 거치면서 살아남은 것이다.

다음 빙하기를 두려워하라

사실 우리들이 진짜 관심을 가져야 할 기후 변화는 다음에 올 대빙하기(Big Ice Age)이다. 여전히 수천 년 이상 멀리 있긴 하지만, 이 시기가 다가오고 있다는 것은 피할 수 없는 사실이다. 그때가 되면, 온도는 평균 15도로 떨어지고, 위도가 높은 지역에서는 온도가 현재보다 40도 이상 떨어지게 된다. 캐나다, 스칸디나비아, 러시아, 아르헨티나가 거대한 빙판으로 뒤덮이게 되므로, 식량 생산을 위해서 인간들의 거주 지역들도 적도 가까이로 옮겨지게 될 것이다. 캘리포니아와 대평원(Great Plain)은 수세기에 걸친 가뭄을 겪는 반면, 오하이오나 인디애나 주조차도 두꺼운 얼음으로 덮이게 될 수도 있다.

밤과 낮 동안 온도를 유지하는 것이 가장 중요한 문제일 것이다. 얼지 않고 남아 있는 상대적으로 아주 적은 면적의 농경지를 이용해서 8~90억 사람들에게 충분한 식량을 생산하는 일이 절박한 문제가 될 것이다. 앨버타와 우크라이나의 광대하고 비옥한 평원은 아북극성(subarctic)의 황폐한 땅으로 바뀔 것이다. 야생종들이 과거의 추운 기후에서도 생존하였다는 것을 고려하더라도, 심각하게 생존의 위협을 받게 될 것으로 예상된다. 왜냐하면, 이번에는 더 늘어난 인간들이 빙하가 뒤덮지 않은 땅의 대부분을 차지할 것이기 때문이다. 그럴 때가 바로 인간들의 지식과 최첨단 농업 기술이 정말로 필요할 때이다. 반대로, 요즘 지구온난화를 주장하는 사람들이 가정하는 것과 같은 무시무시한 시나리오들은 과거 어떤 온난기 동안에도 발생하지 않았다는 사실을 우리는 알아야 한다.

어쩌면 가장 살기 좋은 기후로 바뀌고 있는 과정일지도 모르는 이 시기에 왜 사람들이 공포에 휩싸이고 있는 것일까? 이런 현상을 초래한 것이 바로 인간이라고 환경운동가들이 주장하기 때문에 생긴 죄책감 같은 것일까? 그렇다면, 더욱 더 이들의 주장이 옳은 것인지 확인할 필요가 있지 않겠는가?

제2장
대발견

인간이 지구온난화를 일으켰다고 주장하는 사람들은 다음과 같이 말한다.

"100년간의 기온자료 시계열 분석에서 온실기체 이외의 영향들에 의해 유발된 기온 변화치를 빼고 난 나머지가 나타내는 기온 변화 수치를 보면 20세기 후반에 강한 온난화가 있었음을 알 수 있는데, 이것은 기후 모델이 온실기체의 변화량을 가지고 예측한 결과들과 거의 일치한다. 즉, 20세기 후반에 나타나는 뚜렷한 기온 상승은 자연적 기후 변동에 의한 기온 상승 정도를 뛰어넘는 것으로 온실효과가 이미 기후시스템에서 자연적 변동의 정도를 넘어섰음을 나타낸다."[1]

이러한 지구온난화론에 반대하는 사람들은 다음과 같이 말한다.

"조지 워싱턴은 1777년에서 1778년 사이 밸리 포지(Valley Forge)에서 겨울을 보냈는데, 그 당시 기온은 약 −15도까지 떨어졌으므로 상대적으로 온화

한 겨울이었다고 말할 수 있겠다. 어떤 해에는, 뉴욕 항이 얼었다. 정말,
1400년과 1900년 사이에는 '소빙하기'라 불릴 만큼 혹독한 날씨들의 연속이
었다. 그러나 긴 겨울은 전혀 이상한 현상이 아니라는 것을 증명하는 여러
가지 사실들이 나타났다. 대신, 이것은 최소한 북대서양 지역에서 온난화와
한랭화가 교대로 반복되는 자연적 기후 변동 중의 일부 현상일 뿐이라는 것
이다."[2]

"그린란드 빙하 코어에서 처음 발견되었지만, 단스고르-외슈거가 주장한
1500년 기후 변동론은 그린란드에 국한된 현상은 아니다. 대서양의 아열대
해수면 온도는 그린란드에서 나타난 분석 결과들과 거의 일치하고 있다. 유
사한 기록들이 캘리포니아 산타 바버라, 베네수엘라의 카리아코 만 그리고
인도의 해안가에서도 발견되었다."[3]

1983년 덴마크의 단스고르와 스위스의 외슈거는 세계 최초로 1마일
정도 떨어진 그린란드 빙판의 두 지점에서 시추한 빙하 코어를 분석해
서 250,000년의 기후 역사를 보
여주는 빙판의 층들을 꼼꼼하
게 분석했다.

이 두 과학자들은 유전을 파
는 데 이용하는 장비들을 이용
해서 지난 수십 년간 석유 대신
빙하 코어를 끄집어 올릴 수 있
는 방법들을 개발하고 있었다.
그들은 무거운 산소 동위원소

그린란드에서 빙하 코어를 시추해 1,500년 기후 변
동주기론을 밝혀낸 단스고르(맨왼쪽)와 외슈거(맨
오르쪽)

와 가벼운 산소 동위원소의 비를 분석함으로써 지구상에 눈이 떨어질 당시의 기온 자료를 얻을 수 있다는 것을 알아냈다. 즉, 이 빙하 코어를 통해 2,500세기 동안 그린란드의 온도 자료를 얻을 수 있게 된 것이다. 이와 같은 장기간의 기후 역사는 그 당시 아직 존재하지 않았다.

그들은 빙하 코어를 분석하는 과정에서 대빙하기들을 증명하는 결과들을 얻을 수 있으리라 예상했다. 뿐만 아니라 대빙하기와 미미하지만 뚜렷한 온도 변동으로 특징지어지는 간빙기가 일정한 사이클로 반복된다는 사실을 발견하고, 그 주기가 평균 2,550년 정도라고 발표했다. 이 변동주기는 그 당시까지 알려졌던 북유럽 빙하기가 도래하고 후퇴하는 주기와 아주 엇비슷하게 일치하는 것처럼 보였다.

그린란드 빙하 코어가 보여준 과거 기후사

1984년 단스고르와 외슈거가 쓴 보고서 "그린란드의 빙하 코어가 밝히는 북대서양의 기후 변동"은 기후 변동과 태양 사이의 관계를 섬뜩할 만큼 논리적으로 보여주었다.[3]

그 후 잇따른 연구는 기후 변동주기가 단스고르와 외슈거가 처음 계산했던 2,550년 주기보다 짧은 1,500년(±500년)이라는 것을 보여주었다.

이러한 기후 변동 때문에 나타나는 기온 변화는 북반구 전체에 걸쳐 평균을 했을 경우 단지 0.5도이지만, 북그린란드만을 보면 기온이 약 섭씨 4도 정도 범위에서 상승 및 하강한다는 단스고르와 외슈거의 주장은 옳았다. 그들은 다음과 같은 사실들을 들어 기후 변동을 확신했다.

1. 수천 마일 떨어진 곳에서 발굴한 두 빙하 코어가 보이는 비슷한 구조.
2. 이보다 10년 전에 아일랜드의 서쪽 대서양 해저에서 시추한 침전물을 분석한 결과들은 북유럽에서 빙하기의 도래/후퇴 사이클을 보여주는데, 이 결과들이 빙하 코어에서 나온 결과들과 강한 상관관계를 보인다는 점.[5]

주기적 변동, 그 안의 주기적 변동, 다시 그 안의 주기적 변동

지난 수백만 년 동안 지구 기후의 90%를 지배했던 빙하기들은 지구 공전궤도가 원형이 아닌 타원형이기 때문에 생긴 현상이라고 알려져 있다. 지구의 공전 궤도는 10만 년을 주기로 타원율이 커지고 줄어들기를 반복한다. 이러한 주기적인 변화가 태양과 지구 사이의 거리를 주기적으로 바꾸게 되고, 지구에 도달하는 태양 광선이 빙하기 동안 3% 줄어들게 되는 것이다. 현재 지구 공전궤도의 타원율은 그렇게 크지 않아서, 1월과 7월 동안 지구에 도달하는 태양 복사에너지량의 차이가 고작 6%에 지나지 않는다. 공전궤도의 타원율이 더 커지면, 이 변화율이 20%에서 30%가 될 수도 있다.

지구의 자전축은 기울어져 있다. 그래서 책상 위의 지구본이 똑바로 서있지 않고 23도 기울어 있는 것이다. 이 기울어진 정도 역시 41,000년 주기로 커졌다 줄어들었다 한다. 현재 자전축의 기울기는 중간치 정도에 달한다고 볼 수 있다. 태양 에너지가 지구에 도달하는 양은 위도와 계절에 따라 달라진다.

마지막으로 지구는 자전축을 따라 돌면서 동시에 미미하게 흔들린다. 이 흔들림은 약 2만 3천 년을 주기로 나타난다. 이 '세차운동'은 기후 변동을 결정하는 중요한 요소가 되는데, 북극이 직녀성 쪽을 향하고 있을 때 지구는 추운 겨울과 더운 여름을 맞게 되고, 그렇지 않을 경우 즉, 세차운동에 의해 여름이 근일점과 일치할 경우 지구는 그리 심하지 않은 여름을 맞게 되고, 겨울철 얼었던 얼음들이 여름 동안 덜 녹게 되어 빙하로 덮인 지역이 커진다. 이 세차운동 사이클 차원에서 보면 우리는 지금 빙하로 덮인 지역이 커지는 시기에 있다.

꽤나 복잡하게 들리는가?(그래서 상대적으로 훨씬 간단한 온실효과 이론이 대중들을 쉽게 현혹시킬 수 있었는지도 모른다) 기후학자들은 미래의 기후를 예측할 때 공전궤도 타원율이 10만 년을 주기로 달라진다는 사실, 자전축의 기울기가 4만 1천 년을 주기로 바뀐다는 사실, 그리고 세차운동으로 이 자전축이 2만 3천 년을 주기로 요동된다는 사실, 거기에다가 1,500년을 주기로 태양 활동의 강도가 바뀐다는 사실 모두를 고려해야만 한다.[6] 1,500년 주기의 변동이 간빙기 동안의 지구 기후 변화를 가장 많이 지배하는 요소이다.

단스고르와 외슈거는 이러한 사실들을 설명할 수 있는 답을 구하고자 했다. 이들은 육지-해양 분포가 많이 다르기 때문에 남반구에서는 이러한 변동주기가 쉽게 발견되지 않는다고 했다. 기후 변동은 갑작스럽게, 때로는 단지 10년 정도 만에 전체 온도 변화의 절반 이상을 만드는 식으로 나타나는데, 이는 해류와 바람에 의해 전 지구적으로 전송되고 확장되는 어떤 외부의 힘이 있기 때문이라고 제안하면서 다음과 같이 썼다.

"태양 복사가 기후시스템을 움직이는 가장 유일한 에너지 보급원이기 때문에, 태양 활동에서 그 설명을 찾는 것이 가장 옳은 일이다. 불행하게도, 우리는 태양 복사에 대해서 잘 알지 못한다.[7]"

그러나 이 두 과학자들은 탄소-14와 베릴륨-10 동위원소들이 태양 활동의 강도와 상관관계를 가진다는 것을 알았다. 그린란드 빙하 코어에서 나온 이 두 동위원소들을 분석한 결과는 소빙하기 중인 1645년 ~1715년에 기온이 가장 낮았음을 보여주었고, 이 기간은 마운더 태양 흑점 극소기라고 불리는 기간과 일치했다.[8]

그들은 자신들의 이론을 세우는 과정에서 그 당시 이미 알려져 있던 과거 온난기와 한랭기들을 근거로 이용하였다. 로마제국이 상대적으로 온난했던 시기 동안 번성했고, 추웠던 암흑기 동안에 붕괴했다는 역사적 기록이 있다. 그밖에도 풍작과 안정한 기후가 특징인 중세 온난기(950년~1300년), 소빙하기 그리고 상대적으로 한랭한 기간으로 알려져 있는 1300년~1850년 등에 관한 많은 역사적 기록들을 찾을 수 있다. 단스고르와 외슈거는 이러한 기록들 또한 그들의 이론을 정립하는 데 이용하였다. 그들은 "1920년대의 갑작스러운 기온 상승이 빙결 작용의 정도 그리고 위도에 따라서 값이 어느 정도 달라지기는 하지만, 거의 2,550년마다 나타나는, 주기성을 가진 변동 중 하나의 현상이다"라고 결론지었다.[9]

곳곳에서 발견되는 과학적 증거들

1,500년 기후 변동의 중요성은 그 후 4년 뒤 지구의 반대쪽인 남극 보스토크 빙하로부터 발굴한 빙하 코어를 분석한 결과가 같은 사실을

증명함에 따라서 크게 강조되기 시작했다. 이러한 발견은 프랑스와 러시아 연구팀에 의해서 이루어졌는데, 그 당시 프랑스 연구팀을 이끌던 클로드 로리는 결국 단스고르-외슈거와 함께 타일러 환경공로상을 수상하는 영예를 안았다.[10]

태양의 흑점이 지구의 기후와 연관성이 있다는 사실은 과거 400년 동안 이미 과학계에 알려져 있었지만, 어떻게 연관되어 있는지 그 세부적인 과정에 대해서는 이해하지 못하고 있었다. 소빙하기 동안의 기온 하강 정도와 마운더 태양흑점 극소기 사이의 연관성은 지금보다 훨씬 조잡한 망원경 외에 특별한 관측기구가 없었던 17세기 학자들 사이에서도 이미 알려져 있었다.

1991년 프리스-크리스텐슨(E. Friis-Christensen)과 라센(K. Lassen)은 만약 태양의 흑점수 대신 태양 변동 사이클이 반복되는 기간을 태양의 변동을 나타내는 지표로 가정하고 분석을 하면, 태양 활동과 북반구 육지 상에서 관측된 기온 자료 사이에 보이는 연관성이 더 뚜렷해진다고 주장했다.[11] 이들의 연구결과는 《사이언스》에 "태양 변동주기: 태양 활동과 기후 변동 사이의 연관성을 알리는 지표"라는 제목의 연구논문으로 게재되었다.

1996년 로이드 케이그윈(Lloyd Keigwin)은 사르가소 해의 해수면 온도가 1,500년 주기를 가지고 변동한다는 사실을 해저 침전물 안에 있는 단세포 유기물질의 산소 동위원소를 분석한 결과를 통해서 발표하였다. 지난 10년 동안, 수많은 과학자들이 빙하 얼음 속, 화분화석, 강이나 해저 침전물 안의 해조 포낭들 속에 갇혀 있던 산소, 탄소, 베릴륨, 아르곤 등의 동위원소들과 같은 장기간의 기온 변화 기록을 보여주는 자료들에서 1,500년 기후 변동을 발견하였다.[12]

어떤 과학자들은 처음에 이런 기후 변동이 태양열을 재분배시키는 바람이나 해류의 변동에 의해서 유발된다고 주장했다. 그러나 이들은 온난화와 한랭화를 반복하게 만드는 정확한 원인을 찾을 수 없었다. 1,500년 주기의 기후 변동을 대중에게 알리는 데 가장 공헌한 사람은 컬럼비아 대학 라몬트-도허티 지구관측소의 제라드 본드이다. 빙하가 캐나다 동부와 그린란드를 가로질러 움직이면서 때로는 바닥이 바위에 긁히기도 하는데, 그러면서 바위 조각들이 빙하에 들러붙게 되고, 얼음이 녹은 후에도 이 부스러기들은 해저에 완전히 가라앉기 전에 훨씬 더 남쪽까지 부유하게 되는 것이다. 제라드 본드는 북대서양의 남쪽 해저에서 시추한 침전물을 분석하면서, 이 바위 조각들의 양이 매 1,500년마다 급증했다는 것을 발견했다. 바위 부스러기들의 양이 늘었다는 사실과 이들이 훨씬 더 남쪽까지 이동했다는 것은 혹한 한랭기가 있었음을 나타내는 것이다.

본드는 잇따른 연구에서 침전물 속의 탄소와 베릴륨 동위원소의 비를 계산하면서 이들 태양 활동을 나타낼 수 있는 지표들이 빙하 내 바위 부스러기들의 변동주기와 매우 큰 연관관계를 보인다는 것을 알게 되었고, 지난 12,000년 사이에 이런 사이클이 아홉 번 반복되었다는 것을 발견했다. 《사이언스》에 실린 본드의 1997년 연구 보고서는 다음과 같이 시작한다.

"북대서양 심해로부터 시추한 침전물을 분석한 결과 비교적 안정된 것으로 알려진 충적세 기간 동안, 실제 갑작스러운 기후 변동들이 있었음을 알 수 있었다. 이 기간 동안 빙하를 포함한 해수가 아이슬란드가 위치한 북쪽에서부터 영국이 위치한 위도만큼 남쪽으로 흘러들어왔다. 비슷한 시기에, 그린란드 지역의 대기 순환이 갑자기 변했다.

이와 함께 1,470년(±500년)에 가까운 사이클로 기후 변화가 이루어졌다. 충적세와 관련된 이러한 현상들은 천년 규모의 주기성을 가지고 나타나는 기후 변동의 한 양상이라고 할 수 있다."[13]

본드 박사의 연구팀이 북대서양의 반대편에 떨어져 있는 두 지점의 해저로부터 시추한 침전물을 분석한 결과는 약 30,000년 전 선사시대 있었던 빙하기까지 거슬러 올라갔다. 그들은 고분해 질량분광계를 사용해서 침전물 속의 플랑크톤 화석의 연대를 방사성 탄소로 측정하였다.

이 자료들은 분명히 빙하가 여러 차례 성장하여 얼음에 섞여 있던 바위 부스러기들이 1,000킬로미터 이상 떨어져 있는 이 두 남쪽 지역까지 운반되었음을 나타냈다. 본드 박사가 발견한 변동주기는 그린란드 빙판으로부터 시추한 빙하 코어들에서 발견된 온도 변동주기와 일치했고, 이 기후 변동주기가 실제 일어난 중요한 사실이라는 것을 확신시켰다.

본드는 이와 같이 지구의 온난화-한랭화 사이클과 태양 사이의 연관성을 태양 활동의 강도를 나타내는 지표로 간주할 수 있는 탄소-14와 베릴륨-10을 이용해서 증명하는 연구결과를 《사이언스》에 게재하였다.[14] 하이델베르크 과학원의 울리네프 박사는 본드 박사가 대서양 침전물에서 발견한 기후 변동 사이클들을 먼 아랍 반도의 동굴석순에서 발견하였다.[15]

케이그윈 박사에 따르면 이러한 빙하 이동 거리의 변동주기는 사르가소 해와 아프리카 서부 바닷물이 용승하는 지역에서의 온도 변동주기와도 일치하는데, 이것은 아극 지역과 북대서양 쪽 아열대 지역 등 넓은 지역에 걸쳐서 기후변화 시그널이 나타났음을 알려주는 것이다.

또한 이 변동주기는 베네수엘라 근처 카리아코 해분(Cariaco Basin)에서의 표층수 상승이 뚜렷하게 증가하는 주기, 아프리카 동부 지역 강들의 수위가 변화한 주기, 유카탄 반도에서의 가뭄 발생 수들이 변화하는 주기들과도 일치하는 것이다. 이러한 기록들이 암시하고 있는 태양과 기후 사이의 연관성은 지난 12,000년 동안 아주 지배적이어서, 잘 정리된 논문으로 발표된 마운더 태양흑점 극소기와 소빙하기 때의 가장 한랭한 시기가 일치한다는 연구결과들이 우연이 아니라는 것을 알려주고 있다.[16]

플랑크톤 화석과 꽃가루 화석이 말해주는 기후

케이그원은 "서아프리카 근처의 용승지역"에 관한 그의 연구논문에서 본드 박사의 라몬트–도허티 연구소 동료인 피터 드메노칼(Peter deMenocal) 박사의 연구결과를 인용하고 있다. 드메노칼 박사는 아프리카 근처 대서양 쪽에 위치한 캡 블랑(Cap Blanc)과 마우리타니아(Mauritania) 심해에서 채취한 먼지와 플랑크톤 화석을 조사하는 연구팀을 이끌고 있었다.[17] 캡 블랑은 북대서양의 더 찬 아극성 해류와 남대서양의 아열대 해류 사이의 경계에 위치하고 있는데, 이 지역은 바닷물의 용승 때문에 플랑크톤이 많이 번식하고, 아프리카로부터 날아오는 미네랄 먼지바람이 닿는 범위 내에 있으므로 플랑크톤과 먼지 등으로 이루어진 침전물들이 아주 빠른 속도로 가라앉는다.

드메노칼 박사가 연구결과를 통해 적도 쪽으로 수천 킬로미터나 떨어진, 빙하가 나타나지 않았던 아프리카 근처 바다 속 침전물의 양으로 계산한 기후 변동주기는 본드 박사가 북대서양의 과거 빙하가 운반한 해저 바위 부스러기의 양을 통해 제시한 기후 변동주기와 같았다. 즉, 드메노칼 박사 연구팀의 심해 침전물 분석 결과들은 서아프리카의 해수면 온도 변화 경향이 본드 박사가 북대서양에서 발견한 기후 변동과 일치한다는 것을 보여주는 것이었다.

적도 근처의 지면 온도는 사실 기후 변동 중에도 크게 변하지 않는데, 강수량은 이 변동주기에 따라 변한다. 드메노칼 박사 연구팀은 플랑크톤의 숫자와 종들의 변화를 통해 과거 해수의 온도를, 그리고 아프리카로부터 불어온 먼지들의 양을 통해 가뭄이 있었던 시기들을 추정할 수 있었다. 이들 자료는 서아프리카 상의 해수면 온도가 언제 떨어졌는지, 언제 아프리카 대륙에 수세기 동안 가뭄이 지속되었는지, 언제 기후가 다시 변해 잦은 폭우들이 사하라 사막에 많은 호수를 만들었는지에 대해 알려주고 있었다. 가장 최근 이 지역에 한랭화가 있었던 시기는 1300년과 1850년 사이 소빙하기 동안인데, 그린란드의 빙하 코어, 북대서양의 해저 침전물, 사르가소 해의 해수면 온도들이 보여주는 한랭화 시기와 일치한다.[18]

드메노칼 연구팀은 중세 온난기 동안에 건기가, 소빙하기 동안에는 우기가 있었다는 것을 발견했다. 벨기에 겐트 대학의 디르크 페르쉬런(Dirk Verschuren) 박사는 동아프리카 호수에서 시추한 1,100년간의 침전물 코어들을 분석했다. 그의 연구팀은 중세 온난기 동안에 아프리카 기후가 평균보다 훨씬 건조했고, 소빙하기 동안에 세 번의 가뭄이 나타난 것을 제외하고는 비가 많이 내린 우기가 계속되었다는 것을 알게 되었다.

본드 박사는 매 1500년마다 혹독하게 추운 기간이 북대서양 온도를

2~3.5도가량 떨어뜨린다고 결론지었다. 드메노칼 박사는 이와 동시에 아프리카 해안의 바닷물 온도가 북대서양에서보다 더 높은 3~4도 정도 떨어졌다고 말한다.

이렇게 드메노칼 박사와 본드 박사는 온도와 강수량이 끊임없이 변하는 역학적 기후 시스템을 우리들에게 보여줄 뿐만 아니라, 이렇게 주기를 가지고 나타나는 기후 변동 현상들이 인간의 공업화 활동이 있기 훨씬 이전부터 나타났고, 태양 활동의 변화와 밀접하게 연관되어 있다는 사실을 보여주고 있다. 이들 두 박사들의 연구들은 서로의 연구결과를 확증하는 것일 뿐만 아니라 단스고르와 외슈거의 빙하 코어 연구결과들과도 일치하는 것이다. 이것은 지구의 기후가 두 소빙하기들 사이에 서서히 단순한 경향으로 변화했다고 믿었던 오랜 이론들을 없앴다.

'북아메리카 화분(Pollen) 자료 기록'에 포함된 꽃가루 화석 자료들을 보면 지난 14,000년 동안 북아메리카에서 식생들이 1,650년(±500년)의 주기성을 가지고 아홉 번 크게 재조직화 되었음을 알 수 있다.[19] 너무나 1,500년의 기후 변동주기에 근접하지 않은가?

오타와 대학의 안드레 비유(Andre Viau) 박사가 이끄는 연구팀은 자신들의 연구결과들을 인용하면서 다음과 같이 썼다. "북대서양의 천년 규모의 기후 변동이 대기 순환이 바뀌는 것과 연관성이 있다."[20]

알래스카 남서 지역의 한 호수로부터 시추한 침전물들을 분석한 연구결과 역시 본드 박사가 북대서양의 생태계 변화 주기, 드메노칼 박사가 서아프리카 해안에서 시추한 침전물들을 통해 발견한 기후 변동 주기들과 일치함을 보여주었다. 일리노이 대학의 휴 박사가 이끄는 연구팀은 과거 기온 자료를 재정립하기 위해 살아 있는 유기체들, 유기 탄소와 유기 질소들에 의해 만들어진 실리카(Silica, 규토)를 분석하였고, 이를 통해 북대서양과 북태평양 아극지역의 기후 변동이 유사한 사이클로 나타났음을 증명하였다.[21]

필리핀 근처 술루(Sulu) 해에서는 식물 플랑크톤의 생산량이 겨울 몬순과 밀접한 관계가 있는데, 식물 플랑크톤의 생산량은 간빙기보다는 빙하기에 훨씬 많았다. 과학자들은 많은 연구결과들을 통해 1500년 사이클이 몬순 기후 시스템 안에서도 나타난다는 것을 보여주고 있다.[22]

앤더슨과 그의 연구팀은 플랑크톤 안의 동위원소와 해저 침전물에서 나온 원생동물 골격 수와 종류들을 분석함으로써 노르웨이의 3,000년간 온도 자료를 만들었다.[23] 이들 자료들은 로마 온난기 이전에 길고 한랭한 기간이 있었다는 것과, 이후 잇따라 암흑기, 로마 온난기 그리고 소빙하기가 계속되었다는 것을 보여주었다. 앤더슨은 또한 과거 3,000년 동안 표층 해수의 온도가 지금보다 훨씬 높았음을 지적했다.[24]

독일 사우어란트(Sauerland)에 있는 한 동굴에서 채집한 석순들은 소빙하기, 중세 온난기, 암흑기, 로마 온난기, 그 이전에 있었던 명명되지 않은 한랭기 등까지 거슬러 올라가는 과거 17,000년 동안 있었던 기후 변천사를 알려주고 있다.[25]

하이델베르크 과학원의 스테판 니거만(Stefan Niggermann)과 그의 동료들은 동굴석순에서 구한 이 온도 자료들이 "아일랜드 동굴석순으로부터 나온 자료들과 유사하다"고 지적했다.[26] 즉, 이 맥더모트의 동굴석순은 사우어란트의 동굴석순에서 나온 온도 자료들이 나타내는 기후 변동을 다시 확인시키는 것이었다.[27]

스위스 알프스 산맥의 산사태 연대기를 보면, 가장 최근에 있었던 세 번의 산사태들이 로마 온난기(기원전 600~200년), 암흑기(기원후 300~850년), 그리고 소빙하기(1300~1850년) 이전에 있었던 명명되지 않은 한랭기 동안에 발생했음을 알 수 있었다(산사태가 잦았다는 것은 그 당시 기후가 한랭하고, 습했음을 나타낸다).[28]

파키스탄의 키라치 서쪽 아라비아 해의 두 지점에서 과거 5,000년 전까지 거슬러 올라가는 해저 침전물들이 시추되었는데, 이들을 분석한 결과에서도 이미 발표된 그린란드 빙하에서 나타난 1,470년 주기성을 찾을 수 있었던 것이다.[29] 이 자료들을 분석한 버거 박사와 폰라트 박사는 이들 기후 변동주기의 대부분이 조수 변동주기에 비례한다는 것을 보이면서, 기후 변동에 조수가 중요한 역할을 한다고 주장했다. 이와 동시에 그들은 "기후 시스템의 내부 구조 자체만으로는 이러한 기후 변동주기를 만들 수 없다"고 언급하면서, 현대 온난기를 외부적인 힘에 의해 나타나는 일련의 기후 변동주기들 중의 한 현상으로 간주했다.[30]

보스턴 대학의 모린 레이모 교수는[31] 단스고르-외슈거가 주장한 기후 변화주기를 지구가 수백만 년 동안 계속해왔다고 말한다. 레이모 교수와 연구팀은 아이슬란드 남쪽의 심해로부터 기다란 침전물 코어를 시추했는데, 이들 침전물들의 결과는 제라드 본드 박사가 밝힌 바 있듯 한랭기 동안 빙하에 의해 운반된 바위 부스러기 양이 증가하는 주기와 거의 일치했다.

이처럼 1500년 주기의 기후 변화에 관한 역사는 수백만 년을 거슬러 올라가는 것이고, 이 변동주기는 빙하기들을 거치면서도 여전히 계속되었음을 알 수 있다. 그런데 이런 변동주기가 우리 때에 왜 멈추겠는가 말이다.

태양 활동의 주기는?

"독일의 여러 연구소에서 일하는 과학자들은 컴퓨터 모형을 이용하여서 태양 활동의 작은 변동이 지난 빙하기 중에 갑자기 나타났던 일련의 온난화를 초래할 수 있다는 것을 보였다. 그런데 태양 흑점을 관측한 결과들을 보면 태양 변동의 주기는 87년과 210년이다. 1,470년 주기로 태양 활동이 변화하고 있다는 사실은 아직 발견되지 않았다. 그럼에도 불구하고 몇몇 과학자들은 여전히 태양 활동의 변동이 1,470년 주기 변동을 만든다고 생각하는데, 이들의 주장은 태양 활동의 주기인 210년과 87년이 1,470년의 인수이고, 이 두 주기의 조합이 1,470년 주기를 만들 수 있기 때문에 빙하기 등의 기후 변동을 설명한다는 것이다."[32]

지구, 특히 북대서양 지역에서 1,470년 기후 변동이 뚜렷하게 나타난다. 하지만 태양 활동의 변동은 그렇지 않다. 태양은 대신 87년 주기의 글라이스버그(Gleissberg) 변동과 210년 주기의 드브라이스-수에스(DeVries-Suess) 변동을 뚜렷하게 보인다. 포츠담 기후연구소의 홀거 브라운(Holger Braun)과 그 동료들은 빙하기 동안의 해수 순환 변동이 기후 변동을 설명할 수 있다고 생각하고, 그 변동 메커니즘에 관한 가설을 한 연구 논문에 발표한 바 있다.[33]

그러나 그 현상의 규칙성을 과학적으로 규명하지는 못했다.

지난 빙하기 동안 수만 년에 걸쳐 적어도 스무 번 이상 10% 미만의 그린란드 얼음이 기후 변동을 겪었다. 이것은 이런 현상을 유발하는 강한 외적인 힘이 있었다는 것을 암시하고 있고, 다시 태양이 그 힘의 원천이라는 1984년 단스고르와 외슈거의 이론으로 돌아가게 된다. 뿐만 아니라 제라드 본드의 "지난 12,000년간 몇 백 년의 주기로 빙하에 의해 떠내려 온 극지방의 바위 부스러기들이 북대서양에서 발견되었고, 이 침전물들의 양이 변하는 주기가 태양 활동의 최저기와 연관이 있다"고 한 이론이 있었다.[34] 그렇다면 과연 어떻게 연관이 있다는 말인가?

현 충적세 온난기 동안 기후 변동은 비교적 약한 규칙성을 보인다. 충적세 기후 최적기는 9000년 전부터 5000년 전까지 약 4,000년 동안 지속되었다. 암흑기와 그 바로 뒤에 있었던 중세 온난기는 합쳐서 단지 700년간 지속되었다. 여전히, 기후 변동은 로마 온난기, 암흑기, 중세 최적기, 소빙하기 그리고 감히 말하지만 현대 온난기에 걸쳐 나타나고 있는 것이다. 그 변동은 분명히 계속되고 있는 것이다. 만약 갑작스럽게 녹아서 거대한 담수 물결을 일으킬 만큼 커다란 빙판이 지구에 존재하지 않는다면, 그 변동이 당장 거대한 힘을 발휘하지는 못할 수도 있다. 그러나 그 변동이 계속되고 있다는 사실은 분명하다.

홀거 브라운과 그의 동료들은 잘 알려진 것처럼 87년과 210년이라는 태양 활동 강약 주기가 확실히 서로 겹친다고 주장했다. 이 두 숫자는 1,470의 소수이다. 기후 변동의 1,470년 주기는 태양 활동의 210년 주기보다는 7배 길고, 87년 주기보다는 17배 길다. 만약 이 두 독립적인 변동들이 동시에 나타났다면, 그 두 영향이 합쳐지거나 또는 서로 상쇄되면서 훨씬 더 복잡한 1,470년 주기의 기후 변화를 만드는 것이다.[35]

그들은 이런 개념을 컴퓨터 모형에 적용시켰다. 결과는 과연 그들의 예상대로였다. 그들은 86년과 210년 주기로 얼음이 녹은 물들이 북대서양으로 흘러들어온다는 조건을 기후모형에 적용시킬 경우 "빙하기의 조건들을 고려하는 상세한 기후모델"이 단스고르-외슈거의 1,470년 주기의 기후 변동을 재현할 수 있었다고 발표했다.[36]

그들은 이 실험에서 지난 수만 년의 빙하기에 걸쳐 있었던 태양 활동, 대기에서 일어나는 화학반응, 그리고 대류와 해상의 얼음들이 기후 변동에 미치는 복잡한 상관성 등을 고려하지는 않았다. 즉, 태양 활동의 1,470년 주기성을 강제적으로 기후모델에 적용하지 않더라도 1,470년 주기 기후 변동과 관계한 빙하의 변화가 태양 활동에 의해 유발될 수 있었음을 보인 것이다.[37] 그들의 연구 논문에 따르면 가장 최근의 빙하기가 끝나면서 뚜렷하게 나타나던 1,470년 주기성이 보이지는 않지만, 온난화와 한랭화는 분명 계속 반복되고 있다. 포츠담 기후연구소의 저자들 중의 한 사람인 슈테판 람슈토르프(Stefan Rahmstorf)는 "이른바 소빙하기라고 불리는 16세기~18세기가 이 변동기 중 가장 최근에 있었던 한랭기일 것"이라고 언급했다.[38]

자, 그러면 이제 1,500년 주기의 기후 변동이 현재 나타나고 있는 온난화를 유발한다는 것이 분명해졌는가?

미스터리한 기후에 대해 우리가 알고 있는 것들

이제 이렇게 미스터리하게 되풀이되는 기후 변동 현상에 대해서 우리가 알고 있는 것들을 평가해보자. 첫째, 우리는 이 현상이 대서양으로부터 아프리카, 알래스카를 거쳐 필리핀과 남극 등 전 지구에 걸쳐 일어난다는 것을 안다. 둘째, 이 현상들이 자연적인 원인들에 의해 유발된다는 것을 안다. 기후 변화의 흔적들은 인간 활동이 기후에 영향을 미치기 시작한 것보다 수백만 년 이전으로 거슬러 올라간다는 말이다. 셋째, 우리는 기후 변화를 유발하는 원동력이 지구에 빙하기와 온난기를 반복적으로 만들 수 있을 만큼 어마어마하다는 것도 안다. 즉, 이 원동력은 수십조 톤의 얼음이 지구상에 존재함에도 불구하고 온난화를 일으킬 수 있을 만큼 강하다. 이것은 어쩌면 인간이 생각할 수 있는 가장 강한 힘일지도 모른다. 넷째, 동위원소와 역사적인 자료들로부터 이런 기후 변동이 미미하다는 것도 보았다.

중앙난방이나 에어컨이 없이도 우리 조상들과 야생생물들의 원종들은 수백만 년 이상 기후 변동주기를 거치면서 생존하였다. 원시인들은 심지어 아주 혹독한 빙하기 동안, 해수면이 높은 지역들과 빙하가 몰려오는 지역들을 피해 이주하는 등의 노력으로 생존하였다. 분명 야생생물들도 마찬가지로 그랬을 것이고, 그러지 못했던 야생종들 역시 이런 악조건들이 사라졌을 때 다시 자생하였음을 알 수 있다. 과거 대규모로 어떤 종들이 멸종했던 것은 사실 지구 자체의 온도 변화에 기인한 것이 아니라, 소행성들이나 혜성의 충돌 등 외부적인 요인들에 의해 생긴 대기먼지들이 수년 동안 태양을 가렸기 때문이다.

주기적인 힘에 의해 생기는 전형적인 기후 변화는 중위도에서는 약 2도 정도, 그리고 북극에서는 약간 더 큰 정도의 갑작스런 온도 변화를 보이는 것으로 시작한다. 온난기의 중간에는 안정된 기후가 나타났고, 빙하기 중간에는 불안정한 기후가 나타나는 시기가 있었다. 그러고 나면 그 변동주기가 끝났던 것이다. 중세 온난기가 갑자기 끝나고,

소빙하기 시작 단계에 유럽을 덮쳤던 거대한 폭풍은 분명 우리를 걱정하게 만든다. 비슷한 현상이 나타날 것인지의 여부는—언제일지는 모르지만—현재의 온난기가 끝날 때쯤 예측이 가능할 것이다. 그때가 바로 우리가 폭풍으로 인한 피해를 막든 어쩌든, 어디에 어떻게 투자를 할 것인지 방책을 결정할 때인 것이다. 우리가 여기서 기억해야 할 핵심은 컴퓨터 모형의 결과를 토대로 만든 온실효과에 의한 지구온난화 이론과는 달리, 1,500년 기후 변동주기는 증명되지 않은 이론이 아니라는 것이다. 1,500년 주기의 기후 변동은 "실제" 일어나고 있는 현상이고, 전 지구에 걸쳐 얻어진 다양한 과학적 증거자료들에 근거하고 있다.

빙하 코어들은 수천 년 동안 겹겹이 쌓여서 형성된 실제 빙판으로부터 시추되었다. 위성 자료들이 변화하는 태양 광선을 측정하였다. 질량분광계들을 통해 분석된 그 빙하 코어들 안의 동위원소들은 태양 활동의 주기적인 변화를 보여주었다. 최소한 지난 400년 동안 태양 흑점 수들이 과학자들의 일지 기록부에 기록되었다.

알마 관측소의 태양 관측 자료들은 2백년 이상 동안 매일 꼼꼼하게 기록되고 있다. 태양의 플레어(flare)는 필름에 기록되어져 왔고, 나무의 나이테 역시 면밀하게 세어졌다. 침전물 코어들은 앞으로의 연구를 위해 지금도 실험실에 잘 보관되어져 있다. 무거운 산소 동위원소들이 가벼운 산소 동위원소들과 다르다는 것은 과학적으로 증명된 사실이다. 침전물에서 머리가 발견된 작은 곤충들은 실제 그들이 존재했다는 것을 알려주고 있고, 식물들에서 떨어진 꽃가루들은 최근에 떨어졌든 오래전에 떨어졌든 간에, 그런 식물들이 실제 존재했음을 알려준다. 석순들은 수천 년 동안 동굴에서 꾸준히 자라왔다.

물론 태양 활동 그 자체가 1,470년 주기로 변하지는 않는다. 그러나 홀거 브라운의 컴퓨터 모델은 잘 알려진 87년과 217년 태양 활동 주기들을 겹쳤을 때, 1,470년 주기의 기후 변화를 만들 수 있음을 나타냈다. 이러한 모든 기후 변화에 관한 증거 사실들은 정확도 면에서 충분히 규명되지 않았음에도 불구하고 어마어마한 연구비와 언론의 관심을 모으고 있는 컴퓨터 모형이 내놓은 잘못 유추된 결과들과는 차원이 다르다.

　단스고르, 라센 그리고 본드 이들 모두는 기후 변동을 뒤에서 만들고 있는 힘이 바로 태양이라고 주장한다. 버거 박사와 폰라트 박사는 "기후 변화의 내부적인 자체 진동은 1,500년 주기의 기후 변화를 만들 수 없다"라고 주장한다. 젠바이저 박사와 닐샤비브 박사는 1,500년 주기의 기후 변동이 지구 밖 우주에서 오는 힘에 의해 유발된다는 데 동의했는데, 그는 여기에 우주광선을 만들어내는 은하가 미치는 영향까지 추가했다. 1,500년 주기의 자연적 기후 변동에 대해 더 많이 배울수록, 최근의 온난기가 인류에 의해 초래되지도 또 위험하지도 않다는 것을 알게 되는 것이다.

제3장
온실효과 이론의 취약성

　인간이 지구온난화를 초래했다고 주장하는 사람들은 다음과 같이
말한다.

　"인간 활동에 의해 초래된 지구온난화는 생태계 전체에 가장 큰 위협들 중의
하나가 되었지만, 그것의 근본적인 원인은 명백하다. 석탄, 석유, 천연가스
등의 화석연료를 태우면서 이산화탄소가 대기 중에 배출된다. 이 가스들이
지구를 담요처럼 덮어서 지구 상의 열을 외부로 빠져나가지 못하도록 가두
는 역할을 하기 때문에 지구온난화를 야기하는 것이다. 지구온난화를 멈추
기 위해서는 먼저 이들 온실가스 배출을 줄여야 할 것이다. 세계 야생동물기
금협회(World Wildlife Fund)는 이산화탄소 배출을 과감히 줄이자는 운동에
앞장서는 주요 단체들 중의 하나이다. 지구의 온도 상승이 아주 미미하다 하
더라도 북극 해양의 빙하에서 먹잇감을 찾는 북극곰과 같은 야생 동물들에
게는 치명적인 위협이 될 수 있다. 이들 북극곰을 비롯한 지구상의 모든 생
물들을 보호하기 위해서는 이산화탄소의 배출량을 줄이는 과감한 조치를 취
해야 한다. 여러분도 세계 야생동물기금협회와 함께 이 문제를 해결하는 데

동참할 수 있다."[1]

"지구온난화를 줄이기 위해서 당신이 할 수 있는 일, 우리들 모두가 해야 할 일은 현재 삶의 질을 약간씩 낮추는 것이다. 석탄 연소가 대량의 이산화탄소를 만들어낸다. 소모하는 전력의 대부분이 석탄을 연료로 하여 생산되므로 우리들은 먼저 전기를 아껴 쓰는 노력부터 해야 할 것이다. 예를 들어, 각 가정의 남쪽 편에 나무를 심어서 더운 여름 동안 집안에 그늘을 만들 수 있도록 한다든지, 에너지 효율성을 높인 냉난방기를 설치하는 등과 같은 노력이 필요하다."[2]

이와 같은 지구온난화 이론에 반대하는 사람들은 다음과 같이 말한다.

"보수파와 과학자들은 지구온난화가 극지방의 해양 위에 있는 빙하를 녹이고 있기 때문에 북극곰이 21세기가 끝나기 전에 멸종할 수도 있다는 신문 머리기사를 만들고 있다. 지금 현재, 여기 레졸루트 만의 너새니얼 칼루크와 같은 에스키모 인들은 그 문제에 관해 걱정하고 있지 않다. '전보다 더 많은 곰들이 있는데……' 라고 어린 시절부터 이곳에서 사냥을 하며 살아온 51세의 칼루크 씨는 말하고 있다. '요즘 사냥을 나가면 20에서 30마리의 곰들이 포착된다. 20년 전에는 사냥을 나가서 한 마리도 볼 수 없는 경우가 잦았다.' 세계의 북극곰 대부분이 서식하고 있는 캐나다에서는 북극곰의 수가 지난 10년간 20% 이상 증가했다고 보고된 바 있다. 이러한 현상의 주요한 원인은 아마도 야생동물을 보호하기 위해 사냥을 법적으로 금지했기 때문일 것이다. 1930년대에 북극은 현재만큼이나 따뜻했고, 그 이전에는 현재보다 더 따뜻하기까지 했다."[3]

이산화탄소와 지구 기온 사이의 관계

최근 이산화탄소 배출량과 지구 표면의 온도가 모두 높아졌다. 이런 사실을 놓고 높아진 이산화탄소 배출량이 지구온난화를 초래하고 있다고 말할 수 있을까?

온실효과 이론에 따르면, 지구 대기 중에 늘어난 이산화탄소가 지구상의 열을 가둬서 대기 하층부분을 데우고, 결국 지표면의 온도를 상승시킨다. 그러나 사실 온실효과를 일으키는 가스들이 인간들의 산업 활동에 의해 대량으로 배출되었음에도 불구하고, 1940년 이후 지구의 온도는 아주 미미하게 상승했음을 알 수 있는데, 이것은 사람들이 만들어내는 온실기체들의 영향은 지구와 거기에 사는 사람들에게 거의 해를 미치지 않을 만큼 작다는 것을 증명하는 것이다. 이러한 사실은 현재 배출된 이산화탄소들이 지구를 덥히는 역할을 다했다고 하면 더욱 더 확실해진다(추가적인 이산화탄소 배출은 더욱 미미하게 온난화에 기여한다는 말도 된다).

최근의 연구들은 온도와 이산화탄소 사이의 전 지구적인 상호작용에 관해 훨씬 더 명확한 그림을 보여준다. 첫째, 인공위성과 고위도 상층 기상 자료들을 보면 이산화탄소 농도가 증가했기 때문에 대기 하층에 더 많은 열들이 가둬지지 않았다. 변화폭이 큰 지표면의 온도가 얼마나 빨리 데워지는지 알기는 어렵지만, 이들 자료는 지상에서 배출된 이산화탄소를 포함하고 있는 대기 하층권보다 지표면이 더 빨리 데워진다는 사실을 나타내었다.

둘째, 남극에서 나온 빙하 코어 자료들은 지구의 온도와 이산화탄소 배출 정도가 지난 세 번의 빙하기와 온난기를 거치면서 비슷한 양상으로 변화하는 것은 사실이지만, 정확히 말하면 이산화탄소 농도 변화가 지구 온도 변화보다 약 800년 뒤처져서 사이클이 나타난다는 것을 보여주고 있다. 즉, 온도가 상승하고 800년이 지난 다음 이산화탄소 농도가 증가했다는 말이다. 이것 역시 이산화탄소가 지구의 기후 변동을 야기하는 원인이 아니라는 것을 증명하는 것이다.

오리건 주 기후학자 조지 테일러는 다음과 같이 기록한다. "초기 보스토크 빙하 분석에서 수백 년 간격의 자료들을 살핀 결과 기온과 이산화탄소 농도 사이에 아주 강한 상관성이 있다는 결론에 이르게 되었다. 많은 이들에게 그 결론은 명백하게 보였다. 이산화탄소 농도가 증가할 때 온도가 상승하였고, 이산화탄소 농도가 감소할 때 온도가 하강하였다. 이것이 바로 스티븐 슈나이더와 같은 과학자, 부통령 앨 고어 등 수많은 사람들이 앞으로 지구가 더욱 더워질 것이라고 주장하기 위해 책에서 인용한 그래프가 되었다. 그렇지만, 기후 변동은 그렇게 간단한 메커니즘으로 나타나는 현상이 아니다. 보스토크 자료들을 훨씬 더 짧은 기간별로 평균한 자료들을 보면 (즉, 100년 평균이 아니라 10년 평균), 다른 결과들을 얻을 수 있다. 스크립트 해양연구소 허버트 피셔 박사와 연구팀은 다음과 같이 보고하고 있다. '온도 변화와 비교해볼 때 이산화탄소 농도가 뒤처져서 상승하는데 그 뒤처지는 정도가 약 400년에서 1,000년 정도 된다.' 즉, 이산화탄소 농도의 변화가 기온 변화에 의해 야기될 수 있다는 말이다.[4]

피셔 박사와 연구팀은 보스토크 빙하 코어를 이용하여 250,000년 전까지 거슬러 올라가는 온도 자료를 얻었고, 이 기온 자료를 남극의 테일러 돔(Taylor Dome)으로부터 얻은 과거 35,000년간의 이산화탄소 자료와 함께 정리하여, 100년 평균이 아닌, 10년 평균 온도/이산화탄소 자료를 얻을 수 있었다. 그들은 이 자료들을 분석한 결과를 통해 '과거 세 번의 빙하기와 간빙기에 걸쳐 이산화탄소 농도 변화가 기온 변화보다 400년에서 1,000년 정도의 차이를 두고 뒤처져서 나타난다'고 발표하였다.[5]

피셔 연구팀은 온난해진 대기 때문에 바다는 대기 중으로 더 많은 이산화탄소를 내놓게 되고, 지상에서는 수목들의 성장이 더 촉진된다. 수목들은 이산화탄소를 흡수해서, 훨씬 더 많고 굵은 뿌리와 나무를 만들게 되고, 더 많은 탄소들이 토양에 가둬지게 되는 것이다. 400년에서 1,000년의 시간 차이는 해양이 이산화탄소를 대기 중으로 배출하는 데 걸리는 기간과 연관이 있다.[6]

프랑스 원자력에너지위원회의 니콜라스 캐일런(Nicolas Caillon)은 남극 빙하 코어에서 나온 아르곤 동위원소를 이용하여 기온 증가 후 200년에서 800년 차이를 두고 대기 중 이산화탄소 농도 증가가 나타난다는 것을 더 명확하게 검증할 수 있는 자료를 만들어냈다.[7]

빙하는 녹고 있는가?

빙하 때문에 두려움에 떨며 이런 저런 경고를 해대는 사람들은 다음과 같이 말한다.

"온난화는 북극지역에서 해양의 빙하가 녹는 현상을 통해 먼저 눈에 띄게 나타날 것이다. 대기 온난화는 해수 순환을 변화시킨다든가, 지상의 빙하 전체의 양을 줄이는 등과 같이 훨씬 더 광범위하고, 극적인 효과를 만들어낼 것이다. 그러므로 사람들은 장기간 종잡을 수 없을 만큼 광범위하게 일어나고 있는 현상을 경험하게 될 것이다."[8]

"나는 한밤중의 태양 아래에서 잠을 잤다. 12피트 두께의 빙하가 차가운 북극해에 떠 있었다. 그러나 이산화탄소 농도는 여전히 빠르게 상승하고 있고, 결국 온도 역시 그들과 함께 상승하게 될 것이다. 극지방의 빙산들은 기상현상에 전 지구적으로 영향을 미치는데, 이런 빙산들이 녹아서 줄어들면 틀림없이 엄청난 재난이 생길 것이다."[9]

"영국의 과학자들은 남극의 일부가 지구상의 다른 지역들보다 훨씬 더 빠르게 더워지고 있다고 말한다. 그들은 이것이 최소한 지난 2000년 이래 가장 강한 온난화 현상이라고 믿고 있다. 학자들은 빙하 코어 4개 중 3개가 지난 50년간 온도가 상승했음을 보여준다고 말한다. 지역적으로 나타나는 급격한 온난화는 지난 50년간 7개의 빙판(Ice Shelves)을 녹였다."[10]

사실에서 근거를 찾는 사람들은 여전히 다음과 같이 의문을 제시한다.

"2000년도 《기후학저널》13호에 실린 연구에 따르면 현재 남극 해양의 빙하들이 보여주는 경향은 기후모델들이 예측하는 것과는 반대로 나타나고 있다. 1987년 12월부터 1996년 12월 사이 마이크로웨이브를 이용한 특별 기상

위성(SSM/I) 관측 자료들은 빙하가 차지하는 면적이 증가했음을 보여준다. 2000년 《빙하학저널》 46호에 실린 또 다른 연구는 빙하가 온도 변화에 충분히 반응하여 녹기 위해서는 20,000년이 걸린다고 밝히고 있다. 5도 정도의 온난화와 한랭화는 전체 빙하 부피를 1~1.5% 정도 변화시킬 수 있다."[11]

"이들 학자들은 기후 변화에 IPCC가 제공하는 지표 온도자료가 심각하게 잘못되었다고 지적한다. 이 자료들은 최근 수십 년간 약간의 한랭화를 보인 것으로 알려진 남극에 관한 자료들은 포함하고 있지 않다. 이들 학자들이 위성에서 산출된 자료를 이용해 IPCC 자료들이 적용되는 지역들에서의 기온 변화 경향을 계산했을 때, IPCC 자료가 현재의 온난화를 33% 정도 과대 추정했음을 알 수 있었다."[12]

극지방의 온도는 하락하고 있다

온실효과 이론이 타당하다면, 북극과 남극의 기온은 인간 활동이 만들어내는 이산화탄소 배출량의 급증으로 1940년도 이후 상승했어야 한다. 하지만, 북극과 남극 근처의 온도는 1930년대보다 지금이 더 낮다. 좁고 길게 아르헨티나 쪽을 향하여 북쪽으로 뻗어 있는 남극 반도가 더워지고 있는 것은 사실이다. 우리들은 남극대륙 전체 면적의 3%도 안 되는 이 남극 반도에서 나타나는 온난화 현상에 관한 정립되지도 않고 마구 부풀려진 이야기들을 듣고 있는 것이다. 그 이유는 이곳이 ① 대부분의 과학자들과 관측기구들이 위치한 곳이기 때문이고, ② 온실효과 이론이 예측하는 결과와 가장 일치하는 현상이 나타나는 곳이기 때문이다. 남극의 다른 97%는 1960년대 이후 한랭화가 나타나고 있다는 사실을 알아야 한다.

현대 남극의 장기 온도 관측망은 1957년에 설치되었다. 최근, 시카고 대학의 피터 도란 박사가 이끄는 한 연구팀은 《네이처》에서 "비록 이전의 논문들이 대륙에서 미미한 온난화가 있음을 발표했음에도 불구하고, 우리들이 남극의 기상자료들을 분석한 결과들은 남극대륙에서 1966년에서 2000년 사이에 한랭화가 있었음을 보여준다."[13]

21개의 남극 지상 관측소에서 나온 자료들은 1978년과 1998년 사이 0.008도의 기온이 떨어졌음을 보여주고, 1979년부터 위성에서 전송된 적외선 자료들은 10년에 약 0.42도 정도 기온이 하강하고 있음을 나타낸다.[14] 콜로라도 주립대학의 데이비드 톰슨 박사 또한 남극 내부의 한랭화 경향에 관한 보고서를 발표한 바 있다.[15]

남극대륙을 둘러싸고 있는 해양의 빙하는 한랭화를 확신시키고 있다. 오스트레일리아의 왓킨 박사와 이안 시몬 박사는 남극해의 빙하가 차지하는 면적 지수가 1978년부터 1996년까지 증가하였고, 1990년대에 들어서 그 현상이 더욱 뚜렷하다는 것을 발견하였다.[16]

그린란드와 알래스카

북극지역에서는 알래스카에서 온난화 경향이 비교적 강하게 나타나고 있는데, 이것은 1976년~1977년 태평양의 10년 진동(Pacific Decadal Oscillation) 현상을 반영하는 것일지도 모른다. 그렇다고 북극 전역에 걸쳐 온난화가 나타나고 있다거나, 빙하가 녹고 있다는 조짐은 아직 없다.

여전히, 유언비어를 퍼트리는 이들은 다음과 같이 말한다.

"북극 영구동토층이 녹아서 탄소를 배출하고 있다는 증거가 나타나고 있다. 북극은 세계 토양 전체가 저장하고 있는 탄소의 약 14%를 보유하고 있으므로 북극의 탄소 전체가 배출되면 기후 변화에 크게 영향을 미칠 것이다. 북극 영구동토층이 녹으면서 가장 피해를 입게 되는 것은 북극지역에 사는 200,000명의 원주민들일 것이다. 영구동토층이 녹으면 알래스카의 건물, 도로, 송유관 등에 큰 손상이 갈 것이다."[17]

"지구온난화의 심각성에 대해 의구심이 생기는 사람들은 알래스카의 에스키모, 인디언, 그리고 알류트 인들에게 물어야 할 것이다. 연어들은 따뜻한 서식지에 사는 기생충들에 아주 민감하고, 그들이 누리던 최적 환경이 변화하거나 손상되는 것에 치명적인 영향을 받는다. 그런데 이들 연어들과 사슴 고기들이 맛이 이상해지고, 사슴 뼈의 골수가 이상하게도 흐물흐물해지고 있다. 북극의 빙하가 사라지고, 해양 동물들의 먹이들이 줄어들어 이런 해양 동물들을 사냥하는 원주민들이 어려움을 겪고 있다. 21세기 중반 안에 북극곰들이 북반구에서 사라질지도 모른다며 두려워하고 있다."[18]

폴란드의 기후학자 라이문트 프시빌라크는 북극 37개 관측소와 북극지역 7개 관측소에서 나온 월평균 자료를 정리하여 지난 70년간 북극지방 지상 근처의 대기 온도 자료를 만들었다. 이 자료들은 북극지역에서 가장 온도가 높았던 때가 1930년대였음을 명백히 보여주었다. 1950년대의 온도조차도 지난 10년간의 온도보다 더 높았다. 1951년에

서 1990년 사이 전 북극지역의 온도 변화를
조사한 두 번째 논문에서 그는 "온실효과를
증명할 수 있는 어떠한 확실한 근거도 찾을
수 없었다"고 보고하고 있다.[19]

해상에 설치된 부이

알래스카 대학의 이고르 폴리야코프와 연
구팀은 북극에 위치한 125개 지상관측소들
과 해상에 설치된 부이(buoy)에서 얻은 관
측 자료들을 분석하였다. 그 자료들은 1917
년과 1937년 사이에 강한 온난화가 있었음
을 보여주었지만, 1937년 이후에는 어떤 온난화 양상도 나타내지 않
았다.[20]

그린란드는 점점 더 냉각되고 있다. 이 지역에서는 지난 반세기에
걸쳐 한랭화 경향이 나타나고 있는데, 이러한 현상은 특히 그린란드
남서쪽 해안에서 뚜렷하다. 라브라도 해 근처의 해수 표면온도는 떨어
졌다. 이것은 영국의 플리마우스 대학 에드워드 하나 박사와 덴마크
기상연구소의 존 카펠란 박사가 그린란드의 여덟 군데 지역에 위치한
덴마크 기상관측소에서 얻은 자료들과 해안가 근처 지상관측소 세 곳
에서 나온 자료들을 분석하여 발표한 사실들이다.[21] 분명 그린란드 빙
하가 몇 년 더 유지될 것이라는 것을 알 수 있다.

수증기—증명 되지 않은 가설

수증기는 대기 중 그 양이 가장 많고, 중요한 온실기체이다. 수증기는 온실효과를 만드는 데 약 60%를 기여하고, 이산화탄소는 약 20%를 기여한다. 오존과 아산화질소, 메탄 등 다른 온실기체들이 그 나머지 20%의 온실효과를 만드는 것이다.

이산화탄소와 메탄에 관한 많은 논의들이 있지만 그럼에도 불구하고, 사실 온실효과에 의한 온도 상승의 대부분은 수증기로 인한 것이다. 이렇게 수증기에 의한 온실효과가 없다면, 다른 온실기체들이 온도를 크게 상승시킬 수 없다.

BBC의 날씨에 관한 홈페이지는 다음과 같은 글을 올리고 있다. "대기 중의 수증기량은 일정하지 않고 급변하는데, 어떤 때는 한두 시간 안에 그러한 변화가 나타날 수도 있다. 빠르게 저기압성 폭풍이 지나갈 때가 한 예일 것이다. 수증기를 구성하는 분자들은 물을 구성하는 분자들보다 훨씬 더 많은 에너지를 가지고 있다. 해양을 내리쬐는 햇빛 때문에 상당한 양의 물이 매일 증발한다. 간단히 말하면, 수증기가 대기와 해양의 에너지를 가장 많이 보유하고 있는 창고라는 말이다. 수증기나 구름이 온난화에 미치는 영향에 대해서는 아직도 논란이 많다. 이들이 온난화와 한랭화 두 가지 효과를 낼 수 있기 때문이다. 즉, 물은 와일드카드와 같다는 말이다."[21] 분명 그린란드 빙하가 몇 년 더 유지될 것이라는 것을 알 수 있다.

수증기에 관한 가정은 규명된 사실들에 근거를 두고 있다. 지구가 더워짐에 따라서 더 많은 물들이 대기 중으로 증발한다. 더구나, 데워진 대기는 더 많은 수증기를 보유할 수 있다. 예를 들면, 영하 15도에서 1킬로그램의 대기는 1그램의 수증기를 보유할 수 있지만, 35도에서는 40그램의 수증기를 보유할 수 있게 되는 것이다. 그렇다고 이러한 사실들이 늘어난 수증기가 지금 대기 중에 존재하고, 이들이 이산화탄소의 온실효과를 강화시키고 있는지 그렇지 않은지에 대한 실마리를 제공하지는 않는다.

태평양 위의 열배출구

2001년 NASA는 MIT의 리처드 린젠 교수와 NASA의 한 연구팀이 태평양의 온난 해수 지역(warm pool) 위에서 거대한 기후학적인 열배출구를 발견했다고 발표했다. 그 배출구는 해수 표면온도가 상승할 때 과잉의 열을 자연적으로 빼내는 작용을 한다.[22] 그 연구팀은 오스트레일리아, 일본, 하와이 등 광범위한 지역에 있는 위성으로 매일 관측한 20개월간의 구름과 해수 표면온도 자료를 분석하였다. 구름이 덮고 있는 면적 자료는 일본 GMS-5 정지 기상위성에서 얻을 수 있었고, 해수 표면온도 자료는 미국 국립환경예보연구소(NCEP)가 제공하였다.

"서태평양 열대 상의 상층 구름은 해수면 온도가 평균보다 높을 때 감소한다"고 린젠 박사 연구팀의 일원인 아서 하우 박사는 말한다. 이들 상층 구름은 대기 중에 열을 가둬두는 역할을 한다. "구름 아래 해수면 온도가 상승하면, 응결작용이 더 왕성해져서 강수를 더 효과적으로 만들어낸다"고 린젠 박사는 말한다. "결과적으로, 새털구름(cirrus cloud)이 줄게 되는 것이다."[24] 얼음입자들로 구성된 새털구름은 상공으로부터 내리쬐는 햇볕을 차단하지는 못하지만, 구름 아래 열을 덮어 빠져나가지 못하게 하는 것이다. 새털구름이 줄어든다는 것은 대기 중에 갇힌 열들이 대기 밖으로 더 잘 빠져나가게 된다는 말이므로, 지구를 한랭화시키게 된다는 말도 된다.

NASA와 MIT에서 발표한 이 연구는 지구가 대기의 온도를 컴퓨터 기후모형이 예상하는 것보다 훨씬 더 능동적으로 관리하고 있다는 것을 암시한다.

린젠 박사의 연구팀의 발표는 NASA 고다드 연구소(Goddard Space Flight Center)의 여러 과학자들로 이루어진 연구팀이 이전에 발표한 연구결과들을 확증하는 것이기도 하다. NASA의 수드 박사가 이끈 그 연구팀은 위성이 관측한 구름과 실험비행기에서 관측된 해수면 온도 자료를 분석했고, 온난해수 지역의 해수면 온도가 28도에서 30도 사이의 값으로 변하는 원인을 분석하였다.[25] 그들은 해수면 온도가 28도 이상이 되면 그 위의 대기가 더 습해져, 더 많은 구름을 형성하여 그 지역을 한랭화시키고, 건조한 하강기류를 만들어 해수면 온도를 낮춘다는 연구결과를 발표하였다.

린젠 박사가 이끄는 연구팀의 논문이 발표된 후, 《사이언스》는 린젠의 열배출구 발견을 거듭 확증하는 다른 두 편의 논문을 2002년 2월 1일 게재하였다. 그 중 하나는 컬럼비아 대학의 준이 첸 박사가 발표한 논문이고, 다른 하나는 NASA의 브루스 웨릭키 박사가 내놓은 연구 논문이다.[26] 그들의 공통된 발견은 이렇게 태평양 상공으로 배출되는 열에너지의 크기는 1980년대와 1990년대에 걸쳐 대기 중 이산화탄소 농도가 두 배로 증가함에 따라 방출되었을 것으로 (컴퓨터 기후모델들이) 예측하는 열에너지만큼 크다는 것이다.

NASA는 "열배출구" 발견을 언론에 발표하였다. 이 연구는 기후를 관측할 수 있는 정지 기상위성과 같은 최첨단 장비, 어마어마한 양의 새로운 데이터, 해상 관측선으로부터 정확하게 측정된 해수면 온도자료 등에 바탕을 두고 있었다.

하지만 소수의 두뇌집단을 제외하고는 아무도 이 연구결과에 주의를 기울이지 않았다. "급변하는 기후"와 "수백만 야생종들의 멸종"에 대한 근거 없이 마구 과장된 기사들이 매일 나오고 있다. 그러나 태평양이 조용히 그리고 자연적으로 과잉의 열을 지구 밖으로 배출함으로써 생태계를 지키고 있다는 사실은 이미 여러 번 확증되었다. 그러지 못할 이유가 무엇이겠나?

제4장 | 근거 없는 두려움들
해수면이 상승하여 범람과 아비규환을 가져올 것이다

인간 활동에 의해 지구온난화가 진행된다고 주장하는 운동가들은 해수면 상승에 대해 다음과 같이 이야기한다.

"인구 만천 명의 작은 나라 투발루(Tuvalu)는 해수면이 계속 상승해 배를 버릴 준비를 하고 있다. 투발루는 자신들이 거주하는 9개의 산호섬에서 오스트레일리아나 뉴질랜드로 주민을 이주시킬 수 있게 요청하였다. 20세기 동안 해수면 수위는 20~30cm 상승하였고 21세기에는 1m가 상승할 수 있다고 지구정책학회 회장인 레스터 브라운은 말한다. 이러한 현상은 해양의 열팽창 그리고 빙하가 녹기 때문에 생긴다."[1]

"이전의 연구들은 온실효과로 인한 온난화가 다음 세기에 해수면을 50~200cm가량 상승시킬 것으로 보았다. 바닷물의 수위가 상승하는 것을 막지 못하면, 해수면 1m 상승으로 (미국의) 14,000평방마일이 침수될 것이다. 연간 약 1~2천 달러 정도로 1,500평방마일(600~700마일)의 해안 저지대가 보호될 수 있다. 그럼에도 바닷물 유입을 막기 위해 제방과 둑, 해변에서 모래를 퍼 올려 쌓음으로써 한동안 백사장과 해수욕장 등을 지킬 수 있을지는 모르지만 점차적으로 해안가에 자리 잡은 저지대들이 사라지게 될 것이다. 그러므로 연방정부와 주정부는 이에 대비하여 점진적으로 해안가 저지대를 포기하고 이를 대체하기 위한 방안들을 모색해야 한다."[2]

한 전문가는 해수면 상승에 관해 다음과 같이 말한다.

"지난 150년간 해수면은 세기당 6인치(±4인치) 상승해왔지만, 이러한 현상은 분명 가속되고 있지 않다. 17~18세기에 자연적인 이유로 해수면이 상승되었던 적이 있지만 그리 많이 오르지 않았다. 해수면은 수천 년 동안 자연적으로 (지난 6,000년간은 세기당 약 2인치씩) 오르고 있다. 지난 간빙기 동안 얼음의 부피를 조사하고 얼음이 어떻게 천천히 기후에 반응하는지를 알면 우리가 간빙기에 있으므로(11,000년 전에 시작됨) 육지에 녹게 될 얼음이 아직 남았고 이것은 기후 변동이 있든 없든 해수면 상승이 일어날 것임을 의미한다.

주립 기후학회 사무실에서 내가 해야 하는 업무들 중 하나는 미국 앨라배마에서 일어나는 기후 관련 위험과 보상을 개발자들과 경제인들에게 알리는 것이다. 솔직히 말하면 걸프 만의 해안가에 있는 자산들은 위험에 처해 있다. 해수면이 100년 혹은 50년 안에 6인치 오른다는 것은 프레더릭(Fredrick)이나 카밀(Camille) 같은 거대한 허리케인에 비하면 약소한 것에 불과하다. 오늘날 위험한 해안 지역은 미래에도 그럴 것이다. 해수면 상승은 계속될 것이지만 과정이 길어서 태풍에 살아남을 수만 있다면 적응할 수 있는 수십 년의 시간이 있다.

주와 지역단체들과 산업계에 내가 강조하고 싶은 것은 우리가 알고 있는 기후 악재를 견딜 수 있는 사회 기반시설의 건설이 계속된다는 것이다. 그런 사업들 중에는 범람을 완충하는 도로의 확장과 폭우에 대비한 배수시설을 향상시키는 데 투자하는 것이나, 허리케인에 취약한 해안의 개발을 저지하는 것 등이다."[3]

해수면이 상승해 지구가 멸망한다?

1990년 IPCC는 인간에 의한 온난화로 2100년까지 해수면이 30~100cm 상승할 것으로 예상하였다.[4] 2001년의 IPCC의 3차 사정보고서에서는 그 예상수치를 낮추어 9~88cm라 하였다.[5] 그래도 엄청난 수준의 해수면 상승이다. 그러나 이 통계치 역시 10배나 되는 불확실 범위를 가지고 있다.

실제로 제4기 지질연구국제연합(이하 INQUA)은 IPCC가 해수면 문제를 다루는 것에 대하여 혹독히 비판하였다. INQUA은 지난 2백만 년간의 지구 환경과 기후 변동을 연구하기 위해 설립되어 70년을 활동한 과학단체이다.[6] INQUA 위원회는 IPCC가 해수면 변화와 해안 진화에 관한 자료들을 수집하고 분석한 과학자들의 주장을 무시하고, 아직 검증되지도 않은 컴퓨터 모델 결과들을 대신 이용한다고 비난했다.

전 해수면위원회(Sea Level Commission) 회장이었던 스웨덴 지질학자 닐 악셀 모너는 "이것은 과학적으로 관측된 사실을 거짓화하는 것이라고 볼 수밖에 없다.[7] 모너는 해수면이 지난 300년 이상 어떤 조짐도 보이지 않고 있고 인공위성의 원격탐사에서도 지난 10여 년간 사실상 어떤 변화도 보이질 않았다. 이것은 IPCC의 모델이 예상한 것과는 상이하다. "이것으로 지구온난화 시나리오가 주장하는 것과 같이 미래에 무시무시한 홍수들이 생길 것이라고 두려워 할 필요가 없다"고 모너는 덧붙인다.[8]

IPCC는 "1990년부터 2100년까지 0.09~0.88m"의 해수면 상승 범위를 제안하였지만, 해수면위원회의 전문가 수치는 "10cm(±10cm)"이다. 다시 말해, 해수면을 연구하는 과학자들은 21세기에 어떤 해수면 상승도 예견하지 않는다는 것이다.

미국 환경보호회(EPA)는 자체적으로 한 연구를 발표하면서 해수면이 2100년까지 45cm 상승할 확률은 50%이고 110cm 상승할 확률은 1%라고 했다. 이런 확률을 내보이며 과학적 방어를 하려 했겠지만 동시에 EPA는 언론에서 "IPCC의 경고들과 함께 실어 EPA가 해수면이 110cm 상승하리라 발표함"이라고 보도할 것도 예상했을 것이다.[9]

IPCC도, EPA도 21세기에 있을 미미한 해수면 상승(4~6인치)에 대해 정직하게 평가하지 않고 있다. 우리는 21세기 그리고 그 다음 세기에도 해수면이 크게 상승할 것으로 기대할 이유가 없다. 해안 습지대를 망쳐가며 해안선을 요새화할 필요도 없다.

빙하가 다 녹으려면…

지구온난화를 주장하는 이들은 지구가 계속 더워질 경우 해수면이 즉각적이고 아주 높게 상승하는 것이 피할 수 없는 일이라 가정하는 것처럼 보인다. 그러나 해수면의 상승은 힘들이 맞부딪혀서 나온 산물이다.

더운 온도로 물의 부피는 상승한다. 더운 온도로 더 많은 빙하들이 녹는다. 그러나 더운 온도는 해양과 호수로부터 더 많은 수분을 증발시킨다. 구름이 증발한 수분을 세계의 빙하와 만년설에 옮기면, 그 지역의 온도가 얼음을 녹일 정도가 아니면 빙하와 만년설은 더 커지게 될 것이다.

시간 또한 중요한 요소이다. 얼음은 천천히 녹는다. 빙하와 만년설은 매우 많은 양의 태양열을 표면으로 반사하기 때문에 녹으려면 수천 년이 걸린다.

워싱턴 대학의 존 스톤에 따르면, 이것이 서남극의 빙판이 빙하기가 끝난 지 10,000년 지났음에도 완전히 녹으려면 아직 7,000년의 기간을 필요로 하는 이유이기도 하다.[10] 스톤 박사와 연구팀은 얼음이 밀려나면서 남극대륙 포드 산맥에 남겨진 암석의 화학성분을 조사하였다. 과거 지구의 역사를 고려할 때 서남극의 빙판이 사라지기 전에 또 다른 한랭기가 끼어들 확률이 크다.

스크립스(Scripps) 해양학연구소의 월터 먼크는 20세기의 높은 기온으로 인해 빙하가 녹으면서 해수면이 한 세기당 단지 4인치 정도 상승하거나 하락할 것으로 보고한다. 기본적으로 우리는 왜 최근 몇 십 년간 해수면이 그런 수준으로—평균적으로 세기당 6인치—상승했는지 모른다.[11]

지질 구조적으로 안정적인 알래스카의 축치(Chukchi) 해는 지난 6,000년간 연간 0.25mm 정도밖에 상승하지 않은 것으로 나타났다. 그러나 천천히 녹던 시기와 빨리 녹던 시기가 모두 있었음은 사실이다.[12]

세계의 해수면 관찰 중 가장 오래된 것은 스웨덴의 스톡홀름에서 천

년이 넘는 기간 동안 충실하게 기록된 것이다. 에크만 박사에 따르면, 그 자료는 "기원후 800년 이후 북반구의 기후 변이로 인한 해수면의 변화는 연간 약 1.5mm로, 평균하면 0mm가 된다"는 사실을 보여주고 있다.[13] 이것은 육지면이 오르면서 해수면 상승을 감면하기 때문에 생기는 결과라고 한다. 이유는 육지를 덮고 있던 빙산이 녹으면서 육지는 가벼워진 무게로 상승하기 때문이다. 덴마크 대학의 나엘스 리흐는 섭씨 1도의 상승은 해수면에 아주 미세한 영향에 그친다는 것에 해수면 전문가들의 광범위한 의견 일치가 있었다고 보고했다. 그는 그린란드 빙하가 녹으면 해수면은 고작 1년에 0.3~0.77mm 상승한다고 말했다. 그러는 동안 남극대륙의 만년설에는 연간 0.2~0.7mm의 눈이 쌓일 것이다.[14]

투발루와 베니스의 진실

상승한 해수면은 섬을 덮을 것인가? 몰디브 섬을 가지고 이 질문에 대답해보자. INQUA는 인도양에 있는 1,200개의 낮게 깔린 섬들로 이루어진 몰디브를 연구 대상으로 삼았다. 인구 30만 명이 사는 몰디브는 최근 해수면에서 단지 1~2m 정도 위에 있을 뿐이다. 그들은 몰디브의 해수면이 지난 5,000년 동안, 단기간의 지역적 특성으로 상승과 하락을 반복해 왔음을 알았다.

몰디브의 해수면이 지금보다 높았던 적은 4번 있었다. 3,900년 전에는 1.1~1.2m가량 더 높았고, 2,700년 전에는 인도양이 지금보다 0.1~0.2m가량 더 높았으며, 중세 온난기(950~1300년)에는 0.5~0.6m 더 높았다.

최근에 몰디브 해수면이 낮아지고 있는데, 닐 악셀 모너 연구진은 1970년 이후 대체로 20~30cm가량 낮아지고 있다고 결론지었다.[15] 가장 놀라운 발견은 인도양이 1900년과 1970년 사이 지금보다 높았다는 것이고, 그 이후—온난기의 한가운데인 시기에—로 해수면의 수위가 떨어지고 있는 것이다. 이런 자료들을 바탕으로 연구팀은 몰디브가 가까운 미래에 물속으로 가라앉지 않을 것이라고 결론지었다.

가라앉는 투발루

래스터 브라운은 녹색혁명으로 인해 쌀과 밀의 생산량이 높아져 실제 세계 인구당 식량생산이 증가하고 있던 시기인 1960년대 이후 대기근이 있을 것이라고 잘못된 예견을 했던 농업경제학자이다.

브라운은 2001년 제1세계의 발전소가 내뿜는 온실가스로 인한 지구온난화 때문에 부당하게도 태평양 섬들이 범람의 위기에 처했다고 주장했다.[16] 브라운은 근거 없는 주장을 내놓은 전력이 있으므로 투발루의 경우도 더 자세히 들여다보기로 하자.

지형적으로 투발루는 위험한 위치에 있다. 그 산호섬은 천천히 가라앉고 있는 화산암 위에 자리 잡고 있다. 가라앉고 있는 암석 위에 산호가 자라고 있는데, 산호의 하층 부분은 가라앉으면서 햇빛을 충분히 받지 못하게 되어 죽게 된다. 과연 지구온난화 운동가들의 주장대로 투발루는 급격한 해수면 상승에 살아남을 수 없을 것 같기도 하다.

2004년 브라운은 세기말에 해양은 8~12인치 정도 오를 것이라 했고, 2100년까지 18인치가 추가로 더 상승할 것이라고 말했다. 그러나 1993년 이후 토펙스/포세이돈(TOPEX/POSEIDON) 인공위성에 장착된

레이더에 따르면 투발루의 해수면은 지난 10년간 4인치 낮아졌다.

둘째로 1978년에 투발루에 설치된 현대 조류계량기의 기록 또한 인공위성의 측정을 뒷받침한다. 그에 따르면 1997~1998년 강한 엘니뇨에 의해 투발루의 해수면이 약 30cm 정도 떨어진 것으로 나타났다. 엘니뇨는 자연 주기적인 현상으로 장기적으로는 해수면 수준에 어떤 영향도 미치지 않는다.

오스트레일리아 국립조류기구(Australia's National Tidal Facility)의 회장인 울프강 슈러는 "우리가 단언할 수 있는 것은 관측 자료에서 해수면이 상승하고 있다는 증거를 찾지 못했다는 것이다"라고 말한다.[17] 투발루의 해수면이 상승하고 있지 않는데, 왜 투발루의 수상은 언짢아할까?

첫째, 일부 투발루 인들은 지구온난화로 인한 보상금을 노려 국제소송을 걸 수 있기를 바라고 있다.

둘째, 그들이 만약 오스트레일리아나 뉴질랜드와 같은 잘사는 나라로 11,000명의 거주자들을 이주시킬 수 있다면 더 나을 수도 있다.

투발루는 작고 외딴 곳으로 식수도 부족하고 일자리도 한정된 곳이다.

반면 투발루의 환경단체 사무관인 파니 라우페파는 섬 주민들이 건설 등으로 모래를 굴착하면서 겉으로 보기에 바다가 올라가는 인상을 주었을 수도 있다고 말했다. 그는 "섬에 많은 구멍이 생기면서 그곳으로 바닷물이 유입되어 범람하게 되었는데 그런 지역은 10년~15년 전만 해도 범람지역이 아니었다"라고 덧붙였다.[18]

투발루의 환경 사무관인 엘리살라 피타는 《토론토 글로브 앤 메일》과의 2001년 11월 24일 인터뷰에서 "투발루가 기후 변동의 문제에 이용되고 있다. 사람들은 그들이 옳다는 걸 증명하기 위해 온갖 거짓말을 늘어놓는다. 어떤 섬도 가라앉지 않는다. 투발루는 가라앉지 않는다"라고 말했다.

베니스의 침몰

베니스는 어떠한가? 값을 매길 수 없는 이탈리아 건축의 꽃이라 불리는 도시가 상승한 물로 위협받고 있다는 걸 온 세상이 알고 있다. 상승하는 해수면이 문제라고 증명하지 않는가? 베니스는 100년 전에는 1년에 7번 정도도 범람했지만, 지금은 1년에 43번 정도 범람하고 있다.

이탈리아 국립연구회는 베니스의 상대적인 해수면은 1897년~1983년 사이 23cm 상승했다고 말한다. 그러나 12cm라는 현저한 해수면 상승은 베니스와 그 인근 지대가 가라앉았기 때문인데, 이는 연안지대의 부드러운 땅 위에 세워진 건물이나 다리 등의 무게 때문이라고 한다. 도시는 밀물에 수위가 오른 것에 대비하여 이동식 방어벽과 내부 침수 방어구조를 세우고 있다. 이것이 우리가 피할 수 없는 바티칸 성지의 침몰에 대비하는 최선책들이다.

플로리다 국제대학 허리케인센터의 브루스 더글러스와 토론토 대학의 리처드 펠처에게 《피직스 투데이》(Physics Today)는 해수면의 장기변화라는 광범위한 문제를 질문했다. 그들은 오늘날의 해수면의 변화는 지난 빙하기와 온난기에 비하면 아무것도 아니라고 말했다. 바르바도스(BArbados)에서 발견된 오래된 산호는 21,000년 전쯤 마지막 빙하기가 녹기 시작한 이후 해수면이 120m가량 상승했다는 것을 보여준다. 5,000~6,000년 전쯤까지 수조 톤에 달하는 대부분의 얼음이 녹았다.[19] 그 후로 지구의 해수면은 천천히 상승했고 3,000~4,000년 전부터는 안정화되었다. 어떤 연구도 20세기에 주목할 만한 해수면의 빠른 상승을 보고하지 않고 있다.

미래를 준비하라

해수면이 느리긴 하지만 계속 상승하고 있다는 사실이 기후 온난화로 인해 야기되는 가장 큰 위험이겠지만, 사실 환경주의자들이 주장하는 것만큼 그렇게 두려워 할 필요는 없다. 1세기당 6인치의 상승은 느린 것이지만, 그것이 500년간 계속해서 일어난다면 해안선에 상당한 변화가 올 것이다. 하지만 세계는 상승한 해수면으로 습지대를 완전히 잃게 되지는 않을 것이다. 습지대와 그 생물체계 또한, 과거에 수도 없이 해왔던 것처럼, 천천히 높은 지대로 이동할 것이다.

방글라데시 주위로 둑을 지어 저지대의 나라가 높아진 해수면으로 가라앉아 많은 사람들이 죽어가는 것을 막아야 한다고 주장하는 사람들이 있다. 실제로 방글라데시 주위로 둑을 치는 것은 그리 나쁜 생각은 아닌 것 같다. 문제는 해수면이 아니고 매 3~4년에 걸쳐 그 나라를 강타하는 거대한 열대 사이클론이다. 방글라데시는 수많은 "태풍탑"을 건설하여 사람들이 범람 시에 귀중품을 챙겨서 올라갈 수 있게 하였다. 그러나 바닷물로 인한 범람은 종종 몇 주 단위로 계속되어 질병을 퍼트리고, 토양을 악화시킬 뿐 아니라, 경제활동을 멈추며, 건물, 도로, 수도시설 등에 엄청난 피해를 입히게 된다. 댐을 짓는 데는 많은 경비가 들 것이다. 해안 습지대에는 주의를 기울여 지어져야 할 것이다. 하지만 이것은 반드시 해야만 한다.

해수면이 상승하는 정도가 미미하다 하더라도 저지대 보호에 더 신경을 쓰고, 태풍 침투권 지역의 건물들을 더 튼튼하게 짓는 등의 노력이 필요할 것이다. 2005년 태풍 카트리나로 인한 뉴올리언스와 걸프만 인근 지역에 발생한 거대 피해 사태는 그것을 뒷받침하며, 보통의 허리케인이라도 도시가 커지고 해안가에 거주하려는 사람들이 많아짐에 따라 그 피해가 배로 늘어날 수 있음을 보여주었다. 최소한 미국은 정부 보조 범람보험을 통하여 물가에 위험천만하게 건물을 짓는 행위를 조장하지 말아야 한다.

저지대 섬들은 어떠한가? 슬픈 일이겠지만 투발루 인구 11,000명을 이민시켜야만 한다면, 그게 그렇게 불가능한 일은 아닐 것이다(어쩌면 투발루 사람들은 그러길 바라고 있을지도 모른다).

여기서 하고자 하는 말은 우리가 지난 수십억 년간 기후가 변화무쌍한 지구에 살고 있다는 것이다. 육지와 바다 사이에는 항상 만조와 간조가 있을 것이고, 그 지점에는 서로 경쟁하는 유기체들이 풍부할 것이다. 그리고 풍성한 산호들과 그 군락들 그리고 참게—모래 벼룩이나 파리, 모기 등—가 계속 존재할 것이다.

제5장
교토조약은 지구온난화를 막을 것인가

교토조약을 지지하는 사람들은 다음과 같이 말한다.

"기후변화행동네트워크(Climate Action Network Europe, CAN) 유럽지부는
정부, 민간부문 그리고 개개인들이 인간 활동에 의해 유발되는 기후 변동을
제한해서 생태계를 지속시키는 조치를 취하도록 하기 위한 365개 이상의 비
정부기구(NGO)로 이루어진 국제적인 조직체이다. CAN의 이념은 신뢰, 개
방, 그리고 민주화에 바탕을 두고 있으며…… 유럽집행위원회, 네덜란드와
벨기에 정부로부터 재정지원을 받고 있다."[1]

"미국 기후변화행동네트워크(USCAN)는 40개의 환경, 산업, 에너지 관련 비
정부기구들로 이루어져 있으며, 정보 제공을 통해 미국의 국내, 국제정책에
영향을 미치고 있다. 미국 NGO들은 전문인들로 구성된 참모진들을 통해 기
후 및 에너지와 관련된 정책 결정에 참여하기 위한 진보적인 프로그램들을
운영하고 있다."[2]

사람들이 지구온난화를 야기한다는 주장에 동의하지 않는 이들은 다음과 같이 답한다.

"사람들에게는 잘 알려지지 않았지만, 캐나다 연방정부에 의해 작성된 한 보고서는 2000년 이후 온실기체 배출을 줄이기 위해 쓰인 50억 달러의 효용성을 평가하고 있다. 놀랍게도 그 지출의 대부분은 성과 없는 낭비였다는 것이다. 즉, 온실기체 배출량을 줄이지도, 대기 중의 오염물질을 정화하는 기술개발도 하지 못했다. 중간평가에 참여한 소식통에 의하면 온실기체 배출량을 줄이는 일이 얼마나 어려운지 알지 못했고, 대기를 정화시키는 기술개발에 지나치게 기대를 많이 했었다는 것을 깨닫게 되었다. …… <정책안 2000>은 211억 달러를 온실기체 배출을 줄이는 신기술 개발에 투자를 했고, 12.5억 달러를 도시들이 이러한 신기술을 도입하도록 장려하는 데 썼다. 그리고 다른 10억 달러는 이런 기술들을 다른 나라에 선전하는 데 썼다."[3]

교토조약은 환경단체들과 유엔의 담당 책임자들 사이의 동맹에 의해 만들어진 것이다. 이들 중 어느 쪽도 다른 편에 권한 행사를 한다든가, 다른 쪽 영역을 침해하지 않았다. 그럼에도 불구하고 그들은 환경보전을 위해 대중의 편에 서서 이산화탄소 배출로 인간이 만들어내고 있는 온난화 현상으로부터 "행성을 보호할 수 있는 정책"을 요구하는 운동을 하고 있다. NGO들은 인터넷 등의 통신장비들을 통하여 눈부신 자원봉사 활동을 하는 단체들 중 하나가 되었다. 거의 2만 명의 환경운동가들이 1992년 지구환경정상회담에 참석하기 위해 브라질에 모였다. 관심의 정도가 어마어마해짐에 따라 정부들은 서둘러 이 문제에 관해 그들을 대표할 상원의원들을 선임하였다. 170개 이상의 정부기관들이 동참했고, 그 중 108개의 기관들에서 기관장들이 직접 참석했다는 것은 놀랄 만한 일이다. 대부분의 환경운동 단체들은 그 근처에서 나란히 열렸던 비정부 공개토론회에도 참석했다. 그러나 거기에 참석했던 2,400명의 활동가들은 각 단체에서 파견한 대표들이었다. 잘 조직화된 이들은 이와 비슷한 종류의 회의들에 여기저기 초청돼 지구를 대표하여 대책을 강구하는 것이었다. 정치가들은 세계 수십만의 열렬한 환경운동가들을 자신들의 당락을 결정하는 중요한 요소로 보았다. 유럽의 정치가들은 녹색당이 위태위태한 정치적 결속력에 중요한 역할을 했기 때문에 이 운동에 특히 더 열심이었다. 그래서 다음 선거 전에 녹색당이 원하는 것들을 해주려고 한다.

초록색 꿈

녹색당 사람들이 원하는 것은 화석연료 사용을 금지하거나 아주 강력히 제한하는 것이었다. 어쩌면 생물학자 폴 에리히(Paul Ehrlich)가 쓴 것처럼 지구상에 "너무 많은 부자"가 있다는 것이 문제가 되어버렸다.[4] 환경운동가들은 부자들을 너무나 많은 자원을 소모시키는 존재들로 간주하고 있다. 그들은 저렴한 에너지가 흥청망청 소비하는 사회를 조장하고 유지시킨다고 생각하고 있다. 즉, 이 값싼 에너지가 너무 많은 부자들을 만들어내는 동시에 가난한 사람도 부자가 될 수 있다고 현혹시키고 있는 것이다.

녹색당 사람들은 태양력과 풍력의 사용을 강조했지만, 사실 이들은 이 태양력과 풍력이 얼마나 값비싼 에너지 자원인지는 염두에 두지 않았던 것이다. 그들은 화학비료에 의존하는 다수확 농작이 너무 많은 사람들을 먹여 살리는 바람에 인구 급증을 가져왔다고 믿기 때문에, 한 에이커당 수확량이 절반밖에 되지 않는 유기농 농작만을 해야 한다고 강력하게 주장했다.

사실 화석연료가 지구를 과열시킨다는 실질적인 증거는 그때도 그랬고 지금도 없다. 이론에 의하면 더 많은 온실기체가 더 많은 열을 지구 대기 중에 가둔다지만, 이산화탄소 때문에 대기에 가둬진 열이 얼마나 되는지 아는 사람은 아무도 없다. 지구 기후에 대해 어떠한 기록도 이산화탄소가 온난화를 일으키는 주범이라는 것을 증명하지 못하고 있는 것이다. 선진국들이 화석 에너지를 사용하지 못하도록 하는 것이 지금껏 개발해 온 혁신기술들을 무용하게 할 것이라는 사실은 너무나 뻔하다. 자동차 사용도 제한될 것이고, 화학비료 사용이 제한될 것이며, 따라서 유기농에 의해서만 농작물이 생산될 수밖에 없을 것이다. 하지만 화학비료 없이는 수백만 명의 사람들이 기아 상태에 빠지게 될 것이고, 수확량이 적은 유기농법으로 충분한 곡물을 수확하기 위해 더 많은 숲들이 농경지로 바뀌게 될 것이다.

하지만, 인구 증가율을 줄이기 위해서 이렇게 잔인하게 노력할 필요는 없다. 이미 출생률은 전 세계적으로 급락하고 있고, 인구는 2050년 이후 서서히 그러나 장기적으로 줄어들 것으로 예측되기 때문이다. 한편으로는 유엔이 온실효과 이론을 그들의 영향력이나 권력을 확장시키는 하나의 방법으로 이용한다고 볼 수 있다. 온실효과 이론을 지지하는 것은 에너지 생산을 줄이도록 하는 것이 되는데, 사실 이 에너지는 인류의 삶에 크게 영향을 미치는 막강한 자원이기 때문이다.

그러나 잠깐! 과학자들이 사기성이 농후한 지구온난화에 대해 경고하고 있지는 않은가? 과학자들로 구성된 심사위원회들이 자연적 변동에 의한 기후 변동이 인간들 책임이라는 잘못된 정보들로부터 대중들을 보호하고 있지는 않는가?

명백히 그렇지는 않다. 언론을 통해 전해지고 있는 기후 변동에 관한 대부분의 뉴스들은 저명한 과학자들에 의해 만들어지고 있는데, 주로 이러한 과학자들은 수십억 달러에 달하는 지구 기후 모델을 돌리기 위해 수백만 달러의 슈퍼컴퓨터를 사용하여 수백 년 뒤 미래의 기후를 예측한다. 어떤 과학자들은 최첨단 장비를 갖춘 인공위성을 쏘아 올리고, 대기를 관측하기 위해 비행기를 장기간 동안 공중에서 운영하며, 연구 선박들을 남극으로 장기 항해시키고는, 이러한 것을 충당할 수 있는 연구비들을 계속 끌어들이기 위해 언론에 무시무시한 글들을 싣는 것이다.

지금까지 대부분의 많은 연구기금들은 대기를 연구하는 쪽으로 돌아갔다. 그러나 해양학자들도 최근 지구온난화가 해류의 흐름을 막아서 급격한 지구 한랭화를 가져올 것이라고 주장하며 그들 몫의 연구비를 요구하기 시작했다.

교토의정서, 정확히 무엇인가?

교토의정서는 지구상에서 화석연료의 사용을 제한하자는 그럴싸한 국제적인 동의안이다. 그러나 세계의 온실기체 배출을 줄이기는커녕 안정화시키지도 못한 것 같다. 미 상원의원은 그런 조약을 인정하지 않을 것이라고 미리 선언한 바 있다.

1970년대 있었던 지구 한랭화 경고에 대해 과학 단체들이 어떻게 반응했는지 잠깐 살펴보자.

　　다음은 1998년 5월 5일 《워싱턴타임스》에 프레드 싱어가 쓴 칼럼이다.

　　"과학자들이 지구온난화에 열기를 가하고 있다."

　　1991년 미국 국립과학기술원이 발표한 "온실가스가 초래하는 지구온난화에 대응하기 위한 정책"이라는 제목의 보고서를 이용하면서 과학기술원 자문위원회는 다음과 같은 결론을 지었다. '과거 유사한 현상에 대해 우리가 알고 있는 바가 확실하지 않다고 하더라도 온실가스에 의한 지구온난화는 잠재적으로 아주 위험하기 때문에 시급히 대처 방안이 모색되어야 한다.'

　　'1975년 미국 국립과학기술원은 비슷한 공포감을 조성한 바 있는데, 그 당시에는 대신 100년 이내에 지구가 심각하게 한랭하게 될 것'이라고 주장했다. "한랭화가 진행됨: 다음 빙하기가 벌써 시작된 것일까? 우리는 과연 생존할 수 있을 것인가?"라는 책이 1975년 프렌티스 홀 출판사에서 출판되었다. 그 저자인 로렌 폰테는 '그 국립과학기술원의 보고서는 충격적인 것이다. 왜냐하면 세계에서 가장 권위 있는 과학자들이 빙하기가 가까운 미래에 시작될 것이라고 경고하고 있기 때문이다. 국립과학기술원은 10만 년 동안 지속될지도 모르는 한랭한 기후에 관한 연구를 위해 연구비를 4배 늘려줄 것을 정부에 요청했다. 자연적으로 초래되었건 인간 활동에 의해 초래되었건 이 기후 변동은 무서운 재난을 가져올지도 모르므로 절대로 간과해서는 안 된다는 것이 그들의 주장이었다'

　　폰테는 대중을 상대로 한 연설에서 '지구 한랭화는 인간이 앞으로 11만 년 동안 대처해야 할 사회적, 정치적인 문제이다. 이 문제에 관한 정책 결정에 대중이 동참하는 것은, 우리들 자신과, 우리들의 자손들과, 인류 전체의 생존을 위해서 아주 중요한 일이다'라고 말했다.

　　"많이 듣던 소리 같지 않은가?"

교토의정서는 유엔기후변화협약(FCCC)에서 유래한다. 이 변화협약 자체는 1992년 리우에서 열린 지구환경 정상회담에서 결정된 조약이다. 기후 시스템에 위험한 영향을 미칠 수 있는 대기 중 온실기체 농도를 통제하는 것이 궁극적인 목적이라고 FCCC의 제2조항은 언급하고 있다. 하지만 FCCC 또는 교토의정서의 어느 조항에도 어떠한 온실기체의 얼마만큼의 농도가 인간이나 환경에 위험한 것인지, 또 어떻게 위험한 것인지에 대해서 언급하고 있지 않다.

교토조약은 1997년 클린턴 정부에 의해 중재된 바 있는데, 그 대부분이 부통령이었던 엘 고어가 개인적으로 본인의 대통령 선거를 위해 준비한 내용이었다. 그러나 클린턴·고어 행정부는 감히 이 조약을 상원의원 선거전에 내세우지 못했다.

미 상원의원은 1997년 유엔의 교토 회의가 진행되는 동안 그 조약에 반대하는 바이드-하겔 결의안(Byrd-Hagel resolution)을 95대 0으로 통과시켰다.[5] 그 결의안은 개발도상국들을 포함하지 않는다면, 기후 변화와 관련한 어떠한 조약도 기후 변동에 관한 대책들이 전 지구적으로 이루어져야 한다는 필요성에 부합하지 않는다고 명시했다. 상원의원 결의안은 또한 만약 그러한 조약이 제3세계 나라들을 제외시킨다면 목표한 만큼 이산화탄소 배출을 감량시키기 위해 미국의 경제를 해쳐서, 실업, 무역 불이익, 에너지 비용의 증가 등을 초래할 것이라고 언급했다.[6]

교토의정서는 미 상원의원이 염려했던 대로, 큰 개발도상국들은 포함하지 않았고, 미국과 다른 선진국들에게 기후 대책을 위한 모든 짐을 떠맡기는 안들로 마무리되었던 것이다. 이유는 간단했다. 제3세계 나라들은 기후 변화보다는 지금보다 가난하게 사는 것이 더 두려웠기 때문이었다. 만약 중국과 인도의 승인을 요구했더라면, 교토조약은 결코 완성될 수 없었을 것이다. 반면 인간이 지구온난화를 유발한다고 주장하는 유엔의 증거라고는 온실효과 이론을 인용하면서 "지난 세기 동안 지구의 온도가 0.6도 상승하였다"로 주문처럼 되풀이되는 말밖에는 없었다.

교토조약은 특히 지난 10년 동안 에너지 세금을 많이 부과해왔던 유럽 정부의 관심을 끌었다. 유럽은 미국과 미국 내의 취업경제가 유럽과 마찬가지로 고에너지 비용을 짊어지는 것을 보고 싶었던 것이다(사우디에서 35달러에 사들인 석유 1배럴을 영국 정부는 지구를 지킨다는 명목으로 세금과 함께 150달러를 받았던 것이다).

교토의정서는 에너지 감축 첫 단계로 회원국들이 온실기체 배출량을 1990년을 기준으로 5.2% 줄이는 것을 요구했다. 하지만 이것은 지구온난화에 아주 미미한 정도밖에 영향을 미치지 못한다. 교토조약을 지지하는 이들조차 이 정도로는 2050년까지 0.05도 정도의 온도가 올라가는 것을 막을 뿐이라고 인정한다.[7]

환경운동을 하는 단체들이 교토조약에 대해 흥분하는 이유는 2012년에 시작되기로 한 제2차 공약 때문이다. 아직 결정하지 않았으나 이 제2단계에서는 온실기체 배출을 훨씬 더 강력히 저지할 계획인데, 어느 정도의 감량을 목표로 할지는 아직 논의되지 않았다.

사실 1990년 IPCC 제1차 평가보고서는 이산화탄소 농도를 안정시키기 위해서는 화석연료 사용을 60~80% 감축해야 할 것이라고 밝히고 있다. 미국은 온실기체 배출을 1990년에 비해 7% 줄여야 하는 것이다.[8]

2004년 부에노스아이레스에서 열린 당사자회의에서 미국을 대표하여 중재에 나선 할란 왓슨(Harlan Watson) 박사는 미국이 2010년에 1990년의 배출량보다 16% 더 많은 온실기체를 배출하게 될 것이라고 보고했다. 교토조약의 목표를 달성하기 위해서는 미국이 예상되는 배출량을 2008년도까지 23% 줄여야만 하는 것이 된다. 화석연료가 여전히 미국 에너지의 85%를 공급하고 있기 때문에, 핵발전소, 풍력, 화력 발전소 등을 늘리지 않는 한 예상되는 에너지 사용량을 4분의 1가량 줄여야만 한다는 말이 된다.

만약 교토조약의 제2단계에서 모든 회원국들이 화석연료를 1990년에 비해 60%를 감축해야 한다면, 다른 가난한 나라들이 화석연료의 사용을 늘리는 동안 미국은 사실상 화석연료 사용 자체를 포기해야 한다.

1997년 교토의정서는 2005년까지 승인이 보류되었는데, 왜냐하면 회원국들이 전 지구 온실기체 배출의 55%를 승인하지 않았기 때문이다. 그 조약은 마침대 러시아에 의해 구제되었다. 러시아는 2004년 말 지금의 배출 감량을 목표로 하는 것으로 논의를 마무리하였고, 마침내 교토의정서는 2005년 2월 16일 이행되었다.

우리는 여전히 현실 세계에서 화석연료 사용을 줄이는 일이 얼마나 어려운 것인지 모르고 있다. 실제 온실기체 배출량을 줄이기를 시도하고 있는 교토 회원국들은 사실 몇 안 된다. 1990년을 기준점으로 정한 것 자체가 영국, 독일, 러시아에게는 상당한 이득이 된다. 영국은 그즈음 낙후된 석탄 광산들을 폐쇄하고, 북해의 천연가스를 사용하는 것으로 바꾸었고, 독일은 동독의 낡은 공단들을, 러시아는 전 소비에트 연합의 낙후된 공단들을 없앰으로써 교토회의의 신임을 얻게 되었다. 2005년을 기준으로 보면 단지 스웨덴과 영국만이 2008년 교토의 요구조항들을 달성하는 것을 목표로 하고 있다.

러시아가 회원국으로 가입하면서 교토조약은 실제로 유럽연합국들의 온실기체 배출량을 줄이지 못하게 될 가능성이 크다. 러시아는 다른 유럽 국가들에게 자신들이 여분으로 가지고 있는 수십억 달러 값어치의 이산화탄소 배출권을 팔고, 이를 산 유럽 나라들이 교토의 첫 공약기간 동안의 목표치를 실제 에너지 사용이나 이산화탄소 배출 감량 없이도 달성할 수 있기 때문이다.

예일대의 경제학자 윌리엄 노르드하우스는 교토조약 첫 단계의 배출 감량을 위해서는 7,160억 달러의 비용이 들 것이고, 미국은 이 전체 비용의 3분의 2를 부담하게 될 것으로 전망한다고 밝힌 바 있는데, 이 전망은 어느 누구의 추측보다 정확한 것이라 볼 수 있다. 다른 어떤 사람들도 사람들이 배출하는 이산화탄소 농도를 충분히 낮추는 데 얼마만큼의 비용이 드는지 추정한 이가 사실 없었기 때문이다.

미국 유권자들은 여전히 50대 50으로 교토조약을 지지하는 당과 그렇지 않은 당을 선호하고 있다(민주당 대통령 선거후보였던 존 케리는 2004년 부시 대통령과의 선거 논쟁에서 미국이 승인할 수 있도록 교토조약을 재조정하겠다고 말했다).

지구온난화에 관한 심각한 사기

교토조약이 가지고 있는 가장 큰 문제들 중의 하나는 이 조약이 유엔 IPCC가 제기했던 본질적으로 잘못된 주장들에 의해 추진되어 왔다는 점이다.

황산염 에어로졸의 사기

1990년 IPCC 보고서는 컴퓨터 기후모델의 결과들이 실제 관측치와 대체로 비슷한 온난화 경향을 보였다고 주장했다. 그러나 실제 관측치들은 갑작스럽게 나타나는 지구온난화 경향이 사람들이 배출하는 이산화탄소 탓이라고 주장하기에는 그 시기 자체가 너무 이르다는 것을 보여준다. 1940년 이후 이산화탄소 배출이 강하게 그리고 꾸준히 상승한 것에 반해, 기후 온난화는 1850~1870년 사이 그리고 1920~1940년 사이에 급작스럽게 나타난 것이다. 더구나 IPCC와 그 컴퓨터 기후모델들은 1940년과 1975년 사이에 실제 나타난 한랭화 현상을 예측하지 못하고 설명하지도 못함으로써 그 한계성을 이미 보인 바 있다.

이러한 사실을 덮기 위해 IPCC는 1990년 이후 온실효과 분석에 한랭화 요소를 첨가했고, 전력 발전소에서 배출되는 이산화황산에 의해 생성되는 아주 작은 에어로졸 입자들이 이산화탄소에 의한 온난화 현상을 눌렀다고 주장했다.

1996년에 출판된 두 번째 IPCC 보고서는 황산염 에어로졸의 효과를 상기시키며, 인간이 기후에 미치는 효과를 다시 강조하였다.[9] 2001년 세 번째 IPCC 보고서가 출판되었을 즈음, 황산염 에어로졸에 관한 주장이 실제 관측과 상반된다는 것이 증명되었다.

에어로졸은 주로 공업 활동이 활발한 곳에서 생성된다. 황산염들은 햇빛을 반사해서 입사되는 에너지를 감소시킴으로써 온난화를 저지하는 효과를 낸다는 주장이 옳다면 남반구에서보다 북반구에서 온난화가 더 느려져야 할 것이다. 그러나 관측 자료들은 정반대의 결과들을 보여준다. 최근 25년간 온난화되는 정도가 가장 강했던 곳은 가장 많은 에어로졸이 배출되는 북반구 중위도였던 것이다. 그리고 세 번째 IPCC 보고서에서는 에어로졸에 관한 의문점들에 관해서는 입을 싹 닦고 컴퓨터 기후모델이 실제 관측치와 일치한다고 주장하였다. 2001년 보고서는 과거 50년의 기후 온난화는 인간 활동으로 인해 배출되는 온실기체들이 야기한다는 것을 뒷받침하는 "새로운 결과들"을 얻었다고 결론짓고 있다.[10]

인간이 기후에 미치는 영향은 결코 증명되지 않았다

기후는 너무 복잡하고 변화가 많아서, 그 변화를 일으키는 원인들을 알아내기가 어렵다. IPCC가 1996년 보고서에서 채택한 기술은 "지문 채취법"이라고 불린다. IPCC는 지역에 따라 기후 변동의 양상을 구분하고, 기후모델의 계산 결과들과 비교하였다. 이 비교 결과들은 IPCC의 2차 평가서를 통해 발표되었는데, 실제 관측되는 세계와 컴퓨터가 모델로 재생하고 있는 세계가 점점 더 일치한다고 주장했다.

IPCC를 옹호하는 사람들은 위원회가 만든 1996년 보고서 제8장의 핵심적인 내용들이 130편의 저명한 과학 논문들에 소개된 연구결과들에 근거한다고 주장했다. 사실, 8장은 대부분 미국 정부 산하 로렌스 리버무어 국립연구소의 벤 산터(Ben Santer) 박사가 동료들과 쓴 두 편의 연구 논문들에 근거한 것이었다.

그 보고서의 8장이 만들어지고 있는 동안 산터 박사의 두 편의 논문 모두 아직 출판되지도, 논문심사에 들어가지도 않았었다. 논문심사 위원들은 산터 박사의 논문 두 편 모두 그 IPCC 보고서의 8장과 마찬가지로 결함이 많다는 것을 알았다. 다시 말해 그들이 주장하는 "선형적 상승 경향"은 단지 1943년과 1970년 사이에만 나타났다.

사실, IPCC 보고서 그 자체는 인간이 만드는 온난화가 틀렸다는 그런 현실을 문서화한 것이나 다름없다. 1996년 보고서의 <그림 8.10b>가 나타내듯, "지문 테스트"는 1920년과 1940년 사이 지구 표면 온도의 상승이 뚜렷했던 기간 동안 관측치와 기후 모델 사이에 강한 상관관계가 있음을 보여준다.

IPCC의 1996년 보고서는 1995년 후반 고문 과학자들에 의해 검토되었다. "정책 입안자들을 위한 요약서"는 12월에 동의되었고, 8장을 포함한 전체 보고서가 승인되었다. 그러나 1996년 5월 보고서가 문서로 출판된 후, 과학 심사위원들은 그들이 승인했던 과학적인 연구결과를 담고 있던 장이 이후 그들 모르게 많이 바뀌었음을 발견했다. 과학적인 증명 과정에서 많은 문제가 있었음에도 불구하고 산터는 1996년 보고서의 8장에 인간에 의해 만들어지는 온난화를 강하게 시인하는 내용을 삽입하였다.

"온실기체와 황산염 에어로졸이 기후 변동을 일으킨다는 것을 증명할 수 있는 자료들이 여러 지역에서 장기간에 걸쳐 발견되었다. 이것은 인간 활동이 기후 변동을 야기한다는 것을 의미한다."[11]

산터는 그 보고서 8장에 다음과 같은 문장을 첨가하였다.

"8장에 실린 기후 시스템을 과학적으로 이해하기 위해 이용된 통계적 자료들은 인류가 기후 변동에 영향을 미친다는 것을 명백히 보여주고 있다."[12]

산터는 또한 전문가들이 통과시킨 8장 초안에서 다음과 같은 중요한 사항들을 삭제하였다.

- 위에서 인용한 어떠한 연구들도 현재 관측되고 있는 기후 변동이 온실기체의 농도가 증가했기 때문에 나타난 것이라는 점을 뚜렷하게 증명하지 않는다.
- 기후 변동이 나타나고 있음을 탐지한 연구들이 있기는 하지만, 현재까지 어떤 연구들도 기후 변동이 사람들 때문에 야기된다고 자신 있게 주장하고 있지는 않다. 또한 정책을 결정하는 데 중요한 자료가 될 수 있음에도 불구하고, 온실기체나 에어로졸이 기후 변동에 미치는 영향이 얼마나 되는지에 관한 수치를 보여주는 연구 또한 없다.
- 기후시스템의 자연적 변동에 관해 우리가 과학적으로 확실히 이해할 수 있을 때까지, 온실기체가 기후 변동에 미치는 영향은 계속 논쟁거리로 남을 것이다.
- 온실기체의 영향을 다룬 그 어떤 연구 논문들도 온실기체가 기후 변동에 미치는 영향을 본문에서 뚜렷이 증명하지 않았음에도 불구하고 명백한 근거 없이 온실기체가 기후 변동에 영향을 미친다는 결론을 내렸다.
- 언제 인류가 기후에 미치는 영향이 뚜렷하게 밝혀질까? 이 질문에 대한 가장 좋은 답은 "우리도 모른다"일 것이다.

산터는 단독으로 IPCC 보고서의 "기후 변동에 관한 과학적 이해"에 관한 내용과 지구온난화와 관련한 정치적 방향을 뒤바꾸어 놓았다. IPCC 보고서에 의해 밝혀졌다고 봐야 할 이 지구온난화론은 전 세계 언론에 의해 수천 번 인용되었고, 과학자가 아닌 수백만의 사람들 사이에서 벌어진 논쟁에서 구원투수가 되어왔다.

《네이처》는 IPCC가 정책입안자들의 입맛에 맞춰 보고서 요약 부분과 내용이 일치하도록 8장을 정치적인 입장에서 다시 고쳐 쓴 것을 완곡하게 비난한 바 있다. 논설에서 《네이처》는 교토조약 편을 들었다.

교토조약을 지지하지 않았던 《월스트리트저널》은 격분했고, 1996년 6월 11일 "온실 안의 은폐공작"이라는 격분에 찬 사설을 실었다. 그리고 다음날 국립과학연구소의 전 회장이었던 프레더릭 세이츠(Frederick Seitz)는 "지구온난화에 관한 심각한 사기"라는 제목의 논리에 맞지 않는 글을 게재하면서 이를 도왔다.[13]

희한하게도 산터가 공저한 한 연구논문이 거의 동시에 출판되었는데, 이 논문은 내용에 있어서 꽤나 달랐다. 기후의 자연 변동 스펙트럼을 추정한 세 연구결과가 서로 일치하지 않았으며, 이 의문점이 해결될 때까지 인류가 기후 변동에 영향을 주었는지 그렇지 않은지를 이야기하기는 어렵다고 결론지은 것이다.[14]

왜 젊은 과학자인 산터가 그 당시 지지받지 못하고 있던 안들을 주장했던 것일까? 우리는 여전히 누가 그를 배후조종했고, 보고서 내용을 바꾸는 것에 동의하도록 만든 것인지 알지는 못한다. 하지만 IPCC 연구팀 좌장을 맡았던 존 휴턴 경은 1995년 11월 15일 미 국무부로부터 편지를 받았는데, 다음과 같은 내용이 적혀 있었다. "마드리드에서 열리는 IPCC 연구팀 제1차 총회 이전에 보고서의 내용을 마무리 짓지 말 것이며, 보고서 각 장의 저자들은 마드리드에서 토의된 내용들에 따라 적절하게 그들 보고서의 내용들을 수정할 준비가 되어 있어야 한다."

그 편지는 당시 부차관보였던 데이 오린 마운트가 서명했다. 그러나 그 당시 국무부 국제문제 담당차관은 전 상원의원 티모시 월스였다.

월스는 인류가 온난화를 야기했다는 주장을 열렬히 지지하던 사람일 뿐만 아니라 당시 대통령이었던 빌 클린턴과 부통령이었던 엘 고어의 정치적 협력자였다. 마운트가 월스를 대신해서 그 편지를 발송했다는 것은 의심할 여지가 없다.

마운트는 나중에 아이슬란드의 대사로 임명되었다. 평화롭고 쾌적한 선진국가에 임관한 것이었다. 그 대사직은 직업적 외교관들에게보다는 주로 백악관의 정치적 협력자들에게 돌아가는 자리였다.

1995년 11월에 열렸던 마드리드 총회는 정치적인 모임이었다. 96개국의 대표자들과 14개의 NGO들이 참여하였다. 그들은 채택된 보고서 내용을 하나하나 짚고 넘어갔다. 전체 IPCC 보고서 내용 제8장은 UN, NGO들 그리고 클린턴 정부가 내세우고 있던 지구온난화 캠페인을 지지하는 쪽으로 다시 씌어졌다.

"과학적 합의"라는 만트라(Mantra)

기후 변화를 전공한 대다수의 과학자들은 최근 기후자료들로부터 경종을 울리는 해석이 가능하다는 것에 찬성한다. 사실, 이 책의 주석에 실린 연구들은 대중을 놀라게 하고 있는 기후 변화 관련 여론들에 대립적인 수백 명의 기후연구학자들을 포함하고 있다. 하지만, "과학적 합의"가 있다는 주장은 신문들과 텔레비전 프로그램들에서 기후 변동에 관한 무시무시한 이야기들로 그들의 발행부수와 시청률을 높이는 데 놀랍게도 잘 활용되었다. 과학계에서의 반대가 있었음을 나타내는 내용을 살펴보면 다음과 같다.[15]

- 1992년 온실기체 방출을 전 지구적으로 저지하는 데 반대하는 "온실효과 이론에 대한 대기과학자들의 성명서"는 약 100명이 서명했는데, 이 서명을 한 과학자들 대부분은 미국 기상학회를 이끌고 있던 위원회 회원들이었다.[15]

- 1992년 온실기체 방출을 하루빨리 억제해야 한다는 안에 반대의사를 표했던 "하이델베르크 탄원서" 역시 4,000명 이상의 전 세계 과학자들이 서명했다. 하이델베르크 탄원서는 1992년 리우데자네이루에서 열린 지구정상회담에서 공식 제출되었다.[16]

- 1996년에는 "지구 기후 변화에 관한 라이프치히 선언서"가 온실기체 논쟁에 관한 국제학회로부터 출현하였고, 기후 관련 분야 100명의 과학자들이 서명했다.[17]

- 400명 이상의 독일인, 미국인, 캐나다인 과학자들을 대상으로 여론조사한 결과가 1996년 《UN 기후변화회보》에 실렸다. 여론조사 대상 과학자들의 단 10%만이 "지구온난화가 이미 시작되었다고 확실히 말할 수 있다"에 "강하게 동의한다"라고 답변했다. 여론조사에 참여한 과학자들의 48%는 지구온난화에 대응하는 국제적인 조치들을 자극하는 유일한 근거 자료인 기후 변동 모델들에서 나온 결과들을 신임하지 않는다고 말했다.[18]

- 미국 연방 기후학자들의 1997년 여론조사에서는 90% 이상이 "과학적인 증거 사실을 토대로 볼 때 전 지구 기후 변동이 자연적이고, 아주 오랜 기간 동안에 걸쳐 나타나는 주기적인 현상의 한 부분인 것 같다"는 데 동의하였다.[19]

- 1998년에는 17,000명 이상의 과학자들이 인간이 온난화를 일으킨다는 것에 대해 의심을 표명하면서 교토의정서에 반대하는 "오리건 탄원서"에 서명하였다. 이들 반교토탄원서에 서명한 2,600명 이상의 과학자들은 기후

학을 전공한 사람들이었다. 이 서명서는 '과학과 의학을 위한 오리건 연구소' 가 주축이 되어 만들어졌다.[20]

사실 미국 기후학자 연합회 회원들은 자체적으로 반대 성명서를 발표했다.

"기후 예측은 복잡하고 많은 불확실성들을 가지고 있다. 우리는 기후 예측이 극히 어려운 작업임을 표명한다. 십 년 또는 그 이상의 시간적 변동 규모 때문에 그 예측들의 정확성을 증명하는 것은 단순히 불가능하다고 말할 수밖에 없다. 왜냐하면 우리들이 예측된 결과들의 정확성을 평가하기 위해서는 10년 또는 그 이상을 기다려야 하기 때문이다."[21]

사람들이 만들어내는 온난화를 주장하는 사람들은 이러한 모든 반대들을 무시하려고 시도해왔다. 오리건 탄원서의 경우, 서명한 사람들 가운데 몇몇 가짜 이름들을 발견했다면서 그 사실들을 발표하기도 하였다.

다른 한편, 워싱턴에 기지를 둔 '오존 조치' 라 불리는 단체는 클린턴 대통령에게 "지구 기후 파괴에 관한 과학자들의 성명서"를 1997년에 보냈다. 성명서에는 미국을 비롯 다른 여러 나라의 과학자 2,611명이 서명하였는데, 인류가 만들어내는 지구온난화가 '확실' 하다는 증거들을 지지하는 내용이었다. '건전한 경제를 위한 시민들' 이라는 단체가 조사한 바에 따르면, 이 편지에 서명한 단 사람들 중 10%만이 기후학과 관련된 분야에 경험이 있는 사람들이었다. 사실 그 서명인들 중 2명은 조경설계사였고, 10명은 심리학자, 그리고 한 사람은 한의

사, 그리고 또 한 사람은 산부인과 의사였다.[22]

IPCC의 하키 스틱은 지구 기후 역사를 없앴다

최근 IPCC는 우리가 알고 있는 지구의 기후사(氣候史)를 고쳐 쓰려고 시도함으로써 과학적인 신뢰도를 훼손시켰다. 중세와 로마 온난기는 인류가 만들어내는 지구온난화를 지지하는 데 큰 걸림돌이 되어왔다. 중세 온난기와 로마 온난기 동안 온실기체의 방출 없이도 지구가 요즘보다 더 더웠다면, 현재 나타나고 있는 온난화가 그렇게 이상할 것이 없지 않겠는가?

세계 역사는 다음과 같은 불편한 진실을 이야기한다.

"중세기의 기후는 현재만큼이나 아니 지금보다 더 따뜻했다는 주장이 있다. 그런 주장들이 대수롭지 않은 것처럼 보일 수 있겠지만, 지구온난화 운동에 반대하는 사람들에게는 아주 큰 의미가 있다. 만약 지금보다 중세기의 기후가 더 따뜻했다면, 온난화가 화석연료를 사용해서 야기된 것이 아닐 수 있다. 이것은 20세기의 온난화가 단지 자연적 기후 변동의 한 부분일 수 있다는 것을 뜻하며, 화석연료 사용을 저지하기 위한 정치적 제재를 정당화시키지 않게 되는 것이다. 예전의 기온 자료들이 새롭게 많이 만들어졌다. 그렇지만, 잘 조정된 정밀한 자료들은 몇몇 지역들에서만 얻을 수 있었다. 적도 근처와 남반구 지역들에서는 단지 소수의 자료들만이 현재 존재한다. 이들 중 어떤 자료들은 중세기의 기후가 20세기와 비슷한 정도로 따뜻했음을 나타내고, 또 다른 자료들은 중세기의 기후가 20세기보다 훨씬 더 더웠음을 보여준다."[23]

하지만 과학은 이 문제를 훨씬 더 어렵게 만들었다.

"오늘 애리조나 주립대학의 다이애나 더글러스 달지엘 박사가 발표한 새로운 보고서는 세계 여러 곳에서 얻은 기후 자료들을 통해 소빙하기가 북반구와 유럽에만 국한된 것이 아니라 전 지구적으로 나타난 현상이라는 것을 증명하고 있다. 해저 침전물, 해수면 높이의 변화, 나무 나이테 연대학, 토탄지에서 나온 자료들, 염성 소택지, 석순 자료 등 소빙하기의 시간적, 지리학적 규모의 연장을 보여주는 41페이지에 달하는 인용 문헌이 그 보고서의 한 부분으로 함께 발표되었다."[24]

인공적이건 자연적이건 지구온난화의 개념은 지구의 기후가 대기와 해수 그리고 이들 사이의 피드백 작용에 의해 생물권과 묶여 있다는 사실에 의존한다. 만약 기후가 이러한 밀접한 상호관계를 내포하고 있지 않다면 사람들은 아마 지구온난화 문제에 대해 심각하게 걱정하지 않을 것이다.

사실 1996년 IPCC는 최근 지구의 기후 변동을 보여주는 과거 1000년간의 지구 기후자료를 정리한 도표를 넣어 제2차 평가서를 출판하였다. 그 자료는 중세기 온난화 기간이 지금보다 훨씬 더 따뜻했음을 보여준다.(〈그림 5.1〉)

6년 후 IPCC는 더 대담해졌는지 어쨌는지 여하튼 더 필사적이 되어서 "기후변화 2001"에서 지난 1000년간의 기후 변화를 보여주는 완전히 새로운 그림을 발표했다. "기후변화 2001"은 매사추세츠 대학의 젊

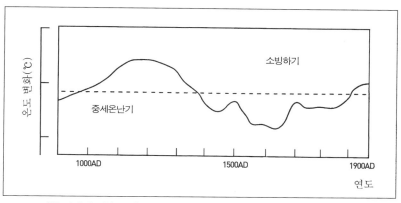

그림 5.1 나무 나이테, 얼음 코어, 그리고 온도계 자료들을이 보여주는 지난 1,000년간의 지구 온도 변동 (1995년 IPCC의 '기후 변화' 보고서에 실린 그림.)

은 이학박사인 마이클 만 박사가 1998년에 발표한 그래프를 내세우기 시작했다. 만 박사팀의 연구는 1000년부터 1980년 사이 약 1000년에 걸친 과거 기온 변동을 조사하기 위해, 기온 변화를 나타내는 여러 자료(대부분이 나무 나이테 자료)들을 분석한 것이었다. 그러고는 그 자료에

나무 나이테 연구를 통해 유명한 '하키 스틱' 그래프를 작성한 마 이클 만

20세기의 지표면 기온자료들—대부분이 열 섬효과에 시달리는 도시들에서 측정된 기온 자료들—을 생짜로 접붙였다. 그 효과는 시각 적으로 대단했다. 이전 온실효과 이론으로는 설명하기 까다롭던 중세기 온난화와 소빙하 기 문제들이 갑자기 사라져버렸다. 만 박사의 그래프를 보면 1910년까지 900년 동안 지구 기온 변동이 안정적이다가 20세기에 들어서 기온이 갑자기 통제할 수 없을 지경으로 급상

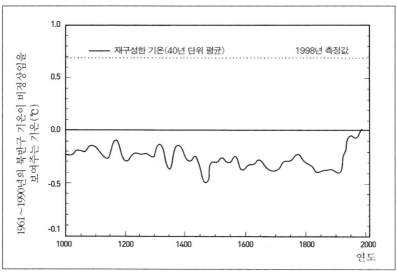

그림 5.2 소빙하기와 중세 온난기를 없애버리고, 현대 온난기를 과장한 것으로 유명해진 "하키 스틱" 그래프.

승한 것처럼 보인다. 만 박사의 그래프는 그 모양 때문에 하키 스틱으로 불리며 과학계에서 악명이 높다.[25] (〈그림 5.2〉)

미국에서는 클린턴 정부가 만 박사의 그래프를 뽑아 2000년도에 출판된 "기후 변동과 변화의 잠정적 결과에 관한 미국 국내 평가서"에 첫 도표로 넣었다. 만 박사의 연구는 중세 온난기와 소빙하기에 관한 지난 수백 년에 걸친 역사적 자료들이 보여주는 내용들과 과거 지구의 기후의 변동을 증명하는 과학 논문들과 모순되는 것이었다. 하지만 만 박사의 연구결과는 과거 지구 기온 변동에 관해 IPCC와 클린턴 정부가 원하던 답―과거에는 이 정도로 온난화했던 때가 없었다는 것을―을 주었다.

만 박사는 IPCC의 주요 저자가 되고 또 주요 학술지인 《기후학저널》의 편집위원장으로 선임됨으로써 갑자기 화려한 경력을 가진 인물이 되었다.

지구온난화를 주장하기에 걸림돌이 되었던 문제가 명백히 사라졌다는 것을 단언하기 위해 다음과 같은 내용을 IPCC의 '기후변화 2001'에 포함시켰다.

2.3.3. '소빙하기'와 '중세 온난기'가 있었던 것일까? 유럽과 주변 지역에서 17~19세기 그리고 11~14세기에 있었던 과거의 두 기후대를 묘사하기 위해서 '소빙하기' 그리고 '중세 온난기'라는 용어를 사용했다. 소빙하기는 북반구에서 나타난 한랭기로 간주되고, 이때는 20세기 후반에 비해 1도 정도 낮았던 것으로 알려져 있다. 소빙하기는 대기 순환을 변화시키면서 북대서양에서 가장 뚜렷하게 나타났다. 남반구에서 과거에 있었던 기온 변화를 나타내는 자료들은 아주 드문데, 남반구에서 과거에 나타났던 기후 변화 양상은 북반구와는 뚜렷하게 달랐다. 유일한 유사점이라면 북반구와 남반구 모두 20세기 후반에 온난화가 나타났다는 것이다.[26]

사실, IPCC는 세계 평균기온이 1300~1850년 사이에 2도에서 4도 정도 강하게 떨어졌다는 과학적 증거를 무시하고 있다. 그들은 냉혹한 추위, 큰 빙하들, 강한 역풍들 그리고 격렬한 폭풍들이 북반구에 있었다는 사실들이 단지 한 차례 나타났던 발작적인 사건이었던 것처럼 무시하고 있다. 만약 500년 동안에 걸쳐 나타났던 기후 순환의 변화를 무시할 수 있다면, 지금 현재 지구온난화를 주장하고 염려한다는 것 자체가 어폐가 있다.

다행히도 과거 3000년 동안의 자료들은 지구온난화를 증명하고 있지 않다. 빙하 코어, 나무의 나이테, 또는 다른 어떤 고생물학 자료들도 뚜렷하게 증명하고 있지 않다. 지구 기온은 여전히 태양으로 받는 전체 열에너지와 대기, 해수에 의한 복잡한 과정을 통해 열에너지가 전 지구로 재분배되는 과정에서 결정되는 것이다.

하키 스틱에서 나타난 어쩔 수 없는 결함

만 박사팀의 연구가 널리 알려지고 인용되었지만, 사실 많은 논란을 불러일으켰다. 그렇지만 이상하게도 만 박사팀이 2004년 7월 1일 《네이처》에 게재한 "오차의 수정"이라는 논문은 기후학자들에 의해서 심사가 되지 않았다.[27] 이 사실은 통계학에 유능했던 두 캐나다 사람─한 사람은 금속학을 전공한 토론토의 스티븐 매킨타이어였고, 다른 한 사람은 경제학자였던 캐나다 구엘프 대학의 로스 매키트릭이었다─에 의해 밝혀졌다. 만 박사의 연구가 IPCC 보고서를 통해 출판되고 나서, 매킨타이어와 매키트릭은 만 박사에게 연구의 원자료를 요청했다. 그 자료들은 마지못해서 그리고 불완전한 상태로 전해졌고, 이는 《네이처》에 논문이 실리는 과정에서 심사위원들이 논문을 검토하기 위해 만 박사에게 자료들을 요청하지 않았다는 것을 증명하는 것이었다.

이 두 명의 캐나다 학자가 자료를 다시 분석한 결과 만 박사가 주장했던 결과들이 나오지 않는다는 것을 발견했고, 그 자료가 지역 오차, 계산 과정의 실수 등 많은 문제가 있음을 알게 되었다. 그런 문제점들을 수정한 다음 만 박사가 썼던 통계분석 방법을 똑같이 사용해서 자료들을 다시 분석한 결과가 《에너지와 환경》이라는 과학 잡지에 실렸다.[28]

"새롭게 발견된 주요 사실은 15세기 초에 있었던 온난화가 20세기 나타나고 있는 온난화를 능가한다는 것이다"라고 매킨타이어와 매키트릭은 보고하고 있다. 다시 말해, 만 박사의 연구결과는 기본적으로 틀렸다는 것이다.

하지만 만 박사와 연구팀은 이 사실을 인정하지 않고 있다. 그들이 수정을 목적으로 잇달아 출판한 논문들을 보면, "지난번에 출판한 자료들이 몇몇 오류를 포함하고 있다는 것은 사실이지만, 이러한 오류들이 이전에 출판한 결과들에 어떠한 영향도 미치지 않는다"고 주장하고 있다.[29]

이러한 만 박사의 주장에 대해 테렌스 코코란은 캐나다의 《파이낸셜포스트》에 다음과 같은 글을 썼다.

"UN 기후변화기구와 교토조약의 가장 강력한 선전 아이콘 중의 하나가 엉터리였다는 것이 밝혀질 지경에 놓였다. 그 아이콘은 바로 과거 1000년간 지구의 기온이 안정되고 천천히 변화하다가 20세기에 들어 기온이 급격히 상승한다는 그래프로 유명한 이른바 '하키 스틱'이다. 수천 편의 연구 논문들과 보고서를 통해 인용되었던 하키 스틱이 엉터리라는 공격을 받으면서 기후학 계가 뒤숭숭하다. 이 뉴스는 하키 스틱을 주요한 무기로 사용해왔던 UN의 IPCC를 아주 난처한 입장으로 몰고 가고 있다. 다른 과학자들이 하키 스틱을 만드는 데 쓰였던 데이터들을 다시 분석한 결과 그 하키 스틱 그래프가 잘못되었다는 것을 발견했다. 그리고 이것은 20세기 대기 중 이산화탄소 농도의 증가가 전에 없던 지구온난화를 초래하고 있다는 주장이 잘못되었다는 것을 뜻하는 것이다."[30]

어쩌면 잘못되었다는 정도가 아닐지도 모른다.

만의 연구는 이산화탄소 재생 작용을 제외시켰다

매킨타이어와 매키트릭은 만 박사 연구팀에게 자료를 받는 과정에서 만 박사의 연구결과들이 20세기 기온 평균을 낼 때 캘리포니아 시에라네바다 산맥에 있는 열네 군데의 나무 나이테 자료들에 가장 많은 가중치를 두었다는 것을 알게 되었다. 그 지역들에서 오래되고 아주 천천히 자라는 소나무가 1900년 후에 급작스럽게 성장했다는 것을 알수 있었다.

여기에서, 만 박사 연구팀이 실수를 하게 된 연유를 찾을 수 있다. 이곳에서의 나무나이테 성장에 대해서는 도널드 그레이빌과 셔우드 아이드소가 1993년에 발표한 "나무나이테 연대기에 나타난 대기 이산화탄소의 증가에 의한 풍작 효과"라는 논문에 소개한 바 있다.[31] 그레이빌과 아이드소는 연구결과에서 기온 변화로는 이미 장년이 된 나무들에서 20세기에 나타난 급성장을 설명할 수 없다고 분명히 언급하고 있다.

이산화탄소는 나무들과 식생들에 비료와 같은 작용을 하고, 수분 효율성을 증가시킨다. 즉, 대기 중에 이산화탄소가 많으면 수목들이 훨씬 더 빨리 성장하게 되는 것이다. 수분과 비료가 부족한 고지대에 서식하는 소나무와 같은 나무들은 이산화탄소의 증가에 매우 강하게 반응할 가능성이 크다는 것이 그레이빌과 아이드소가 내놓은 연구결과의 요지였다.

만 박사와 연구팀은 이산화탄소가 식생의 급성장에 미치는 작용을 알지 못했다고 할 수가 없다. 왜냐하면 그 사실은 그들이 인용했던 바로 그레이빌과 아이드소의 논문 제목에 분명히 명시되어 있었기 때문이다.

지구온난화의 가장 심각한 허위성: 교토조약의 이행이 쉽고 저렴하다?

교토조약과 관련된 가장 큰 사기는 인류가 화석연료에서 재생 가능한 풍력이나 태양력 에너지로 전환하는 것이 저렴하고도 쉬운 작업이라고 주장하는 데 있을 것이다. 교토조약을 지지하는 사람들은 우리들을 화석연료에 묶어 놓는 것이 단지 거대 석유회사와 전력회사들이라고 생각하도록 만들고 있다. 이런 사람들 중 원자력이 이산화탄소를 전혀 만들지 않으면서도 비용을 절감할 수 있는 현재로써는 유일한 에너지 자원이라는 사실을 말하는 사람은 거의 없다.

교토조약은 "5% 해결안"이 온실기체를 저지할 것이라는 주장을 계속 사람들에게 인식시키고 있다. 실제 IPCC는 대기 온실기체 농도를 적당한 선으로 안정화시키기 위해서는 화석연료의 사용을 전 세계에 걸쳐 50~80% 정도 줄여야 한다고 지적하고 있다.

개발도상국들이 방출하는 이산화탄소가 증가한다는 것을 고려할 때, 대기 온실기체 농도를 적당한 선으로 안정화시키기 위해서는 교토조약에 참여하는 나라들이 화석연료 사용을 실제 포기해야만 할 것이다.

교토조약을 통해 대기 중 이산화탄소 농도를 급격히 줄이기 위해서는 인간들이 사용하는 에너지와 테크놀로지에 큰 변화가 있어야 할 것이다. 전 세계 사람들은 원자력이나 또는 완전히 새로운 어떤 테크놀로지로의 전환을 위해서 투자를 해야 할 것이다. 이러한 전환을 위한 투자를 사실 세계의 모든 사람들이 할 수 있는 일이 아니다. 미국이나 유럽 국가들처럼 잘살고자 하는 바람이 가득한 제3세계 국가가 교토조약을 승인할 확률은 더욱 낮다.

교토조약에 참여하는 국가들은 그 나라의 가정, 학교, 병원 그리고 회사에서 쓰는 조명, 난방 등의 사용을 정책적으로 제한하여야 할 것이다. 그 목적을 달성하기 위해서는 제조된 물품이나 제철이 아닌 신선한 과일과 채소들을 운반하는 정도를 급격히 줄여야 할 것이고, 관광 역시 관광 복권에 당첨된 사람들만 해야 할 것이며 따라서 생활수준이 급격히 낮아질 것이다.

세계의 많은 자연풍광들이 태양력을 위한 집열판이나 풍력을 위한 터빈으로 사라질 것이다(캘리포니아의 수천 에이커를 차지하는 풍차와 태양력 집열판에서 얻어지는 전력은 20에이커의 보통 발전소에서 얻어지는 전력의 양과 같다). 태양력이나 풍력, 그리고 원자력조차도 자동차, 트럭 그리고 비행기에 쓰이는 액상 연료를 공급하지 못한다.

제3세계 수십억의 사람들은 가난으로부터 벗어나기가 더 힘들어질 것이며, 난방과 조리를 위해 나무나 짚, 거름을 계속해서 사용할 수밖에 없을 것이다. 세계 삼림의 수목들과 야생 동물의 서식지가 땔나무와 농작물을 생산하기 위해 사라짐에 따라서 야생동물들이 위기에 처하게 될 것이다.

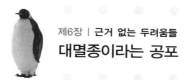

제6장 | 근거 없는 두려움들
대멸종이라는 공포

야생 생물이 멸종할 것이라는 설을 추종하는 사람들은 다음과 같이 부르짖는다.

"2050년까지 24%의 동식물이 멸종하게 될 것이라는 것이 보편적인 계산이다"라고 영국 리즈 대학교의 크리스 토머스는 말했다. "이것은 단순한 멸종이 아니다. 125만여 종의 멸종을 말하는 것이다. 이는 엄청난 수이다."[1]

"나를 포함해서 많은 생물학자들은 지금 우리가 대대적인 멸종의 위기에 놓여 있다고 생각한다"라고 스탠퍼드 대학 국제연구학회의 수석연구원인 테리 루트는 말했다. "대부분의 생물들이 매우 빠른 속도로 변화하면서 적응하거나 혹은 새로운 서식지로 이동하기는 어렵기 때문에 살아남지 못할 것이다. 그들의 서식지가 파괴되고 있는 마당에 어떻게 살아남을 수 있겠는가?"[2]

사실에 근거하는 회의주의자들은 진화를 다르게 본다.

"과학자들은 거대 혜성이나 유성이 2억 5천백만 년 전에 지구 남반부의 해안에 떨어져, 지구의 역사상 가장 파국적인 멸종을 초래했다는 증거들을 발견하였다고 어제 발표했다. 연구자들은 지질학적 증거로 지금의 오스트레일리아 서북부 해안에 지름이 6마일 정도 되는 물체가 떨어져 기후 변동을 일으키고 그로 인해 90%의 해양생물과 70%의 육지생물을 쓸어버리는 자연적 파국을 가져왔다는 것을 보여준다고 한다."[3]

영국 리즈 대학의 크리스 토머스가 19명의 회원들과 함께 이끄는 국제 과학단체는 인간에 의한 지구온난화가 50년 안에 백만 종의 동식물을 파괴할 것이라고 2004년 《네이처》와 언론을 통해 경고하였다. 토머스의 보고서에 따르면 지구온난화 모델로 생태계와 생태 과정의 급변이 예견되고 있고, 이로 인하여 종의 "생존 보호막"(Survival Envelope)이 변경되어 많은 수의 조류들과 동물들, 어류 그리고 하등 동물들이 이 지구에서 살아나갈 수 없을 것이라고 한다.[4]

토머스의 보고서가 나오자 수많은 언론이 벌떼처럼 달려들었다. 이 보고서에 앞서 파국적 멸종을 주장하는 두 편의 유사한 보고서가 《네이처》에 실렸었는데 하나는 스탠퍼드 대학의 테리 루트가 이끈 팀이 쓴 것이고, 또 하나는 텍사스 대학의 카밀 파머산이 이끄는 소규모의 미국 팀이 내놓은 연구였다.[5] 위의 연구자들 모두 향후 50년간 동식물이 전례 없던 속도의 온도 변화를 따라잡지 못하고 많은 종들이 멸종하게 될 것이라고 결론지었다.

그러나 토머스 팀이 제시한 멸종의 이유들은 논문이 발표되기도 전에 이미 불신임되었던 것이다. 토머스 자신도 반대가 되는 증거들을 발표하기도 했다.

상식적인 질문에도 틀리다

1992년《사이언티픽 아메리칸》에 실렸던 유명한 기사에서, 뉴욕 스토니브룩 대학의 진화생태학과 학과장이었던 제프리 레빈튼은 세계 대부분의 동물은 6억만 년 전인 캄브리아 시대(Cambrian period)에 몸의 형체가 확립되었다고 지적했다.[6] 따라서 주류를 이루는 종들은 지금껏 새로운 기생충이나 질병, 빙하시대와 지금보다 더 더웠던 지구 온난기를 거치면서 성공적으로 생존해왔음을 보여준다고 할 수 있다.

사실상, 모든 야생종들은 적어도 백만 년은 되었고 이것은 그들이 최소한 600번의 1,500년 기후 사이클을 겪어왔음을 의미한다. IPCC가 예견하는 2100년보다 더 더웠던 충적세 기후 최적기는 만만치 않게 더웠었다. 그 시기는 4,000년간 지속되었고 지금으로부터 약 5,000년 전에 끝났다.

환경주의자들은 오늘날의 기후 변동은 그 속도가 그 어느 때보다 훨씬 빨라서 동식물의 적응 능력을 압도할 것으로 주장한다. 그러나 역사와 거시 생물학을 통해 보면, 과거 지구의 온도 변화는 매우 빠르게 일어났고 그 정도가 더 빠른 경우에는 불과 몇 십 년 안에 일어나기도 했다. 예를 들면, 12,000년 전 있었던 영거 드라이아스기(Younger Dryas)는 온난기가 빠르고 격렬하게 빙하기 수준으로 바뀌었다.

그 이후 온난기는 90,000년이 넘는 냉각기 동안 추가로 만들어진 수조 톤에 달하는 빙하와 빙판이 녹아 해양으로 흘러들어감에 따라, 멕시코 만 해류가 막히게 되어 다시 역전된다. 해양의 대서양 컨베이어(Atlantic conveyor)가 막히면서 천 년이 지속된 빙하시대가 재빠르게 시작되었던 것이다. 야생종들은 어떻게 이런 대자연의 갑작스런 변화에 대응할 수 있었을까?

또 다른 예를 들면, 1840년경 와이오밍 빙하는 소빙하기로부터 대략 10여 년 만에 현대 온난기로 들어섰다.[7] 그러나 그 급격한 온도 변화로 멸종하게 된 종이 있었다는 증거는 없다.

멸종에 관해 밝혀진 사실들

우리는 이미 어떻게 그리고 어떤 순서로 세계의 종들이 멸종해갔는지 알고 있다.

첫째, 거대한 소행성이 지구를 강타했다. 버클리 대학이나 스미스 대학 혹은 노스캐롤라이나 같은 대학들의 웹사이트를 보면 "빅뱅(Big Bang)"의 증거들이 가득하다. 우주 밖에서 날아온 거대한 물체들과 지구가 충돌함으로써 지구 대기에 수십억 톤의 재와 잔여물이 투입되어 하늘을 어둡게 하고, 농작물들이 잘 여물지 못하도록 만들어버렸다. 과거 지구에는 그러한 충돌이 여남은 번이나 있었고 그로 인해 수백만 종이 사라졌으며, 오늘날 화석을 통해서 그런 사실들을 알 수 있다.

최근 연구자들은 지금의 호주 서북부 해안선에 직경이 약 6마일에 달하는 물체가 떨어져 기후 변화를 일으키고 자연적 파괴로 90%의 해양생물과 70%의 육지생물을 쓸어버린 증거를 발표했다.[8]

다음으로 야생종을 가장 크게 위협하는 것은 인간이 먹을거리를 마련하기 위해 하는 사냥이다. 수백만 년 동안, 인간은 잡을 수 있는 것은 다 잡아왔다. 어떤 종이 멸종하면, 다른 종을 사냥했다. 이런 점에서 지난 빙하기는 간접적으로 종의 멸종에 기여했다. 빙하기라는 극도로 추운 기간 동안, 대부분의 물은 빙산 아래 갇혀 있었고 빙하 아래의 해수면은 오늘날보다 400피트나 더 낮았었다. 석기 시대의 사냥꾼들은 걸어서 아시아에서 베링 해를 건너 사람을 두려워하지 않았던 포유류나 야생 조류의 군락들을 찾아냈다. 역사적으로 눈 깜짝할 사이에 북미의 매머드나 마스토돈, 말, 낙타 그리고 땅 나무늘보 등 40여 종 이상의 먹을 수 있는 야생종들이 사라져버렸다.[9]

셋째, 인간의 농경작이다. 농업으로 인간은 동물이나 조류들을 덜 사냥하게 되었지만 결국은 지구 육지의 3분의 1을 농업으로 전용하게 되었다. 그나마 다행인 것은 농업에 적합한 땅에는 주로 적은 수의 종들이 서식했다는 것이다. 대신 적은 수의 종들이 대규모로 서식했는데, 미국 대평원의 들소나 오스트레일리아 초원의 캥거루가 그 예가 될 수 있다. 반면에 아마존의 5제곱마일에는 미국 전체에서 발견되는 수만큼의 종들이 서식하고 있다. 다행히도 인간은 가장 높은 수확을 올릴 수 있는 땅에서 농업을 하므로 수확이 낮은(종의 수는 다양한) 땅은 자연으로 남겨지게 된다.[10]

넷째, 외래종 때문이다. 인류의 선박, 차, 비행기 등 교통수단의 발달은 외래종의 유입을 알게 모르게 가져왔다. 이것으로 종들 간의 생존경쟁 또한 국제적으로 되었다. 특히 섬에 서식하는 종들은 그 경쟁에 더욱 불리해서 멸종의 위기에 처해 왔다.

멸종된 코스타리카의 황금두꺼비

토머스는 단순히 지구의 온도가 오르내림에 따라 주요 야생 동식물이 멸종한다는 직선형 모델로 설명했다. 작은 온도 변화는 상대적으로 적은 수의 멸종을, 큰 온도 변화는 더 많은 수의 멸종을 가져올 것이란 논리다.

그 연구팀은 우선 1,100종에 달하는―유럽과 브라질의 아마존, 오스트레일리아 북동쪽 열대 습지, 멕시코 사막 그리고 남부 아프리카의 남쪽 끝에 이르는―야생종들의 "생존 보호막"(Survival Envelope)에 대한 정의를 내렸다. 그리고 서식지의 면적 감소율과 멸종률 사이의 상관관계를 수학적인 식으로 표현하였다. 만약 연산식이 잠재적으로 서식지의 면적이 감소할 것이라고 예측하면, 위협이 있다는 것을 나타낸다. 더 많은 서식지가 없어지면 더 많은 위협이 생겨버리는 것이다. 하지만 그 수식에는 종들의 적응과 이주 같은 것은 전혀 고려되지 않았다는 것을 명심하자.

토머스의 "온건한" 시나리오 중의 하나는 향후 50년간 지구의 기온이 0.8도 상승할 것이라는 점이다. 연구원들은 이것으로 줄잡아 세계 야생종의 20%인 약 백만여 종들이 멸종을 맞으리라고 예상하였다.

다행히도 이 예견은 쉽게 확인될 수 있다. 지구의 기온은 지난 150년간 적어도 0.6도 올랐다. 이 기온 상승으로 몇 개의 야생종들이 죽어갔는가?

그 답은? 아무것도 멸종되지 않았다.

토머스는 논문의 서문에서 "지난 30년간의 기후 변동은 종의 분포와 번식에 많은 변화를 가져왔고, 하나의 종 수준에서 일어나는 멸종까지도 의미해왔다"라고 밝혔다.[1]

그렇다. 0.8도의 기온 상승이 향후 50년간 수백 수천의 야생종의 멸종을 야기할 것으로 예견하던 과학자들이 지난 150년간의 기온 상승으로 대략 하나의 종이 멸종되었음을 인정하는 것이다.

현실은 그 하나의 멸종마저도 부인한다.

토머스의 보고서를 보면 기온 상승으로 멸종한 그 하나의 종은 코스타리카의 황금 두꺼비이다. 이는 1999년 《네이처》에 앨런 파운즈(Alan Pounds)가 쓴 "코스타리카 푼타레나스의 몬테베르데 운무림 보존지구"란 연구에서 인용한 것이다.[12]

파운즈는 적도해 해수표면 온도 상승으로 인해(황금 두꺼비를 포함한) 50종의 개구리와 두꺼비 중에 20종이 30제곱미터의 운무림 보존지구의 연구지역에서 사라졌다고 썼다(운무림은 안개가 낀 서식지로 1,500미터 이상 고도의 산에서만 발견되고 대부분이 구름에 싸여 습하고 서늘한 곳을 말한다. 이 특이한 기후로 수천 종의 희귀식물과 동물들이 서식한다).

파운즈는 1999년 과학학회에서 그의 논문을 다음과 같이 설명하고 있다.

"운무림은 수분이 풍부하다. 심지어 건기에도 …… 구름과 안개가 밀림을 습하게 한다. 캐리비안에서 불어오는 무역풍은 습기를 산 기슭 위로 올리고, 수분이 응축하여 구름을 산 주위로 형성한다. 특히 1970년대 중반에 있었던 지구온난화는 구름이 형성되는 고도를 상승시켰고 따라서 구름이 밀림에 수분을 대는 효과를 감소시켰다. …… 최근 10여 년간 건기 중에 안개가 없는 날이 네 배가 되었다."[13]

파운즈는 적어도 22종의 양서류가 운무림에서 사라졌으며, 그 사라진 종들 중 대부분이 다른 지역에서 발견되지만 황금 두꺼비는 유일하게 서식할 수 있는 공간을 잃어버렸다고 말한다. 하지만 양서류가 해수면 (온도) 상승으로 인해 대기가 건조해 짐에 따라 서식지를 잃게 되었다는 가정을 파운즈가 발표한 지 2년 후, 다른 한 연구팀은 몬테베르데 운무림 지역 아래 위치한 밀림이 사라지면서 황금 개구리가 서식하는 곳의 기후를 바꾸었고, 형성되는 구름의 양이 줄어들었다는 것을 증명하였다.[14]

헌츠빌에 위치한 앨라배마 대학의 로톤 박사가 이끄는 연구팀은 캐리비안에서 습기를 몰고 오는 무역풍이 코르디예라 드 틸러란(Cordillera De Tileran)의 황금 두꺼비 서식지에 도달하기 전에 약 5~10시간에 걸쳐 저지대 밀림지역을 통과한다는 사실을 알게 되었다. 1992년까지 저지대 식물군의 고작 18%만이 살아남았다. 밀림 파괴로 토양이 보유할 수 있는 수분양이 줄어든 것이다. 수목지대를 작물과 목축지로 개간한 것 또한 물 저장 능력을 떨어뜨렸다.

1999년 3월, 로톤 박사팀은 인공위성 사진으로 니카라과의 저지대 밀림 지역보다 코스타리카의 밀림이 파괴된 저지대에서 적운형의 구름이 훨씬 적게 생성된다는 것을 확인하게 되었다. 그들의 결론을 확인하기 위해, 로톤 박사 팀은 콜로라도 주립대학의 국지 규모 대기 모델링 시스템(regional atmospheric modeling system)에서 코스타리카의 밀림 파괴로 인한 영향을 가상 현실화 하였다. 컴퓨터 모델링은 목축지대 위의 구름층은 늦은 아침에는 코르델러라(Cordellera) 정상(1,800m)까지 오르는 것으로 나타났다. 밀림 위에 있는 구름층은 이른 오후까지도 1,800m에 도달하지 않았다. 로톤은 이 실험값들은 그 지역에서 관찰된 구름층과 일치하는 것이라고 말한다.[15]

이것으로 운무림의 건조는 저지대를 개간한 농부와 목장주의 책임이 되어버렸고, 파운즈는 자신의 논문에서 밀림 파괴가 산악 운무림을 사라지게 하는 주요 위협이라 결론지었다. 로톤의 연구는 토머스 연구팀이 컴퓨터 모형을 이용하여 기후 변동이 종의 종말을 야기한다고 주장한 내용들을 근거 없는 것으로 만들어버렸다.

한 운무림 지대의 두꺼비와 도마뱀 관한 연구결과가 전부였음에도 불구하고 0.8도의 기온 상승이 백만의 종을 멸종시킬 것이라는 커다란 주장을 펴는 데 어떻게 그 연구팀의 연구원들 중 한 사람도 의문을 제기하지 않을 수 있었을까? 최소한 황금 두꺼비의 멸종에 대해 다른 과학적인 연구가 진행 중에 있는지 인터넷조사라도 했어야 하지 않을까?

다수확 농업으로 야생종의 멸종을 줄일 수 있다

유엔 환경프로그램(UNEP)은 2002년 생물다양성(Biodiversity) 세계지도를 발표했다. 20세기 마지막 30년에 멸종된 주요 야생종 수가(조류와 포유류, 어류를 포함한 20여 종) 19세기 마지막 30년과 비교할 때(조류와 포유류, 어류를 포함한 40여 종), 반에 불과하다고 보고했다. UNEP는 20세기 말의 멸종 비율은, 150년의 급격한 기온 상승에도 불과하고, 사실 16세기 이후로 가장 낮다고 말했다.

종이 감소되지 않은 가장 큰 이유는 기온과는 아무 상관이 없으며, 사실은 향상된 농업기술과 관련이 있다. 다수확 종자, 관개 시설, 화학비료, 살충제 등으로 1960년 이후 세계 주요 농업지대에서의 수확은 3배 이상 증가하였다. 인류는 더 이상 저수확을 보충하기 위해 추가로 새로운 땅을 개간하지 않아도 되었다.

스위스의 세계보호연합(World Conservation Union, IUCN)은 논의의 여지는 있지만 세계에서 가장 크고 전문적인 보호기구이다. 2001년에 IUCN은 "공동의 땅, 공동의 미래"라는 제목의 보고서를 발표했는데 그 보고서 저자들은 세계 야생생물의 최근 가장 큰 위협은 생물다양성이 큰 지역(주로 열대지역)에 사는 수십억의 가난한 사람들이 먹을거리를 찾아 산림을 파괴하는 것이라고 했다. 여기에 사는 사람들은 비교적 신기술이라 할 수 있는 AK-47 소총으로 사냥하고, 대부분의 생계형 사회가 그렇듯 비용이 적게 드는 화전농법으로 많은 가족을 부양하고 있다.[16]

IUCN은 '생태 농업'을 대안으로 제시하는데, 이것은 기본적으로 저수확 농민에게 어떻게 하면 면적당 수확량을 올려서 그들이 야생물의 서식지나, 도래지 혹은 전용지를 더 남길 수 있는지를 보여주는 것이다. 실제 그들은 1970년 노벨 평화상 수상자인 노먼 볼로그(Norman Borlaug)의 글을 인용하여 다음과 같이 말했다. "면적당 더 많은 농작물을 재배하는 것은 자연에 더 많은 땅을 돌려주게 되는 것이다."[17]

이런 다수확 농업으로 황금 두꺼비를 파멸시킨 코스타리카 밀림의 파괴를 막을 수 있었을지도 모른다. 더욱이 아이러니한 것은 인간으로 인한 지구온난화가 대량의 동식물종들을 파괴한다고 주장하는 사람들의 대다수가, 농업의 녹색혁명과 질소 비료가 밀림 파괴를 막을 수 있음에도, 그 사용을 반대하고 있다는 것이다. 설상가상으로, 교토조약을 이행하려면 (질소 비료를 포함한) 현대 기술을 이용하는 데 비용을 너무 많이 들게 만들어버려, 제3세계 같은 나라에서 경제 발전이나 농업 향상은 사실상 거의 불가능하게 만드는 것 같다. 그렇게 되면, 수십억의 농민들은 생계를 유지하기 위해 숲이나 밀림지역들을 개간할 것이고, 황금두꺼비보다 더한 야생종들을 위협하게 될 것이다.

지구온난화로 인한 생태 변화는 급격하지 않을 것이다

　대규모 멸종을 경고하는 사람들의 주요 논점은 나무들과 식물들은 고정되어 움직일 수 없다는 것이다. 나무와 식물들은 급격한 온난화로 그들의 '생존 보호막'이 밀리게 되어도 그에 대응하여 이동할 수 없다는 것이다. 그에 따라 포유류와 하등동물들 또한 그 나무와 식물에 의존하여 살아가기 때문에 사라질 것이고, 급격한 온난화는 돌이킬 수 없을 정도로 생명의 사슬을 파괴할 것이라 주장한다.

　사실은 그렇지 않다.

　나무와 식물은 급격하게 변화하지 않을 것이다. 극지방의 나무와 식물은 추위에는 적응하며 살아 왔지만, 그들의 서식 범위가 더위로 인해 제한되지는 않는다.

　예를 들면, 아르곤 국립연구소의 크레이그 뢰힐은 북반구에서 추위에 적응한 나무들은 자연 서식지에서 북쪽으로는 50∼100마일 내에서만 충분히 자랄 수 있다고 설명한다.[18] 그러나 남쪽으로는 1,000마일까지도 성숙하게 자랄 수 있다. 뢰힐은 많은 고산성, 북극성 식물들이 높은 기온에 매우 잘 적응하고, 열에 대한 내성의 측면에서 보면 북극성이나, 온대성 혹은 열대성 등의 서식형을 구별할 수 없다고 밝혔다.[19] 그는 "빨리 자라는 남쪽의 종을 북쪽 종들이 있는 곳에 모종하게 되면 경쟁력을 갖지 못할 것이다. 이미 있는 나무들이 빛을 차단하기 때문이다. 남쪽의 종들이 빨리 자라는 강점을 이용해 자리 잡기 위해서는 기존에 있던 나무들이 사라져 나무 사이의 간격이 충분히 벌어져야 하는데, 이것은 종의 교체가 적어도 이미 있는 나무들이 수백 년에 걸쳐 죽을 때까지 기다려야 함을 의미한다. 따라서 밀림의 교체라는 것(북쪽의 종을 남쪽의 종으로 교체하는 것)은 자연적으로 아주 느린 과정(몇 백 년에서 수백 년까지)일 수밖에 없다"는 것을 의미한다.[19]

이것은 또한 포유류, 조류, 어류, 지의류, 버섯류 그리고 나무에 생존을 의존하는 그 밖의 종들과 그 식물들의 생태시스템들 또한 나무들과 같이 전환하는 데 오랜 시간이 걸린다는 것을 뜻한다.

마샬 연구소에서 최근 출간된 『종의 종말이라는 망령』이라는 연구서는 뢰힐의 주장보다는 조금 낙관적으로 완만한 온난화가 야생종을 멸종으로 몰아간다는 논제를 강하게 비난하고 있다. 저자들은 지구온난화로 지구의 대부분에서 결코 적지 않은 종의 다양화가 이루어질 것이라 한다. 종이 멸종되는 것이 아니라, 지구온난화로 수천 종의 식물과 동물의 서식 범위가 넓어지고, 밀림과 초지가 식물과 나무 그리고 그에 의존해 사는 종들로 가득하게 될 것으로 예견하였다.[21]

『종의 종말이라는 망령』은 서로 부자지간인 기후 물리학자 셔우드 아이드소와 그의 두 아들 크레이그(기후 지형학 전문가)와 케이트(이산화탄소 변화에 따른 식물의 반응을 전공하는 식물학자)에 의해 씌어졌다. 아이드소 부자는 보고서에서, 더워진 기후로 대부분의 나무들과, 식물들, 동물들 그리고 어류들이 서식 영역을 북극과 남극으로 넓힐 수 있게 될 것이라고 강조했다. 그들은 뢰힐의 결론에 동의하면서도 수백 년이 지나면 성장이 빠른 남쪽의 나무들이 이미 성장한 북쪽의 나무들과의 경쟁에서 이길 것이라고 한다. 밀림과 식물은 서식 범위를 북쪽과 남쪽으로 서서히 옮긴다는 것이다.

이들은 또한 온난화로 인한 기후 변동에 의해 북쪽이나 높은 고도에 위치한 밀림이 남쪽이나 낮은 고도에 위치한 밀림으로 대체되지 않을 수도 있을 것이라는 가능성을 제시한다. 그보다는 두 개의 다른 밀림이 서로 합해지면서 전혀 새롭고 더 많은 종의 다양화가 초래될 수도 있다는 것이다. 악셀로드의 연구는 그렇게 다양한 종들이 존재했던 밀림이 신생대 온난기에 있었는데, 이는 미 서부의 많은 산악지대에 침엽수와 활엽수가 섞여 자라는 것을 통해서도 알 수 있다.[22]

높아진 이산화탄소의 농도 덕분에 식물은 전혀 이동할 필요가 없을 수도 있다

아이드소의 분석에 따르면 이산화탄소의 농도가 높아지면서, 나무와 식물에 비료제로 작용하고 식물이 광호흡을 과정에 하는 데 드는 에너지를 또한 줄인다. 온도와 이산화탄소 농도가 둘 다 오른다면, 식물과 나무는 더욱 생기를 찾을 것이고, 온난화를 기회로 서식지가 팽창될 것이다.

"이산화탄소로 인한 지구온난화가 멸종을 야기한다고 주장하는 사람들이 있는데, 이들은 증가한 이산화탄소가 높아진 기온이 식물계에 미치는 유해한 효과를 상쇄한다는 사실에 대해 알지 못하는 것 같다"라고 아이드소는 말한다. "그들은 증가한 이산화탄소로 식물들이 거의 모든 범위의 온도―특히 높은 온도―에서 더욱 잘 생육하게 된다는 것을 알지 못하는 것 같다. 즉, 더운 지역에 사는 식물들은 지구의 극지나 서늘한 북쪽으로 이주해야 할 자극을 받지 않지만, 한랭한 서식지에서 사는 식물들은 전에는 너무 기온이 낮아서 살 수 없었던 곳으로 그 서식 범위를 넓힐 수 있게 된다는 말이다."

"동물들 또한 비슷하게 반응한다. 공기의 온도가 높아지고 이산화

탄소의 농도가 높아진 지난 한 세기 반 동안 많은 종의 동물들은 위도가 높은 곳으로 혹은 고도가 높은 곳으로 넓혀 가는 반면 저위도 쪽의 서식지 경계선은 변함없이 유지하는 것을 볼 수 있다."[23]

아이드소 부자는 이산화탄소가 가져오는 식물 성장의 이점에 대해 광범위하게 발표했고, 잇따라 세계 십여 나라에서 광범위하게 연구되었다. 동료들이 검토하고 많은 과학자들이 수집한 42개의 실험치들을 분석한 이들 연구결과에 따르면 대기 중 이산화탄소 농도가 300ppm 상승함에 따라 성장률이 커지는 정도는 평균 기온 10도에서는 거의 제로이고, 38도에 이르면 2배로 늘어난다는 것이다.[24] 기온이 더 높아지면, 성장 촉진 역시 높아진다.[25]

비료제로서 이산화탄소의 중요성은 1982년~1999년 동안에 이루어진 인공위성의 식물 관찰에서도 뒷받침되는데, 지구의 식물 성장이 6% 이상 향상되었음이 밝혀졌다. 그 기간 지구는 강우량과 기온이 증가하고 있었던 것으로 나타나지만 식물에의 주요 변화는 급격한 대기 이산화탄소의 증가였다.[26] 지구온난화를 경고하는 사람들이 세계의 식물계가 위협받고 있다고 떠들썩하게 했던 실제와 가상으로 인한 스트레스에도 불구하고 모든 지역에서 식물 성장이 늘었던 것으로 나타난다.

이산화탄소 농도가 2배 증가하면 초류식물의 생육에 30~50%, 나무와 목재 식물의 생육에 50~80%의 순 생산이 향상된다는 것이 셔우드 아이드소 그리고 미 농업용수 보호실험실의 브루스 킴볼과 덴마크 왕실 수의농업학교의 핸드릭 색스 등이 행한 광범위한 연구를 통해 밝혀졌다.[27]

지구가 높은 이산화탄소 농도로 심각하게 더워진다고 해도 대부분의 지구 식물들은 지구의 서늘한 곳으로 이동해야 할 필요를 별다르게 느끼지 않을 것이다.

북쪽으로 간 붉은 여우

최근 《네이처》에 실린 두 개의 기사는 아주 무시무시한 멸종을 예견하고 있다. 이들 연구들 중 하나는 스탠퍼드의 테리 루트가 이끌었는데, 그녀의 공동 저자들 중에는 황금두꺼비로 유명한 앨런 파운즈가 있고, 지구온난화가 인간에 의해 만들어지고 아주 위험한 것이라는 이론을 옹호하는 것으로 유명한 그녀의 남편 스테판 슈나이더가 있다. 그들의 논문 제목은 "지구온난화가 야생 동식물들에게 남긴 흔적들"이고 2003년 1월 16일자 《네이처》에 발표되었다.[28] 《네이처》 같은 호에 발표된, 텍사스 대학의 카밀 파머산의 연구의 제목은 "전체적으로 일치하는 기후 변화의 자연 시스템에 끼친 인간의 영향력"이다.[29]

놀랍게도 스탠퍼드와 텍사스 팀에 의해 검토된 어떤 연구도 멸종의 위협을 담고 있지 않다. 루트의 연구에서 언급된 내용들 중 멸종의 위협에 가장 가까운 것으로는 붉은 여우의 서식지가 북미와 유라시아에 서식하는 북극 여우의 남쪽 서식지로 넓혀진 것을 들 수 있겠다. 그렇지만 정확히 말해서 이것은 멸종이 아니라 서식지의 바뀜 혹은 교환이다. 아이슬란드 대학의 팔 헤르스테인슨과 알래스카 대학의 더스티 맥도날드는 여우 서식지의 변화는 먹이 때문이라고 결론지었다. 북극 여우는 나무가 없는 북극에서 주로 서식하며 레밍스(lemmings)나 보래(vole) 같은 쥐들을 잡아먹는다. 좀 더 큰 붉은 여우는 과일을 포함해

좀 더 다양한 먹이를 먹기 위해 밀림이나 초지에서 서식하는 것으로 알려졌다. 그러나 붉은 여우는 청백색 털이 있는 북극 여우에 비해 나무가 없는 북극의 툰드라에서는 큰 짐승들을 피해 숨는 데 불리하다.[30]

온난한 기온으로 인해 지난 150년간 나무와 관목 그리고 붉은 여우들은 더 북쪽으로 이동했다. 그러나 북극 여우가 생존하기 위한 충분한 땅과 먹이가 있었다. 만약 붉은 여우의 서식지가 북쪽으로 팽창됨에 따라 북극 여우의 먹이가 부족하게 되었다거나 북극 여우들의 서식지가 없어졌다면 어떤 일이 일어났을지 알 수 없다. 분명한 것은 이 여우들이 지금 우리가 직면하고 있는 온난화보다 훨씬 급격한 기후 변화가 진행됐던 시기에도 살아남았다는 것이다. 참고로 간빙기 초기의 북극 온도는 지금보다 2~6도가량 높았다.[31]

생존 한계선의 확장

신문의 머리기사에나 나올 법한―백만여 종의 생물이 사라져버릴 것이라는―크리스 토머스의 연구는 루트와 파머산의 연구 그리고 『종의 멸종이라는 망령』 이후에 씌어진 것이다. 그러나 그의 팀이 진행한 연구가 루트의 분석에 포함되었는데, 놀랍게도 그 연구는 토머스가 2004년 《네이처》에서 주장한 논제―즉, 종은 그 서식지가 '생존 지역 경계선'으로 한정되고, 이 경계선을 넘어서는 생존할 수 없다―를 완전히 부인하고 있다.

토머스의 연구팀은 2001년 논문에서 오랫동안 인정되던 '동물들의 서식지역은 크게 변하지 않고, 그 서식지들은 지형적으로 어느 정도

거리를 두고 분리되어 있다'라는 개념을 다시 언급하면서,[32] '많은 종들의 서늘한 한계선' 분포가 근래의 지구온난화와 관련하여 급격히 팽창되어 왔음을 제시하였다.[33]

이 저자들은 두 종의 나비들을 분석함으로써 놀랄 만한 사실을 발견하였다. 나비들은 "서식할 수 있는 폭을 다양한 지역으로 넓힌다는 것이다." 2001년 토마스의 보고서는 최근에 발견된 귀뚜라미 개체군 자료를 분석한 결과 장날개군(산포형군) 귀뚜라미가 차지하는 수가 늘어난 것으로 보인다고 언급했다.[34] 장날개 귀뚜라미는 새 서식지를 찾아 더 멀리 날아갈 수 있었기 때문일 것이다.

이러한 적응력에 관해 토마스 연구팀은 한 논문에서 다음과 같이 결론짓고 있다.

"곤충들의 서식 범위가 넓어지고 다양해지면서, 서식지 팽창률이 약 3~15배로 증가하게 되었다. 이는 곤충들이 그 전에 존재하던 서식지의 경계를 넘나들 수 있게 되었다는 것을 뜻한다."[35]

명백히 나비와 귀뚜라미 개체군들의 변화는 토마스의 전체 논제인 '생존 보호막'을 좋게 말하면 부적절하게 만들었고, 사실대로 말하면 전혀 다른 것으로 만들었다. 이 보고서는 루트의 분석 이전에 씌어졌으며, 루트의 분석에서 대규모 멸종이론을 뒷받침하는 몇 안 되는 연구들의 하나로 선택되어 포함된 것이다.

다른 생물학자들은 종의 적응 능력에서 다른 추가적 증거들을 발견해왔다. 1990년대 생물학자들은 뉴욕에 있는 허드슨 강 폰드리 코브(Foundry Cove)의 오래된 공장 부근 진흙 지렁이들이 캐디움(Cadium)

에 대한 엄청난 내성을 키워왔음을 보고했다. 스토니브룩 뉴욕대의 진화생물학자인 제프리 레빈튼은 "캐디움 내성의 진화는 30년 이내에 일어난 것이다"라고 말했다. "이런 빠른 진화적 변이 능력은 가공할 환경의 도전에 맞선 놀랄 만한 것이다." 자연상태의 어떤 지렁이도 폰드리 코브에서와 같은 인간이 만든 조건에 맞닥뜨리지 못했을 것이다. 높은 농도의 독성에 내성을 갖는 그 급격한 진화는 흔한 것으로 보인다. 새로운 살충제가 개발 사용될 때마다, 내성 병충은 보통 몇 년 안에 생긴다. 항생제 사용에 따른 박테리아의 내성도 그러하다.[36]

남극에 서식하는 어류인 파고테니아 보크레비키(Pagothenia Borchgreviki)는 남극해가 지난 1,400만 년간 유지해온 섭씨 −1.9도(연간 0.3도 미만의 변동이 있음)보다 따뜻한 섭씨 9도까지의 온도를 견디는 것으로 알려졌다. 따라서 이 물고기는 지구온난화로 남극이 완전히 녹는다 하더라도 살 수 있다고 2004년 와이카토 대학에서 열린 뉴질랜드 남극학회에서 발표한 뉴질랜드 대학원생인 카라 로이는 말한다.[37]

2004년 옥스퍼드 아카데미 소속의 한 단체는 신문에 '거대 멸종'에 대한 자신의 비평을 담은 글을 "기후 변동과 멸종에 울부짖는 늑대"라는 제목으로 발표하였다.[38] 네 명의 저자는 옥스퍼드의 지형학과 환경학과의 생물다양성 연구 단체의 회원들이다. 그들은 환경단체들이 돈을 더 모금하고자 기후 변동의 위협을 과장한다고 비난하였다. 그 중 한 사람인 폴 젭슨 박사는 "기후 변동을 컴퓨터 모형으로 만들어 계산하려고 노력하는 것이 가장 이론적인 접근 방법이 되겠지만, 아직은 그러한 모형을 이용해 종에 대해 이렇다 저렇다 예측하는 것은 불가능하다"라고 말했다. 그 학회의 또 다른 회원인 리처드 래들 박사는 2050년까지 멸종 위기를 당할 것이라고 예견된 대부분의 종들은 사실

멸종되지 않을 것이라고 말했다.[39]

종이 번성하고 있다

루트와 파머산의 연구결과들은 거대 멸종론을 뒷받침하는 대신, 지구온난화와 이산화탄소의 증가로 종이 번성한다는 아이드소 뢰할의 주장을 재차 확인하고 있다.

파머산은 지난 한 세기 동안 북유럽에서 발견되는 52종의 나비 서식지 북쪽 경계선과 남유럽과 북아프리카에서 발견되는 40종의 나비 서식지 남쪽 경계선을 조사하였다. 그는 이 시기 동안 유럽의 기온이 0.6도 상승했으며 "거의 모든 종들의 서식지 북쪽 경계선들이 북쪽으로 올라간 반면, 남쪽 경계선은 그대로 유지되었다"고 지적하면서 "결국 대부분의 종들이 그들의 서식 범위를 넓힌 것이다"라고 결론지었다.[40]

1970년과 1990년 사이에 크리스 토머스는 많은 영국 새들의 분포 변화를 보고하면서,[41] 남쪽형 종들의 북쪽 경계선은 약 19km가량 북상했고, 북쪽형 종들의 남쪽 경계선은 변화가 없음을 밝혔다.

알프스 지역 중간에 위치하고 있는 26개의 산 정상에 서식하는 식물 종들을 연구한 결과를 보면 "지난 몇 십 년 동안 식물들이 번성하였는데 특히 낮은 고도에서 이러한 현상이 두드러지게 나타난다"고 밝히고 있다. 즉, 산의 정상 쪽은 생물다양성이 약간 감소한 반면, 낮은 고도에서는 종의 번성이 두드러졌는데 이는 낮은 고도에 서식하는 식물들의 서식 범위가 높은 곳으로 확장했다는 것을 나타낸다.[42]

비엔나 대학의 헤럴드 파울리는 유럽 알프스의 30여 개 산 정상에 있는 식물들을 조사하였는데, 그 헤아려진 종의 수는 역사적으로 1895년까지 거슬러 올라간다. 그는 1920년 이후 산 정상의 기온은 2도 올랐고 지난 30여 년간 1.2도 증가했다고 말했다. 30개의 산 중에 9개의 정상은 종의 수에서 아무런 변화가 일어나지 않았으며, 11개의 산은 평균 약 59%의 증가가 있었고, 하나에서는 경이롭게도 종의 수가 143%나 증가하였다. 정상에 서식하는 고유 식물 종들이 새로운 저지대 식물의 번성으로 지나치게 많아졌을까? 30개의 정상에서 평균 15.57종의 0.68%가 사라진 것으로 보인다.[43] (그곳에서 사라졌다는 것일 뿐, 멸종되었다는 증거는 없다.)

이베리안 반도와 지중해 연안에서 지난 30여 년간 기온이 상승하면서, 그곳에 자생하는 열 민감성의 식물들은 "이전에는 전혀 서식하지 않았던 더 서늘한 섬으로 서식지를 확장"하는 것으로 대응해왔다.[44]

중앙 네덜란드 지역의 기온이 상승함에 따라 지의류 수는 1979년 95개에서 2001년 172개로 증가하였다. 에인트호벤 대학의 판헤르크 (C. M. Van Herk)는 지역당 평균 지의류의 종의 수가 7.5에서 18.8로 증가하였음을 발견하였고,[45] 다시 한 번 기온 상승이 종의 번성을 초래한다는 것을 뒷받침했다.

영국 토양생태학회의 에미 폴라드는 영국 교외지역에 흔히 볼 수 있는 18종의 나비를 보면, "대부분 [온난기에] 종이 번성하고 있고 이는 영국 서부보다는 동부에서 더 두드러진다"고 말한다.[46]

온난수종의 플랑크톤은 영국해협 서쪽의 온난화와 한랭화에 대해 지난 70여 년간 120마일까지 위도를 변경하며 그 수를 2∼3배가량 늘리거나 줄이면서 대응해왔다고 영국 해양생물연합의 사우스워드는 지적하고 있다.[47]

파머산과 요히의 추가 연구들

남극의 아델리(Adelie) 펭귄은 번식하려면 얼음을 필요로 하지만, 반면 턱끈 펭귄은 얼음이 없는 물을 선호한다. 스미스는 남극반도 서쪽에서 아델리 펭귄이—온난화 때문에 턱끈 펭귄이 생존에 유리해져서—감소하고 있음을 발견했다. 한편, 로스 해(Ross Sea)의 턱끈 펭귄은 반도가 아닌 남극의 97%가 더 추워져서 애를 먹고 있다.[48]

뭐가 놀랍냐고? 기동성이 있는 두 종의 펭귄들은 그들이 선호하는 먹이가 있고 생장 조건이 좋은 지역으로 이주해왔다. 물론 서식지가 적합하지 않아 그 개체수가 감소하기도 하였다. 다행히 남극의 모든 얼음을 온난화로 녹이는 것이나 남극의 얼지 않은 바다를 장기간의 추위로 얼리려면 수천 년이 걸린다. 1,500년 기후 사이클을 겪으면서 이 두 종의 펭귄들 역시 이주해 새로운 지역에서 적응하며, 멸종하지 않고 생존해갈 것이 확실하다. 남극 반도가 온난해지면 남극의 고지대에 서식하는 두 식물 종들이 번성했음을 보여주는 연구결과들도 있다.[49]

캘리포니아 퍼시픽 그로브(Pacific Grove)의 암석 간조지대에 사는 무척추류는 움직일 수 없어도 그 수는 변한다. 1931년~1933년에 조사되고 1993~1996년에(0.8도의 기온 상승 이후) 다시 조사된 바로는 무척추류는 11종의 남방형 종 중 10개 종이 번성한 반면 7종의 북방형 중 5종은 감소하였다.[50]

1948~1950년의 알래스카 브룩 산맥 그리고 북극 해안을 대조할 수 있는 새로운 사진들이 찍혔는데, 같은 지형의 반 이상에서 "관목의 높이와 지름이 눈에 띄게, 어떤 경우에는 극적으로 확대된 것과 관목 서식지의 팽창"이 발견되었다.[51]

루트의 주요 연구논문들을 보면 주로 종들은 언제 어디서든 가능한 서식지를 넓히려는 성향이 있다는 것을 알 수 있다(북극을 생각하면 기온과 이산화탄소 농도가 상승한다는 것이 감사할 일이 아니겠는가?).

미국 서부지역의 조류들은 기후가 온난해지자 서식지를 방대한 지역 그리고 큰 기후 차이가 나는 곳으로 확장하고 개척해가고 있다. 버클리 대학의 존슨은 "오두본(Audubon) 답사 노트, 미국의 조류들"에서 24종의 조류를 기록한다. 그는 "4종의 북방형은 남쪽으로, 3종의 동방형은 서쪽으로, 14종의 남서방형과 멕시코형은 북쪽으로, 대분지 콜로라도 고원지대형은 방사형으로, 대분지 로키 산맥 아류형은 서쪽으로 넓혀갔다"고 한다.[52]

멸종이란 무엇인가?

온난화로 인한 대규모 멸종이론을 지지하는 몇 개의 연구 보고서를 보면, 생물학자들이 '멸종'을 오해하고 있다는 점에서 가히 충격적이다. 어떤 생물학자들에게 효과적인 보호는 지역의 나비와 야생화의 모든 개체군들이 그대로 보존되는 것을 의미한다. 이는 계속적이고 거대한 지구 기후 변화에서는 (인간 또한 영향을 미치고) 분명코 불가능한 일이다. 어떤 생물학자들은 점점 더 많은 지역 개체군을 별개의 종으로 정의하려고 하는데, 이는 구실에 불과하다. 최근 《사이언스》에 실린 한 기사는 모든 것을 보호하려는 생물학자들의 광적인 욕구에 대해 쓰고 있다. "여기서부터는 내리막길"이라는 글에서 케빈 캐리이크는 작고 귀여운 새앙토끼(Pikas)들에게 닥치리라 예상되는 위험을 통탄하고 있다.

> "지구의 기온이 오르면서 새앙토끼의 수는 광대한 산맥들에서 곤두박질하고
> 있다. …… 과학자들은 기온이 이렇게 계속 상승하면서 많은 알파인 동식물
> 들의 수가 감소되거나 멸종될 것이라고 염려하고 있다. 모든 지역의 생물체
> 들이 어떤 식으로든 온난화에 적응하고 있지만 산소나무와 같이 추운 지역
> 을 선호하는 극지방 종들은 그러기가 상대적으로 어렵다. …… 단지 3%를
> 차지하는 툰드라 지역은 이런 극지방 종들의 노아의 방주인 셈인데, 이 툰드
> 라 지역이 따뜻한 저지대에 둘러싸여 위협받고 있는 것이다."[53]

캐리이크는 서문에서 새앙토끼는 그 동물학적 계에서 가장 강한 포
유류 중 하나라는 점을 잊은 것 같다. 그가 말한 대로 "건널 수도 없는
저지대라는 바다에 둘러싸여서" 새앙토끼는 저지대의 경쟁에서 살아
남을 수 없을지 모른다. 그러나 새앙토끼가 더 서늘한 산 정상을 찾아
조수를 타고 여행하여 새로운 서식지를 찾게 될 것으로 보인다.[54]

"지역적 멸종"이란 말은 없다

《네이처》에 실린 파머산의 논문 또한 멸종이란 말을 왜곡해서 쓰고
있다. 파머산은 역사적으로 유피드리아스 에디타(Euphydryas editha)의
서식지라는 기록이 있는 115개의 북미 지역에서 에디트 바둑판 점박
이(Edith's checkerspot) 나비의 수를 세었다. 그녀는 그 지역들을 "멸종
혹은 유지"로 분류하였다. 그녀는 바둑판 점박이 나비가 더운 멕시코

에서 서늘한 캐나다보다 4배나 더 '지역적 멸종'의 위기에 있는 것을 알게 되었다.

그러나 '지역적 멸종'이라는 말은 없다. 멸종은 "더 이상 존재하지 않음", "죽어 없어짐", "영원히 없어짐"을 의미한다. 파머산은 여기서 단순히 이주한 것을—북쪽으로 이주한 곳의 주소까지 남기면서—의미하는 것으로 쓰고 있다. 나비들은 기후 변동에 매우 잘 대적하고 있다. 이것은 지구와 같이 기후 변동이 다양한 곳에서 나비들이 적응해왔으리라 기대할 수도 있는 것이다.

파머산의 연구는 에디타의 바둑판 점박이 나비 개체군이 미국 서부 대부분에서 살아남고 있음을 확인했다. 샌디에이고나 바자 캘리포니아 같은 극 남쪽 지역에서는 그 수가 과거에 비해 적어졌음을 알아냈다. 그러나 광활한 캐나다가 더워지면서 나비들이 선호하는 기후 조건으로 되고 있다.

끝으로 우리는 동식물들이 멸종되지 않기 위해 강하게 저항하려는 경향이 있다는 것과, 심지어 사람들이 멸종되었다고 생각할 당시에도 어디선가 생존하고 있을지도 모른다는 사실을 알아야 할 것이다. 멸종되었다고 생각된 아이보리부리 딱따구리는 최근 동부 알칸사스의 두 밀림에서 살고 있음이 확인되었다.[55] 미국 자연보호회는 최근 3종의 "멸종된" 달팽이를 앨라배마에서 발견했고, 캘리포니아 식물학자는 마운트 디아브로 메밀을 1936년 이후 처음으로 발견하였다. 1974년 이후 북미의 자연유산 조사에서 적어도 24개의 다른 "멸종"된 종이 다시 발견되었다.[56]

탈색되는 산호초

"산호초 내에 사는 미세 해조인 황록공생조류(Zooxanthellae)가 온도에 매우 민감한 이유로 산호초는 해수 표면의 지속적 온도 상승 결과를 피할 수 없을 것이다. 산호의 색깔과 그 먹이가 이들 해조로부터 오고 따라서 이 해조류 없이 산호는 생존할 수 없다."[57]

"1998년 몇 주 동안 인도양 수온이 1도 상승함에 따라 산호의 80~90%가 파괴되었다"고 마크 스팰딩은 말한다. "몰디브(Maldive)와 세이셸(Seychelles)의 전체 산호초가 거의 다 죽었다."[58]

"세계에서 가장 크고 다양하다는 필리핀의 산호초는 그리 오래가지 않을 수도 있다. …… 발리에서 열린 심포지엄 마지막 날에 환경단체 그린피스(Greenpeace)가 발표한 산호초에 관한 새로운 연구에 따르면 지구온난화로 인해 태평양은 현 세기말까지 대부분의 산호초를 잃을 것이라고 한다."[59]

높은 온도로 세계의 산호초들이 죽어가고 있다는 주장은 지구온난화 활동가들에게 상당히 유용한 무기가 되었다. 산호초와 화려한 색의 물고기들을 이용하면 그들이 주장하고자 하는 내용을 감정적으로 호소하기가 쉽기 때문이었다. 문제는 높은 온도가 산호초를 죽인다는 이론 자체가 설득력이 없다는 데 있다.

산호초는 4억 5천만 년의 기원을 거슬러 올라가고 오늘날의 산호초들은 최소한 2억만 년은 된 것이다. 지난 2백만 년 동안만 해도 산호초는 17번의 빙하기와 그 사이의 간빙기들을 겪었다. 이런 간빙기를 거치면서 급격한 온도 변화에 반복적으로 노출되었고, 해수면도 지난 빙하기 동안 400피트가량 변화하였다.

태평양의 온도 변화는 엘니뇨-남방 진동과 관계가 있고, 그로 인해 태평양의 온도는 매 4~7년의 주기로 변한다. 1998년 엘니뇨는 태평양의 대부분 지역에 온도를 높여 특히 인도양에서 대규모로 산호초를 탈색시켰다. 그것이 바로 이른바 산호초 전문가란 사람인 마크 스팰딩이 대규모의 산호초가 죽어간다고 한 것의 진상이다.

그러나 잠깐, 탈색은 산호초가 온도 변화에 적응해가는 방식일 뿐이다.[60] 오스트레일리아 퀸즐랜드 대학의 존스 교수는 80일간 해온이 하루 평균 2.5도 상승해 그레이트배리어리프(Great Barrier Reef)가 부분적으로 탈색했다는 주장을 했다.[61] 그러나 캐나다의 코블럭과 리센코는 캐리비안 해에서 18시간 동안 해온이 3도 하락해 산호초가 심하게 탈색된 것을 발견했다.[62] 여러 새로운 연구로 산호초의 탈색은 급격한 온도 변화에 대응하는 방식임이 알려졌다.

버펄로 대학의 신시아 루이스와 메리 엘리스 코프로트는 고의적으로 일부 산호초에 탈색을 유도하였다. 반응으로 실험군은 99%의 공생 해조류를 내뿜었다. 그 후 연구자들은 탈색된 산호초를 실험 시작에는 없었던 희귀 해조 변이에 노출시켰다. 몇 주 안에 산호초는 상당량의 해조류를 다시 채워가기 시작했고 그 반이 새로 표시된 해조류였다. 후에 표시된 해조류는 좀 더 효과적인 해조류로 산호초 내에서 교체되었는데, 이것은 산호초가 해양에 떠다니는 많은 해조류에서 가장 적합한 공생의 파트너를 고르는 것을 의미한다.[63]

루이스와 코프로트는 산호초군의 바람직한 유연성을 보여주는 것이라고 하였다. 산호초 시스템은 전체 환경에서 [적절한] 해조류와 공생 관계를 만드는 유연성이 있고 이것이 환경 변화에 탄성을 갖게 되는 방식이라고 한다.[64]

《사이언스》 2004년 6월호에서, 오스트레일리아 제임스 쿡 대학의
안젤라 리틀과 오스트레일리아 해양과학회의 마덜린 오펜은 루이스와
코프로트의 발견을 반복하였다. 그들은 오스트레일리아 그레이트배리
어리프의 다양한 곳에 타일을 붙여 그 타일에서 자란 유년 산호에서
나온 해조류를 채취하여 연구하였다. 그 연구에서 어린 산호들은 어떤
해조류와도 공생을 시도하는 것으로—잠재적인 적응 특성—나타났
다.[65]

지구온난화가 산호초를 죽인다는 생태활동가들과 생물학자들의 주
장은 다시 한 번 틀렸다. 어쨌든 과학은 이미 산호초와 지구온난화가
아무런 관계가 없다는 판결을 내린 것이다.

설득력이 없는 멸종론

우리는 지구온난화로 인해 거대한 멸종이 있을 것이라는 이론과 현
실 세계의 증거를 살펴보았다. 우리는 지구온난화로 인해 엄청난 수의
종들이 죽게 되리라는 것이 그 어떤 설득력 있는 합리성도 없다는 것
과 지구가 최근 경험하고 있는 온난화로 어떤 야생종도 사라지지 않았
음을 확인했다. 그보다 지구의 기후가 변동하는 것에 맞춰 종들은 효
과적으로 자신들의 서식처를 유지하거나 확장했음을 알 수 있었다. 종
들이 이동했다는 사실로 인해 온실 이론의 완고함에 반대하고 1,500
년 기후 사이클 이론의 유연함에 동조한다는 점이 입증된다.

우리는 이론적으로나 증거들로나 높은 이산화탄소의 농도가 식물
이—그로 인해 결국 다른 생물들 또한—피해 없이 심지어 에너지 손

실 없이 높은 온도를 받아들일 수 있게 돕는다는 것을 알았다. 멸종이론가들이 계속해서 이것을 간과하는 것은 변명의 여지도 없다. 야생생물학자들은 이산화탄소에 대한 대부분의 연구가 이루어지고 있는 농업대학에서 주는 충고를 아마 쉽게 받아들이지 않을 것이다. 하지만 이산화탄소의 연구는 그럼에도 불구하고 지구온난화 위협이론에 주요 쟁점이다.

그리고 지구온난화로 하나의 종―황금두꺼비―이 멸종되었다는 주장은 저자에 의해서든 《네이처》 편집자에 의해서든 어떤 단서 없이 함부로 제기되어서는 안 된다는 것을 알았다. 둘 모두 해수표면 온도 상승이 황금두꺼비를 사라지게 했다는 주장을 반박하는 밀림의 파괴에 대한 연구를 읽었어야 했던 것이다. 우리는 그 저명한 생물학자 크리스 토머스가 이미 스스로 반박한 바 있는 거대 멸종이론에 대해 주장하고 있음을 알았다. 유명한 생물학자 카밀 파머산도 권위 있는 과학 잡지에 근거도 약하고 과장된 글을 쓰고, "지역적 멸종"이라는 잘못된 용어를 기후 온난화의 위험을 과장하기 위해 쓰고 있다는 것도 알았다. 끝으로 생태활동가들과 생물학자들이 지구온난화가 산호를 죽인다고 주장하지만, 과학은 이미 지구온난화와 산호는 아무 관계없다고 밝혔다.

대중들이 조롱당하고 있다. 엉터리 환경운동가들―우리는 경계해야 한다―에게 속아오고 있다. 또한 우리는 우리에게 믿을 만한 정보와 바람직한 비판, 다른 의견들을 제공할 의무가 있는 언론들에게 속아왔다. 그리고 정부의 연구자금을 받아 일하고 있는 고도로 훈련된 전문 과학자들에게 속아오고 있다.

손으로 즐기는 과학 매거진 《메이커스: 어른의 과학》
직접 키트를 조립하며 과학의 즐거움을 느껴보세요

vol.1

70쪽 | 값 48,000원

천체투영기로 별하늘을 즐기세요!
이정모 서울시립과학관장의
'손으로 배우는 과학'

make it! **신형 핀홀식 플라네타리움**

vol.2

86쪽 | 값 38,000원

나만의 카메라로 촬영해보세요!
사진작가 권혁재의
포토에세이 사진인류

make it! **35mm 이안리플렉스 카메라**

vol.3

Vol.03-A 라즈베리파이 포함 | 66쪽 | 값 118,000원
Vol.03-B 라즈베리파이 미포함 | 66쪽 | 값 48,000원
(라즈베리파이를 이미 가지고 계신 분만 구매)

라즈베리파이로 만드는
음성인식 스피커

make it! **내맘대로 AI스피커**

vol.4

74쪽 | 값 65,000원

바람의 힘으로 걷는 인공 생명체
키네틱 아티스트
테오 얀센의 작품세계

make it! **테오 얀센의 미니비스트**

일본어판 《大人の科学》 시리즈 판매 중

자동으로 글씨를 쓰는 팔, 미니어처 특수촬영 카메라 등 다양한 시리즈를 만나보세요

제7장
인류 역사에 나타난 지구 기후 변화

역사서들을 보자.

"1779년 11월 10일경 눈이 쏟아지기 시작하더니 다음해 3월 중순까지 거의 매일 눈이 내렸다. 그 '잔혹한 겨울'은 미 북동지역을 거의 마비상태로 만들었다. 포트 넥(Fort Neck)에 살았던 존스 판사는 그의 책에서 식량을 가득 실은 200대의 썰매들이 기마병 200명의 수호를 받으며 뉴욕에서 스태튼 섬 사이 5마일의 거리를 분주히 다녔다고 전하고 있다. 영국 사람들은 스스로를 방어하기 위해 맨해튼으로부터 꽁꽁 언 거리를 가로질러 대포들을 옮겼다. 《뉴욕 패킷》(The New York Packet)은 뉴욕시의 기온이 영하 16도까지 떨어졌다고 전하고 있다. 냉혹한 추위가 동부지역 메인 주에서부터 조지아 주까지 엄습했다."[1]

"라이프(Leif)가 이로운 해안가라 불렀던, 라브라도(Labrador)—200피트 폭의 빽빽한 숲이 백사장을 따라 40마일에 걸쳐 펼쳐져 있는 해안—는 지형적 특색 덕분에 바이킹들이 북미에서 여행한 경로를 더듬어 올라갈 수 있다. 그

해안가는 여전히 존재하고 있으며, 비교적 정확한 경로들을 제시하고 있는 바이킹의 민담집에 언급되어 있다. 바이킹 족들은 1960년 란세오 메도스(L'Anse-aux-Meadows)에 정착했다. 거기에서 바이킹들은 포도를 발견했고, 새롭게 발견된 땅은 한때 '빈란드'(Vinland)라고 불렸다."[2]

"프랑스 몽블랑 근처에서 도래한 빙하기는 1600년과 1610년 사이 세 마을을 완전히 파괴시켰고, 마을 하나를 심각하게 손상시켰다. 이 중 가장 오래된 마을은 1200년대 이후 여전히 존재하고 있다."[3]

기후를 알기는 어렵다

본격적인 10만 년의 빙하기들 사이 지구의 기후는 자연적이고 불규칙적인 1,500년 주기의 사이클에 의해 정해져 왔다. 가장 최근의 사이클들을 예로 들어보면 약 기원전 200년에 시작한 로마 온난기와 이와 짝지을 수 있는 기원 후 900년에 끝난 암흑기를 포함하고 있다. 중세 온난기와 이에 잇따른 소빙하기가 900년부터 1850년 사이에 지속되었다. 그렇다면 우리가 겪고 있는 현대 온난기(1850년~현재)가 다음 기후 사이클의 한 부분이 아닐까?

사람들은 당시의 기후를 인식하지 못한다. 그들은 그저 좋은 날씨를 즐기거나 혹은 아주 나쁜 날씨를 겪고 있다는 정도만 인식하는 것이다. 1,500년 주기의 기후 사이클은 인간이 인식하기에는 너무나 길고, 그 변화 정도 역시 강하지 않다. 우리들은 최근에 들어서야 빙하기들 사이의 기후를 지배하는 길면서도 강도가 강하지도 약하지도 않은 사

빈란드와 그 주변을 보여주는 옛지도

이클을 이해하기 시작했다.

우리들은 지구온난화에 대해 떠들어대는 시끄러운 언론 때문에 기후 변화가 극적인 현상인 것으로 인식하게 되었다. 사실은 지구온난화를 지켜보는 것은 풀이 자라는 것을 지켜보는 것보다 훨씬 단조로운 일이다. 그 변화는 주로 어느 겨울밤의 온도가 약간 더 높았다든가 낮았다든가 하는 식이다. 그리고 폭풍들은 지구상에 항상 있어왔다. 적도에서는 강수량의 변화가 기후 변화를 반영하는데, 가뭄과 홍수가 항상 있다는 것을 알 수 있다.

단지 극소수의 사람들만이 실제 자신들이 사는 알프스 마을들이 소빙하기 동안 거대한 빙하 덩어리에 의해 부서지는 것을 보았다. 단지 소수의 사람들만이 스코틀랜드의 어느 해안가에서 에스키모 인들의 배들을 잠깐 보았을 뿐이다.

중세 온난기 후반부에 알프스 동쪽 언덕 상부로 이주해온 슬라브 사람들은 그 땅이 지난 한랭기 동안 버려졌었다는 사실을 깨닫지 못했다. 그들은 아마도 초기 독일 거주자들이 그렇게 높은 곳까지 올라오지 않아도 될 만큼 부유했었나보다라고만 생각했을 것이다. 기후에 대해서 전혀 개념이 없었던 그들은 새롭게 정착한 그들의 보금자리를 오랫동안 유지하지 못하게 될 것이라는 점을 몰랐다.

급작스러운 기후 변화조차도 대중의 관심을 얻기 위해서는 한 세기가 걸릴 수 있다. 우리가 현재 겪고 있는 현대 온난기는 약 1850년에 시작했지만 1920년과 1940년 사이에 나타났던 강한 온난화 신호가 포착되기 전까지 이를 알아차린 사람은 거의 없었다.

세계의 여러 지역은 추운 겨울과 찌는 듯한 더위, 폭우와 폭설 그리고 가뭄을 계속 겪었다. 태풍들과 풍설, 혹한을 동반한 풍설, 그리고 홍수가 계속 되었다. 로마 사람들은 역사상 아주 중요한 온난기들 중의 한 시기를 겪으며 살았는데, 그들이 남긴 역사서에서 그 흔적을 찾기란 힘들다. 단지 포도 넝쿨이 점차 북쪽으로 뻗어 올라갔다는 사실과 올리브 나무들의 식생분포에 대한 기록만이 로마 온난기를 암시하고 있을 뿐이다.

로마 사람들이 암흑기의 지구 한랭기를 맞을 즈음 그들은 야만 부족들의 침입에 대처해야 했다. 로마인들도 바바리안들도 무기와 전쟁에 대한 생각으로 장기간 기후 변화 사이클에 대해서 생각하지 못했을 것이다. 한랭한 기후에 의해 퍼졌던 가뭄과 기근 때문에 중아시아의 바바리안들이 로마인들을 공격했을 것이라는 것을 이해하게 된 것도 오늘날에 들어서이다.

900년과 1850년 소빙하기 사이 온난기/한랭기 사이클을 겪으며 살았던 아이슬란드 인들은 지구상에서 가장 기후 변화에 영향을 많이 받았던 사람들 중의 하나였다. 이 시대에 쓰였던 서적들과 공식적 기록들이 지금까지 남아있고, 이보다 훨씬 이른 역사적 사료들이 있지만, 1920년대까지 아이슬란드 사람들은 장기적 기후 변화가 아닌 주기적으로 나타나는 나쁜 날씨들을 대처했었을 뿐이었다.

그러나 우리들의 조상들조차 기후가 바뀌고 있었다는 것을 인식하지 못했을 때, 기후 변화는 수도원 연대기들, 중세 재산 장부들, 법적 서류들, 정부기관 보고서들, 부두 기록들, 그리고 무수히 많은 여행자들, 학자들, 소설가들이 쓴 서적들에 기록되었다. 이것들은 우리들이 시간을 거슬러 여행하도록 도와주는 중요한 열쇠가 될 것이다.

기원전 750년~기원전 200년경─로마 온난기 이전의 한랭기

이집트인들에게서 나온 자료들을 보면 기원전 750년경에서 450년경 사이에 한랭화가 진행되고 있었다는 것을 기록하고 있다. 이집트인들은 한랭하고 건조해지는 기후 때문에 나일 강의 범람으로 발생하는 혜택이 줄어들어는 것에 대처하기 위해 댐과 수로를 건설해야만 했다. 범람이 감소했다는 것은 빅토리아 강의 수위가 점차 낮아졌음을 보여주는 침전물들이 채취되었던 중앙아프리카에서도 역시 그 기록을 찾아볼 수 있다.

초기 로마 저술가들은 얼어붙은 티베르 강과 오랜 기간 땅 위에 쌓여 녹지 않은 눈에 대해서 썼다. 이런 일은 오늘날 생각조차 못할 일이다. 뿐만 아니라 로마 문명화의 초기에는 유럽의 빙하 지역이 남쪽으로 많이 뻗어내려 왔다는 자료들이 있다.

『기후와 인간의 환경』을 쓴 존 올리버는 "이렇게 빙하가 늘어나면서 해수면의 수위가 낮아졌다는 사실이 많은 문화적 유물들에서 발견되었다. 부두 시설들이 오늘날보다 훨씬 더 낮은 해수면 높이에 맞춰 만들어졌다. 이러한 현상은 지중해 지역에서뿐만 아니라 낮아진 해수면에 맞춰 만들어진 이집트 스위트워터 수로(Sweetwater canal)에서도 발견되었다"고 지적한다.[4]

기원전 200년~기원후 600년—로마 온난기

기원전 1세기 이후 로마사람들은 눈이나 얼음이 거의 없고, 포도와 올리브가 이탈리아 북부지역에서까지 자랐다는 사실들을 기록하며 훨씬 따뜻한 기후에 대해서 쓰기 시작했다.

"기원후 350년경까지 적도지역에서는 과다한 우기가 계속된 반면 북부지역의 기후는 훨씬 더 온난해졌다. 아프리카의 열대지역 강수는 나일 강의 범람을 증가시켰고 그 이전에 지어졌던 사원들은 침수되었다. 이즈음, 중앙아메리카에서도 역시 폭우가 잦았고, 열대성 유카탄 지역은 아주 습했다"고 올리버는 결론짓고 있다.[5]

영국의 이스트앵글리아 대학에 기후연구센터를 창설한 허버트 램은 과거 1000년 동안의 기후 변화에 대해 자료를 모은 최초의 사람이었다. 그는 로마인들이 기원전 150년경 로마에서 처음 포도를 재배했다는 기록이 있다고 말한다. 다른 보고서들 역시 로마시대를 거치는 동안 이탈리아와 유럽 기후가 훨씬 더 따뜻해지면서 지금보다 훨씬 추웠던 기원전 500년경으로부터 점차 온화한 기후로 바뀌고 있었다는 것을 확증하고 있다. 로마시대 후반까지 특히 기원후 4세기경에는 어쩌면 지금보다 훨씬 더 따뜻했을 것이라고 기록하고 있다.[6]

기원후 30년에서 60년 사이의 작가였던 로마인 콜루멜라는 "포도넝쿨과 올리브가 여전히 북쪽으로 뻗어 올라가고 있다"라고 쓴 동시대 다른 작가들의 글을 인용했다. 콜루멜라는 다음과 같이 덧붙였다. "사세르나는 천국의 위치가 바뀌었다고 결론지었다. 혹독한 날씨가 계속되어 포도나무와 올리브 나무들이 자랄 수 없었던 지역들이 지금은 따뜻한 날씨로 올리브와 포도가 풍작인 지역이 되었다."[7]

"지중해 기후는 오늘날과는 분명 다르다"고 올리버는 말한다. "오늘날은 겨울에 강수가 가장 많은 그 지역이 프톨레마이오스가 기원후 2세기에 기록한 날씨 자료들에 따르면 그 한해 우기가 1년 내내 계속되었다고 말하고 있다."[8]

로마는 또한 온난화가 시작될 때 해수면의 상승을 겪었다. 허버트 램은 약 1미터 정도 해수면이 상승했다고 추정하고 있다. 나폴리와 아드리아의 고대 항구들은 해수면이 지금보다 3피트 아래였다는 것을 보여주고 있다.[9] 북아프리카는 많은 양의 곡식들을 경작하기에 충분할 만큼 날씨가 습했다. 로버트 클레이본에 의하면 중아아시아는 기원후 300년경 기후가 따뜻해지면서 인구가 급격히 증가했다.[10]

나일강에 얼음이 얼다 : 440~900년

큰 기후 재난이 암흑기에 나타났다. 북아일랜드 퀸즈 대학의 마이클 베일리 교수는 나무 나이테를 연구한 결과 암흑기에 한랭기가 두드러 졌다고 말한다. 더구나 그가 "기원후 540년 사건"이라고 부른, 나무 나이테가 성장을 멈춘 특별한 기간에 대해 마이클 베일리는 지적하고 있다. 그는 이 시기에 범람한 습지의 참나무와 수목이 좁은 나이테를 보여주는데, 이것은 나무들이 갑자기 성장을 멈추었다는 것을 나타내 고 있다고 말한다. 기온이 떨어진 것이다. 베일리는 심한 폭풍이 스웨 덴과 칠레를 습격하는 반면, 여름철에도 남부 유럽과 중국 해안가에서 눈이 내렸다고 적고 있다.[11]

"나무들이 성장을 멈춘 것은 이해할 수 없는 현상이고 뭔가 무시무 시한 어떤 일이 벌어지고 있는 것이다"라고 베일리는 단언했다. "북아 일랜드와 영국뿐만 아니라 시베리아 북부 그리고 아메리카 북부와 남 부를 거쳐 전 지구적으로 어떤 현상이 일어나고 있다. 혜성, 유성, 지 진, 홍수들, 530년 후반의 기아에 잇따라 기원후 542년과 545년 사이 에 유럽에서 흑사병이 발생했다"고 베일리는 기록했다.[12]

비잔틴 역사학자들은 하늘에 수없이 많은 유성들이 있었다고 기록 했다. 이것은 단지 지나가는 것으로만 언급된 것이 아니었다. 왜냐하 면 지구와 거의 부딪힐 뻔한 유성들은 지구의 기후 패턴을 일시적으로 변화시키기에 충분한 유성 먼지를 일으킬 수 있기 때문이다. 역사학자 인 프로코피우스는 그 당시의 콘스탄티노플의 날씨를 묘사하면서 "태 양빛이 달빛처럼 1년 내내 약했는데 마치 태양이 일식을 겪고 있는 것 과 같았다"고 기록했다.[13] 에베소(Ephesus)는 "태양이 어두워지더니 그 어둡기가 19개월가량 지속되었다. 약 4시간가량 태양빛을 볼 수 있었지만 여전히 그 빛은 미약한 것이었다. 과실들이 익지 않았고 포도주역시 신포도 맛 같았다"라고 썼다.[14] 리디아 사람 존은 『드오스텐티스』(De Ostentis)에서 "태양이 거의 1년 내내 희미했고 과일 나무들이 죽었다"라고 썼다.[15]

올리버는 "8세기 가까워서 자료들은 뚜렷한 한랭기가 있었음을 나타내고 있다. 기원후 800년~801년 북해가 얼었고 829년에 얼음이 나일 강에 형성되었다"고 썼다.[16]

흑사병의 창궐과 소멸

아시아에서 300년과 800년 사이에 있었던 가뭄들이 중앙유럽과 아시아의 미개한 부족들로 하여금 서쪽에 살던 사람들을 공격하도록 했던 것일까? 독일 사람들은 이 기간을 동부유럽이 방랑하는 부족들에 의해 침공 당했다고(Volkerwanderungen), 즉 "방랑족의 전성기"라고 불렀다.

역사상 첫 거대 전염병이었던 흑사병은 아마 중동이나 동아프리카로부터 시작되었을 것이다. 가뭄에 의해 초래되었을 이 병은 쥐나 벼룩에 의해 퍼져서 면역성이 없었던 사람들에 전염되었을 것이다. 흑사병은 넉 달 만에 비잔틴제국의 시민들 20만 명을 죽음으로 몰아갔고, 연이어 동부유럽 사람들의 3분의 1, 서부유럽의 인구의 절반을 사망시켰다. 흑사병에 의해 사망한 사람들은 총 2,500만 명에 달했다.

선박들에 침입한 쥐들과 항해사들에 의해 흑사병이 빠르게 퍼졌을 것으로 짐작된다. 어떤 항구도시에서는 선원들이 하선하지 못하도록 했음에도 불구하고 쥐들과 벼룩들은 흑사병을 옮길 수 있었을 것이다. "흑사병은 희미한 태양빛에 의한 기근의 결과로 발생한 것처럼 보인다"고 비잔틴 역사학자 사이릴 망고는 쓰고 있다.[17]

이것은 "유스티아누스의 흑사병"이라고도 불리는데, 마침 황제 유스티아누스가 오래된 로마 제국을 다시 재건하려 할 때 발생했기 때문이다. 그는 미개인 부족들로부터 이탈리아를 재정복하려고도 시도했다. 유스티아누스의 흑사병은 로마인들에게 내린 신의 저주로 보였다. 흑사병에 의해 약해졌기 때문에 로마의 이전 동부 지방들은 632년 모하메드의 사망 이후 빠르게 팽창한 이슬람 민족들에게 넘어갔다.

흑사병은 이렇게 590년경 한 차례 세계를 휩쓸고 지나간 다음 중세 온난기가 소빙하기로 전환될 때인 약 1320년경 사라졌다. 기온이 떨어졌고 거대한 폭풍들이 대서양을 가로질러 휩쓸었으며, 아시아 대륙은 가뭄에 시달렸다.

따뜻한 중세—중세 온난기(900~1300년)

우리는 900년과 1300년 사이 오랜 중세기 기간 동안 세계가 아주 온화한 날씨를 가지고 있었다고 알고 있다. 이 기간은 역사적으로 중세 온난기 또는 소기후 최적기라고 알려져 있다(훨씬 더 따뜻하고 긴 홀로세 기후 최적기가 5000년 전과 9000년 전 사이에 나타났다).

유럽의 많은 유명한 성들과 교회들이 이 중세 온난기 동안에 지어졌는데, 이것은 이 시기에 농작물, 풍부한 식량, 그리고 주요 건축 프로젝트들을 수행할 노동력들이 충분했음을 간접적으로 나타내는 것이다. 허버트 램은 "다음 3,4세기 동안에 걸쳐 아주 높은 언덕 위에서도 경작이 가능할 만큼 기후가 계속 더워졌다는 것은 의심할 여지가 없다" 분명 중앙유럽의 수목 서식지 고도의 상한선이 17세기보다 100～200미터 더 높았다. 캘리포니아에서는 나무 나이테들이 유럽과 마찬가지로 기원후 1100년과 1300년 사이에 온난화 정도가 극에 달했음을 보여주고 있다.[18]

노르웨이 영웅담들과 기록서들은 우리들에게 노르웨이 사람들이 그린란드를 식민화한 것이 이 온난기 동안이었다는 것을 말해주고 있다. 이 개척자들은 대구를 잡거나 얼음이 없는 바다에서 바다표범들을 사냥하고, 소와 양들을 방목하면서 살았다. 지구과학연구소의 리처드 카처크는 다음과 같이 쓰고 있다.

"그린란드의 노르웨이 사람들이 묻힌 곳에서 나온 인간 화석들은 지금은 영구 동토로 덮인 지역에서 발견되었다. 이것은 노르웨이 사람들이 살던 그 당시 지역의 평균 기온이 현재보다 2도에서 4도 정도 더 높았음을 암시한다. 거기다 비슷한 장소에서 식물 뿌리들이 발견되었다는 사실은 이 가정을 더욱 확신시키는데, 영구동토층은 식물들의 성장을 막기 때문이다. 아메리카 대륙의 에스키모 인들이 그린란드의 북부지역 엘즈미어 섬과 뉴시베리아 섬들을 차지했다는 증거가 있다. 이 지역에서는 부락민들이 만든 주거지들과 고래사냥이나 낚시 등으로 발달된 큰 마을들이 있었다는 것을 볼 수 있는 고고학적 유물들도 발견되었다. 이러한 부락 형성의 경향은 기후 변화에 의해 점차 남방 지역으로 옮겨졌고, 그린란드의 남부에서 바이킹 식민지들과 충돌하게 되었으며, 바이킹 식민지들은 마침내 1400년대에 사라졌다."[19]

바이킹들은 새롭게 발견된 땅을 "빈란드(Vinland)"라고 이름 지었다. 앞에서 쓴 것처럼 포도 넝쿨들은 지난 1200년간 기후의 온난화와 한랭화를 간접적으로 나타내는 좋은 지표가 되어왔다. 예를 들어 영국의 둠스데이북(Domesday book)은 지금은 포도 재배가 불가능한 지역에서 포도나무들의 성장이 왕성했다고 지적하고 있다. 그러므로 유럽 북서쪽은 지금보다 기후가 훨씬 따뜻하고 건조했었다고 짐작할 수 있다.[20] 카처크는 다음과 같이 단언하고 있다.

"포도주를 만들기 위한 포도 재배가 1100~1300년 사이 영국의 남부지역에 걸친 넓은 지역에서 이루어졌다. 이것은 현재 포도가 재배되고 있는 프랑스와 독일보다 북쪽으로 약 500km 떨어진 곳에서도 포도 재배가 가능했다는 것을 나타낸다. 1400년이 되면서 기온이 떨어져 포도 재배가 불가능해졌고, 북부지역의 포도 농장들은 사라지게 되었다. 지구온난화가 진행되고 있는 지금도 북부지역에서 포도 재배가 여전히 불가능하다는 것은 주목할 만한 사실이다. 이 온난기에 독일의 포도 농장들은 해수면 위 750미터에서 발견되었다. 오늘날은 약 560미터 정도에 위치하고 있다. 이것은 상층으로 100미터 올라 갈수록 기온이 평균 0.6~0.7도 떨어진다는 것을 감안할 때, 그 당시의 평균 기온이 현재보다 약 1.0~1.4도 정도 더 높았다는 것을 의미하는 것이다."[21]

브라이언 패건은 소빙하기에 대한 그의 저서에서 중세의 온난화 영향을 다음과 같이 묘사하고 있다.

"1000년 이상 거의 큰 변화가 없었던 언덕이나 계곡 위 100~200미터 고도

지역에 부락이 형성되고 농경지가 늘어났으며, 삼림이 차지하는 면적이 사라졌다. 밀들이 트론하임(Trondheim)—스칸디나비아 반도의 절반가량 상부 지역에 위치—에서 자라고, 호밀과 같은 단단한 곡식들이 극지방에 가까운 말라간(Malagan)의 북쪽에서 재배되었다. 이렇게 농경지의 고도가 높아졌다는 것은 이 지역들의 여름 온도가 스코틀랜드에서와 마찬가지로 1도 정도 상승했다는 것을 암시하는 것이다. 선사시대 말기 동안 빙하기가 엄습하기 이전까지 수많은 구리 광산들이 알프스에 번창했다. 중세의 광부들은 빙하들이 점차 녹음에 따라 이 광산들을 다시 열었다."[22]

영국의 북부에 자리 잡은 도시 요크 지역에서 발굴 작업을 하던 고고학자들은 쐐기풀 벌레(Heterogaster Urticae)의 화석을 발견했는데, 이 벌레들은 오늘날 영국 남쪽의 햇살이 강한 지역의 쐐기풀에서 발견된다. 즉, 이 벌레들이 로마 온난기와 중세 온난기에는 훨씬 더 북쪽에 위치해 서식했다는 것이다. 이 또한 분명 기온이 오늘날보다 그 당시가 훨씬 더 높았다는 것을 의미한다.[23]

기후와 식량

기후가 대부분의 사람들에게 가장 크게 영향을 미치는 것은 바로 식량 생산을 통해서일 것이다. 유럽의 인구는 중세 온난기 동안 약 50% 정도 증가했다. 이것은 곧 식량 생산이 그보다 훨씬 더 증가했다는 것을 말한다. 농작물의 수확량이 부족했던 시기일수록, 인구는 식량 공급에 의해서 지배를 받았을 것이다. 살충제들이 생산되기 이전인 당시에는 다음해를 위해 많은 식량을 저장할 수도 없었을 것이다.

중세 온난기 동안 풍족한 식량은 인구와 도시, 교통 그리고 건물들의 증가를 가능케 했다. 겨울철 기후가 1도 정도의 온도 차이를 보여도 농작물들이 성장하는 시기에 큰 차이를 만든다. 1253년 6월, 웨스트민스터 사원은 428명의 건축 공사 인부들을 고용하고 있었는데, 그들 중 거의 절반이 석공과 유리공들이었다. 그리고 수백 건의 주요 건축 프로젝트들이 유럽에서 수행되었다.[24]

당시 유럽은 현재의 10분의 1가량의 인구가 살고 있었기 때문에, 이 숫자는 현대 공공 기념관 건축 프로젝트에 4,280명의 공사 인부를 10년간 고용하는 것하고 비슷하다.

기후 변화에 따라 인구수도 변한다

17세기 말 그레고리 왕은 소빙하기의 나쁜 날씨에도 불구하고 더 많은 식량을 재배할 수 있는 농업 시스템의 개발 덕분으로 영국의 인구수가 약 550만이라고 추정했다. 영국의 농업 역사학자 마크 오버톤은 이 인구수가 그 이전에 두 번—로마 온난기와 중세 온난기에 각각 한 번씩—더 기록되었다고 말한다.[25]

검인 재판소에 보관되어있던 토지대장 자료들을 분석한 연구에서 오버톤은 영국 농경지에서 생산된 농작물의 양이 날씨가 나빠지면서 1300년과 1400년 사이에 많이 줄어들었다는 것을 보여주었다.[26]

여행과 무역의 활성화

중세 온난기 동안 강한 바람과 폭풍들이 잠잠해지면서 해외 무역이 활성화되었다. 강한 햇살 덕분에 잘 마른 길들을 이용해서 물건들의 교역도 활발해졌고, 여름 동안에는 오랜 시간 여행이 가능했기 때문에, 산악 통로들을 따라 동방의 향신료들, 키프로스의 설탕, 베니스의 화려한 유리 제품들이 영국의 양모, 스칸디나비아의 모피 등과 교역되었다.

따뜻하고 건조한 중세의 날씨 덕분에 유럽은 무역의 선두주자가 되었다. 1000년경 영국에는 70개 이상의 화폐주조소가 있어서, 영국의 양모와 생선들을 사러온 독일인들의 은을 화폐로 바꾸어주었다. 또한 유럽인들은 와인, 모피, 노예 등을 교역했다.[27] 그 이전에는 무역을 거의 하지 않는 자급자족 경제체제였다.

지구의 다른 지역들도 따뜻했다

● 지중해지역

북아프리카 해안을 포함한 이 지역은 지금보다 비가 내리는 날들이 훨씬 더 많았다. 지질학자들이 남긴 기록들을 보면 중세 내내 북아프리카 남쪽 사막지역에 훨씬 더 많은 강수가 있었다는 것을 알 수 있다.[28]

● 아시아

기원전 1000년에서 기원후 1400년 사이 중국의 기후는 황실 자료들과 역사서들을 통해 알아볼 수 있는데, 이들 자료들은 철새들의 도착일들, 식물들의 씨앗이 보급된 날들, 대나무 숲과 과수원들에 대한 기록, 코끼리의 이주에 관한 기록들, 관목들의 개화 시기, 그리고 주요 홍수와 가뭄일 등을 기록하고 있다.[29]

이러한 자료들에 따르면 앞에서 언급된 바와 같이 그 당시의 중국 사람들 역시 따뜻한 기후의 혜택을 입었다는 것을 알 수 있다. 예를 들면, 중국의 감귤 과수원들이 중세기 동안은 북쪽까지 뻗어나갔다가 1300년 이후 기후가 한랭해지면서 남쪽으로 물러났다.[30]

화분 자료에 의하면 중국의 기온은 중국의 기후 최적기(기원전 8000년에서 기원전 3000년 사이) 동안 현재보다 약 2~3도 더 높았다.[31]

캉 차오(Kang Chao)의 중국 경제사 분석에 따르면 기원전 200년 이후 성장한 중국의 경제는 기원후 1100년경에 최고를 달했고, 그 이후 기울기 시작했다. 차오는 한나라 시대의 실제 수입은 북부 송대에 최고를 기록했다.[32]

타가미(Y. Tagami)는 7세기경부터 가뭄, 장마, 폭설 등과 같은 날씨 현상에 대한 공식 기록들이 담긴 일본의 역사자료들을 한데 모았다. 여기에는 벚꽃의 개화일, 강이 얼기 시작한 날들에 관한 기록들도 포함되었다. 이러한 자료들은 10세기경까지 거슬러 올라간다.[33]

타가미는 강우일 수과 강설일 수를 분석하면서 다음과 같이 지적하고 있다.

"8세기까지 상대적으로 뜨거운 날들이 계속되다가, 9세기 말에 짧은 기간 동안 기후가 한랭해졌다. 따뜻한 기후가 10세기부터 15세기 중반까지 계속되었다. 15세기 후반부터 기후가 다시 한랭해졌고, 상당히 한랭한 기후가 17세기부터 계속되었다. 그러므로 한랭기 이전과 이후 사이, 즉 10세기와 14세기 사이에 기후가 온난했다는 것은 확실하다."[34]

12세기 초 남동아시아에서는 수천 개의 유명한 사찰들이 지어졌는데, 이것은 따뜻한 기후에 영향을 받아 식량과 노동력이 풍부했음을 짐작케 하는 것이다.

● 북아메리카

아나사지(Anasazi) 인디언들이 콜로라도 평원과 애리조나 북부지역, 뉴멕시코 지역들에 흩어져서 평화롭게 살고 있었다. 아나사지 족의 옥수수와 호박은 풍작을 이루었고, 문화는 기원전 2000년과 기원후 1000년 사이에 번성했다. 중세 온난기 초반에 규칙적으로 내린 강수는 아나사지 족에게 큰 도움이 되었다. 그렇지만 샌드 캐니언(Sand Canyon) 지역의 나무 나이테를 조사해보면 1125년과 1180년 사이, 1270년과 1274년 사이 강수가 거의 없었고, 13세기 후반에 약 24년 동안 가뭄이 있었다는 것을 알 수 있다. 지속된 가뭄은 식량을 부족하게 했고, 잦은 전쟁을 불러일으켰다.

때문에 아나사지는 메사 베르디(Mesa Verde)와 차코 캐니언(Chaco Canyon) 절벽 쪽에 요새 같은 모양을 한 마을들을 짓기 시작했다. 결국 이런 마을들조차 공격을 받았고, 1300년 후 아나사지의 유물들이 아래 계곡에서 발견되었다.[35] 훨씬 더 동쪽에서는 옥수수를 주식으로 삼던 인디언들이 토루를 활발하게 지었는데, 그 지역이 지금은 동부 옥수수 단지(Eastern Corn Belt)가 되었다. 일리노이의 카호키아(Cahokia)에는 1200년도 이전에 살던 거주민이 4만 명 정도였던 것으로 추정된다. 그러나 1200년도 이후 기후가 건조해지고 한랭해지면서 노루들과 엘크들은 사라지고 사냥이 어려운 들소들이 더 많아졌다. 18세기에 프랑스 무역 상인들이 이곳에 도착했을 때는 몇몇 인디언 부락들만 드문드문 흩어져 있었다.[36]

한랭기가 시작되다—소빙하기 1단계(1300년~1550년)

중세 온난기의 가장 중요한 혜택은 기후가 상대적으로 안정했다는 것이고, 이 덕분에 사람들과 사회가 쉽게 적응할 수 있었다. 소빙하기와 관련한 가장 큰 문제점들 중의 하나는 기후가 불안정했다는 것이다. 고고학자 브라이언 패건은 20세기 초와 비교할 때 소빙하기 동안 겨울철 기온 변동은 40~50% 정도 더 컸다고 말하고 있다. 그렇게 불안정한 기온 변동에 적응하기란 어려웠을 것이다.[37]

어떤 해에는 여름이 뜨겁고 건조했고, 또 어떤 해에는 겨울이 아주 춥고 습했으며, 북해와 영국 해협에는 폭풍들이 눈에 띄게 잦아지는 등 소빙하기 동안에는 기후를 예측하기가 어려웠다. 패건에 따르면,

"지금과 비교할 때 더 추운 겨울과 찌는 듯한 여름이 가끔씩 나타났지만, 현대 유럽의 기후는 소빙하기 때와 그렇게 크게 다르지 않다. 소빙하기 동안 추운 겨울이 꾸준히 계속되었던 적은 결코 없었고, 지그재그를 그리며 기후가 불안정하게 계속 변했다. 혹한의 겨울, 몹시 더운 여름, 극심한 가뭄, 폭우, 풍년 그리고 온화한 겨울과 따뜻한 여름들이 불규칙적으로 나타났다. 지나치게 추운 날씨와 이상적인 강수 현상들이 10년간 계속되기도, 수년 또는 한 해에 그치기도 했다."[38]

13세기 초반, 그린란드에서 시작된 빙하들이 흘러 앞으로 나아갔다는 것은 소빙하기가 도래했다는 것을 보여주는 분명한 신호이다. 그 얼음은 천천히 아이슬란드, 스칸디나비아, 그리고 유럽의 나머지 지역들로 뻗어나갔다.

유럽의 대부분 지역에서 화창하고 예측 가능하며 안정된 날씨들이 사라졌다. 날씨는 1200년대에 동부유럽의 경제를 악화시켰다. 1300년대 유럽 전역에 습한 해들이 계속되었고, 특히 1313~1321년의 여름에 더욱 더 심했다. 1315년이 가장 심한 해로 기록되었는데 유럽 전역에 걸쳐서 곡식들이 여물지 않았다고 전해지고 있다.[39] 아일랜드에서 독일, 스칸디나비아에 걸쳐 잦은 폭우 피해가 있었다. 영국의 북부지역에서는 표토들이 다 씻겨나가 그 밑의 바위들이 드러났다.

농작물의 생산량이 경제와 직결되던 시기이므로 대부분의 유럽 사람들은 줄어든 수확량으로 힘들어 했다. 90% 정도의 사람들이 겨울이 끝날 즈음에는 식량이 동이 나서 고생했다. 허버트 램은 극심했던 기아와 기아 때문에 사망한 사람들, 그리고 식인들까지 존재한 그 당시에 대해서 보고하고 있다.[40] 기아는 그 이전에 증가한 인구 때문에 더욱 악화되었다. 프랑스의 인구는 거의 3배가 되어서 약 1,800만 명에 달했다.[41] 영국의 인구수는 140만 명에서 500만 명가량으로 급격히 증가했다.

아이슬란드의 세금 기록들은 인구수가 1095년에는 75,000명에서 1780년대 38,000명으로 줄어들었다는 것을 보여준다. 북극곰의 가죽이 식품 보관을 위한 덮개로 널리 유행했던 것은 당시 아이슬란드의 해안가에 빙하를 타고 떠내려 온 북극곰들이 많았다는 것을 나타낸다.[42]

허버트 램은 최소한 세 번의 홍수가 1362년과 1446년 사이 네덜란드와 독일의 해안가에서 발생했고, 이 때문에 사망한 사람들의 수가 각각 10만 명에 달했다고 보고하고 있다.[43] 그는 또한 중세 온난기 동안 빙하가 녹음에 따라 해수면이 상승했는데, 지대가 낮은 나라들에서는 북해 해분에서 지각이 침수됨에 따라 잦아진 해일 현상들로 어려움을 겪었다. 전반적으로 소빙하기는 한랭했으며, 잦은 폭풍 그리고 예측하기 어려운 계절의 변화 등을 보이며 550년간 계속되었다.

습한 계절에는 창고 속의 곡물들에 곰팡이가 생겼지만 그것밖에 먹을 것이 없던 사람들은 곰팡이가 슨 음식으로 배를 채워야 했다. 그 결과 에르고틴 중독에 걸린 사람들이 많이 생겼는데, 사람들이 곰팡이가 슨 호밀을 먹었을 때 호밀 속 균에 의한 독이 경련, 환각, 히스테리 등을 일으켰던 것이다. 심할 때에는 에르고틴 중독 때문에 생긴 내장의 부패로 사지가 떨어져나가는 일까지 생겼고, 사람들을 죽음으로 몰고 갔다. 중세의 목판 공예를 보면 안토니 성인들이 손과 발에 둘러싸여 있는 것을 종종 볼 수 있다.

어떤 크리스천은 이렇게 지독한 날씨는 마귀가 지구를 장악하고 있다는 증거라고 믿었고, 마녀사냥을 나서곤 했다. 1580년과 1620년 사이 스위스 베른(Bern)에서는 수천 명 이상의 사람들이 마녀로 몰려 화형에 처해졌다. 독일 비젠슈타이크(Wiesensteig)라는 작은 마을에서는 1563년 63명의 여자들이 마녀로 몰려 화형을 당했다.[44] 1590년 트레비스(Treves)의 대성당 참사회 회원이었던 요한 린덴(Johann Linden)은 그의 일기에서 당시 대중의 분위기를 다음과 같이 설명하고 있다. "모두가 계속되는 흉작이 마녀들 때문이라고 생각하고 있고, 온 나라가 그들을 완전히 없애야 한다고 소리치고 있다."[45]

소빙하기 동안 축축한 옷들과 과다한 인구, 부족한 영양 그리고 악화된 위생상태, 부족한 난방연료 등으로 많은 질병들이 만연했다. 예를 들면, 영양실조에 걸린 사람들이 그들 몸의 온기라도 나누고 빈약한 불기라도 쬐기 위해 오두막들에 모여 살았기 때문에 기생충에 의해 전염되는 발진티푸스가 심하게 유행했으며, 감기와 독감은 금세 폐렴으로 바뀌곤 했다.

전형적인 북유럽 거주지들은 작은 방이 하나이고, 맨땅으로 만들었다. 바닥은 단열이 거의 되지 않았을 뿐 아니라 창에는 유리가 없고, 지붕은 초가로 만들어졌다. 사람들은 불을 둘러싸고 연기를 피하기 위해서 아주 낮은 의자에 앉아서 지냈다. 사람들이 집단적으로 모여 살고, 영양상태가 나빠서 결핵들이 아주 쉽게 퍼졌고, 나중에는 부유했던 귀족들까지 결핵으로 쓰러지게 되었다.

지금은 없어진 많은 종류의 질병들이—장티푸스, 발진티푸스, 디프테리아 등— 그 이전, 수백 년 전 암흑기 동안 그랬던 것처럼 소빙하기 동안 사람들을 괴롭혔다.

중세 온난기 동안 무역과 여행을 활성화시킬 수 있었던 모든 요인들이 소빙하기 시대에는 반대가 되었다. 크고 예측하기 힘든 폭풍과 떠다니는 빙하들로 선박들이 운항하는 게 힘들어졌다. 폭우들과 부족한 햇볕 때문에 진흙탕이 되어버린 길로 수레들이 다닐 수 없었고, 거대한 눈과 얼음덩어리로 산속의 통로들이 막혀버렸다. 14세기 이후 무역풍이 약해졌다.

그린란드의 노르웨이 개척자들은 점점 더 절박해졌다. 바다의 빙하 때문에 농사를 지을 수 있는 계절이 짧아졌고, 바다표범을 사냥하던 배들이 다닐 수 없게 되었다. 소들과 양들을 먹일 수 있는 풀들이 점차 부족해졌다. 빙하들이 점점 더 많이 잠식함에 따라 그들은 더욱 고립되어 갔다.

전 세계적인 소빙하기(1550~1850년)

마침내 최악의 시기가 왔다. 램은 다음과 같이 말한다. "16세기 중반에 주목할 만큼 급격한 변화가 나타났다. 그로부터 150년 정도 동안 수만 년 전에 끝났던 마지막 대빙하기 이래로 가장 기온이 낮은 시기가 찾아온 것이다."[46]

1684년의 몹시 추웠던 겨울 동안 3마일 넓이의 얼음이 띠 모양으로 영국해협 해안을 따라 형성되었다고 패건은 지적했다.[47]

1695년과 1728년 사이 스코틀랜드 오크니(Orkney) 제도에 살던 주민들은 에스키모 인들이 작은 배들을 타고 그들이 살던 해안가까지 오는 것을 보고 경악했다. 한번은 한 에스키모 인이 애버딘(Aberdeen) 근처 돈(Don) 강이 있는 남쪽까지 내려왔다.[48] 이 사냥꾼들과 함께 바다 빙하와 물개들도 내려왔다. 바이킹이 그린란드에 정착한 것에 관해 허버트 램은 다음과 같이 썼다.

"그린란드의 동부지역에서 225개의 농장들을 이루고 정착한 사람들은 1500년경까지 그곳에서 생존하며 지냈다. 15세기경 그곳 무덤에 묻힌 사람들 중 성인들의 평균 신장은 5피트 5인치(약 165cm)였는데, 이들이 그곳에 정착할 초기의 평균 신장이 5피트 10인치(약 178cm)였던 것을 생각하면 평균 신장이 아주 많이 줄었다는 것을 알 수 있다."[49]

1676년 화가 아브라함 혼디우스는 사냥꾼들이 여우를 사냥하기 위해 얼어붙은 런던의 템스 강 위를 쫓아다니는 모습을 그렸다.[50] 마지막 템스 얼음축제는 1813~1814년 겨울에 열렸다.[51] 1695년 몹시 추웠던 겨울, 빙하가 아이슬란드의 해안 전체를 막아서 그해 내내 머물렀다. 대구 잡이가 완전히 불가능해졌고, 생선도 구할 수 없고, 사료로 쓸 건초조차 부족해지자 양들과 소들을 도살해야만 했다.[52] 온난화 기간 동안 농경지로 바뀌었던 스코틀랜드 남쪽의 땅들 역시 쓸모없어져 버려졌다. "라메르무어(Lammermuir) 언덕 황무지의 20% 이상이 이전에 그곳에서 경작이 이루어졌다는 것을 증명한다. 흙밀이 판(moldboard)이 달린 쟁기가 도입된 후인 11세기와 12세기에 사람들이 이곳으로 이주했던 것 같다. 그러나 14세기부터 기온이 점차 낮아지고 기후가 습해지자 이 땅들 중 어떤 부분은 경작이 불가능한 한계에까지 도달했을 것이다. 이런 식으로 여러 정착지들이 17세기에 버려졌다. …… 사람들이 살 수 있는 환경이 점차 악화되고, 이 기간 동안 경작은 그 이전보다 200미터 이상 낮은 지역에서만 가능하게 되었다."[53]

식량 부족은 1690년과 1700년 사이 수백만 명의 사람들을 죽음으로 몰고 갔고, 1725년과 1816년에는 이보다 더 심한 기아가 있었다.[54] 1816년의 추위와 줄어든 농작물 수확량이 초래한 식량 위기가 미국으로부터 중동의 오토만 제국, 북아프리카와 유럽을 휩쓸었다. 흉작에 이어 발진티푸스가 만연했고, 흑사병이 다시 나타났다.

진 그로브는 17세기와 18세기에 산사태, 낙반, 눈사태, 홍수 등을 이유로 하는 세금과 소작료에 대한 탄원이 유례없이 많았다는 것을 발견했다.[55]

중국은 1654년과 1676년 사이 혹독한 겨울을 겪었는데, 수세기 동안 존재했던 감귤 숲이 장시성 지방에서 사라졌다. 다시 한 번 우리는 식생 분포의 변화가 기후 변화를 나타내는 가장 강력한 증거라는 것을 알 수 있다.

17세기에 마우리타니아(Mauritania)에 참나무 숲이 있었다는 것은 그 당시 사하라 사막 남부지방의 기후가 지금보다 더 한랭하고 습했다는 것을 의미한다.[56]

일본 중부지역 스와(Suwa) 강이 얼었던 일수에 대한 연간 자료를 보면 이 지역에서는 1800년대 중반이 소빙하기에서 가장 추위가 심했던 기간임을 알 수 있다.[57]

1779년 당시 예일 대학 총장이었던 성직자 에즈라 스틸은 기온을 매일 기록하기 시작했다. 1816년 6월 그가 온도계로부터 읽은 값들은 코네티컷에서 측정한 6월의 기온 값들 중 가장 낮은 것들로, 1780년에서 1968년 사이 장기간 평균보다 약 2.5도 정도 낮았다.

2001년 9월 7일, 미국 ABC 방송사의 뉴스는 기후에 관한 역사를 특집으로 다루면서 세계에서 수세대에 걸쳐 강과 호수가 언 날들을 기록해온 사람들을 소개했다.

"이것은 다섯 세대에 걸친 사람들이 직접 관측해 기록한 자료들이다. 어떤 사람들은 종교에 봉직했고, 어떤 사람들은 모피 무역을 하던 사람들이다. 그들은 밖을 보며 "오늘은 강, 만, 호수가 열렸다"고 말하곤 했다. 예를 들어, 일본 신사의 승려들은 신이 언 호수의 얼음을 이용해 다닌다고 믿었기 때문에 스와 강에 대해 조심스럽게 기록했다. 독일과 스위스 경계에 위치한 보덴호에서는 각각의 나라에 위치한 두 교회의 신도들이 호수가 얼었을 때 호수를 가로질러 마리아 상을 옮기는 전통이 있었다. 캐나다에서는 모피 무역과 관련해서 강이 언 날들에 대한 기록들이 1700년대 초반까지 거슬러 올라간다. …… 이런 자료들에 따르면 150년 이전에 비해 강이 평균 8.7일 정도 늦게 얼고, 9.8일 정도 일찍 녹는 것이라고 맥너슨과 그의 동료들은 《사이언스》

에서 밝히고 있다. 이것은 지난 150년간 기온이 약 1.8도 정도 상승한 것에 상응한다."[58]

물론 ABC뉴스는 인간이 만드는 지구온난화로 우리를 겁주려 했던 것이다. 하지만 실제 그들이 보도한 자료들은 계속해서 변하는 지구의 기후 사이클에 대해 오랫동안 사람들이 해온 관찰을 확증하는 것이었다.

해양학자 윌리엄 퀸은 나일 강의 범람이 늘어났다 줄어들었다 하는 기록에 관한 여러 가지 자료들을 모았다. 윌리엄 퀸은 나일 강의 범람이 622년부터 999년 사이에 평균보다 약 28% 낮았다는 것을 발견했다. 1000년과 1290년 사이의 중세 온난기 동안 나일 강의 범람은 평균보다 약 8% 정도 낮았다. 소빙하기 동안 나일 강의 범람은 다시 약해져 평균보다 35% 이하로 떨어졌다.[59]

기후 역사를 보여주는 가장 멋진 자료들 중의 하나가 온난기와 한랭기를 거치면서 살았던 화가들이 그린 그림들일 것이다. 한스 노이버거는 1400년과 1967년 사이 그려진 6,000점 이상의 그림들에 묘사된 구름들을 연구했다.[60] 그의 통계분석 결과는 15세기 초반부터 16세기 사이에 구름의 양이 점차 증가했다는 것을 보여주고 있다. 낮게 깔린 구름들의 양은 1550년 이후로 증가했고, 1850년 이후 다시 감소했다. 18세기와 19세기 화가들은 그들의 여름 풍경화들에서 50~75% 정도 구름이 낀 하늘을 그렸다.

기후는 변화하는 것일까?

마운더 흑점 극소기(1650~1700년)에 그려진 템스 강의 풍경. 강이 얼어 있고, 하늘은 구름이 가득하다. 화가 니어(Aert van der Neer)의 작품이다.

중세 온난기도, 소빙하기도 정확하고 일정한 현상은 아니었지만, 과거의 자료들을 보면 소빙하기가 1850년경에 끝났다고 말할 수 있다. 변동은 날씨라는 현상의 가장 큰 특징으로 여전히 남아있고, 기후의 변동 경향을 이야기하기 위해서는 최소한 100년 이상의 날씨 자료들이 필요하다.

아이슬란드에서는 1793년 한스 핀슨이 『궁핍한 시기의 결과로 잃어버린 생명들』을 편찬했다. 그는 이 책에서 힘들고 빈곤했던 해들이 1280년 이전에는 더욱 허다했다고 쓰고 있다. 그러나 핀슨은 아이슬란드가 그런 궁핍함으로부터 벗어날 수 있었던 주요한 요인은 이후 덴마크와 좋은 조건으로 무역을 했기 때문이라고 결론내리고 있었다.

기후 변동에 대해서 쓴 아이슬란드의 유명 작가인 포르발두르 토로

드센은 『지난 천 년간 아이슬란드의 기후』라는 책을 1916년과 1917년 사이에 출판하였다. 토로드센은 아이슬란드의 기후가 선조들이 정착한 이래로 전혀 변하지 않았다고 믿고 있었다. 또한 그는 아이슬란드인들의 불만은 단지 자신들이 혹독하고 변화가 심한 기후가 지배하는 지역에 살고 있다는 현실을 받아들이길 거부하고 있는 것이라고 믿었다. 그는 "우리 조상들이 아이슬란드에 정착한 이래 기후나 날씨에 큰 변화가 없었다. 역사서들이나 연대기들은 과거에도 역시 지금과 마찬가지로 분명히 날씨가 좋았던 해들도 있었고 혹독하고 나쁜 날씨가 계속된 해들도 있었음을 보여주고 있다. 그 당시에도 역시 바다 빙하들이 해안까지 떠내려 왔을 것이고, 사막 지역은 여전히 사막지역이었을 것이다"라고 말했다.[61]

스웨덴의 해양학자 오토 피터슨은 1914년 마침내 아이슬란드를 예로 들며 소빙하기 동안의 북부유럽 경제 쇠락을 기후 변화에 연결시켰다. 맨 처음 아이슬란드에 정착한 사람들은 곡식을 키울 수 있었으나, 13세기 이후 이것이 불가능해지고 바다 빙하들이 해안가에 늘어났다고 적고 있다.[62]

1920년대 이후 유럽과 아이슬란드의 기온 변화 곡선에서 강한 온난화 신호가 보인다는 것은 분명하고 그로써 논쟁은 종결된다. 논쟁은 그 당시 살아 있던 어떤 날씨 역사가들도 그들 나라의 기후가 한때는 따뜻하였다는 것을 몰랐기 때문에 발생하는 것이다. 비교적 현대의 기후 변화를 보여줄 만한 역사적 자료들 역시 그 당시에는 없었다. 결국 기후 변화는 단지 몇 도에 지나지 않고, 바다 빙하의 크기는 항상 불규칙적으로 변했다.

1,500년 주기의 기후 변동에 대한 역사적 증거 역시 불완전하고, 단

편적이다. 9장에서 우리는 지구 그 자신이 보여주는 기록들을 확인하면서 중요한 세부사항들을 논의할 것이다.

제8장 | 근거 없는 두려움들

가뭄과 기근이 전 세계를 덮칠 것이다

"미 국방부의 고위관료들이 비밀리에 가지고 있던 한 보고서를 《옵서버》가 입수하였는데, 이 보고서는 2020년까지 영국이 시베리아성 기후로 들어가게 되면서 전 유럽의 주요 도시들이 상승한 해수면 아래로 가라앉는다고 경고하고 있다. 보고서는 또한 핵 분쟁과 가뭄, 기근이 폭동과 함께 전 세계를 덮칠 것이며, 전쟁과 기근으로 인한 죽음은 수백만이 될 것이라고 말하고 있다. 이어 이로 인해 지구의 인구가 감소해 지구의 원래 인구 수용한도 내로 돌아갈 것이다. 물의 확보가 분쟁의 주요 쟁점일 것이며, …… 미국과 유럽 같은 부유한 곳에서는 해수면 상승으로 잠식된 땅에서 더 이상 작물을 재배할 수 없어 밀려드는 수백만의 이민자들의 입국을 막기 위해 사실상 요새화하게 될 것이다고 경고하고 있다."[1]

위와는 다른 견해들도 있다.

"월요일 펜타곤의 전문 미래학자들이 나이트라이더(Knight Ridder)에 배포한 보고서에서 '급격한 기후 변동은 일어날 것 같지 않지만, 만에 하나 그것이 사실이라면 즉각적인 조치가 필요할 정도로 국가의 안전을 위협하는 일이 될 것이다'라고 전했다. 미래학자들은 유럽에서 기근이 발생하고, 지구의 다른 나라에서는 패권 갖기 위한 핵전쟁 등이 벌어질 수 있다고 결론지었다. 그 보고서는 미 국방성 총괄평가국의 의뢰로 만들어졌는데, 그 보고서의 저자이자 컨설턴트로 활동하고 있는 피터 슈바르츠는 이 보고서가 《최악의 사태를 대비하는 펜타곤의 정책》을 반영하고 있다고 언급했다. '거의 일어날 가능성이 없는 일이고 펜타곤 역시 생각하기 어려운 일이라고 본다. 그게 전부이다'라고 그 책의 공동 저자인 랜들은 말했다."[2]

"지구온난화가 홍수, 기근, 전염병을 초래한다는 주장을 잊어버려라. 국립과학아카데미협의회의 한 일원이며, 사람들이 지구온난화를 초래하고 있다고 열렬하게 주장하는 운동가들이 자주 인용하는 MIT의 리처드 린젠 박사 역시 지구온난화는 사실상 이로운 현상일 수 있고, 이산화탄소의 증가가 지구 생태계에 미치는 영향은 아주 미미할 정도일 것이라고 증언했다."[3]

온난화 동안 기근을 두려워하지 않아도 될 다섯 가지 이유

역사는 온난기에 인류가 번성했음을 보여준다

역사적으로 볼 때, 인간의 식량생산은 온난화 중에 더 증가하였다. 로마 온난기와 중세 온난기에 인간 사회가 번창하였음을 우리는 앞 장에서 보았다. 기본적으로 식량생산이 온난기에 늘어나는 이유는 온난한 기후가 식물이 좋아하는 조건들, 즉 햇빛과 강우, 그리고 늘어난 생장 시간 등을 제공하기 때문이다. 온난기에는 식물들이 싫어하는 조건들, 즉 늦봄서리나 생장 기간을 단축시키는 이른 냉설이나 혹은 작물 수확량을 줄이는 우박 등이 적기 때문이다. 덴마크 농업과학회의 요르겐 오엘센은 남부 유럽에서의 식량생산량이 건조 현상으로 인하여 줄어들지만 전체적인 유럽의 식량생산량은 온난기 중에 늘어날 것으로 내다보았다.[4]

과학이 증명하는 사실들

콜롬비아 대학과 NASA에서 연구하는 리처드 윌슨은 지난 20년 동안 태양광선은 10년간 0.05%씩 증가했음을 측정하였다. 그는 태양빛이 증가해온 것은 오래전부터 있었던 일이지만, 옛날에는 그 미미한 (하지만 유의미한) 태양빛 증가를 측정할 정밀한 기계가 없었을 뿐이었고, 태양빛 입자들 하나하나는 식물의 성장을 촉진한다고 말한다.[5]

현대 온난기의 온도 증가는 남부 루마니아나 스페인 그리고 텍사스가 위치한 중위도 남쪽지역의 여름을 건조하게 만들어 작물 재배에 부정적인 영향을 줄 수 있다. 반대로 더욱 강해진 태양빛은 독일과 캐나다 그리고 러시아가 위치한 중위도 북쪽 지역의 농업생산량을 증가시킬 것이다. 광대한 북쪽 평야에서의 식량생산 증가는 조금 건조해진 중위도 남쪽지방의 줄어든 식량생산을 만회하고도 남을 것이다.

증가된 열은 대양으로부터 더 많은 수증기를 증발시켜 비나 눈으로 떨어지는 물의 양을 증가시킨다. 20세기 지구의 강수량은 소빙하기의 꼬리 끝에 해당하는 19세기에 비해 2%가 증가했다고 NASA는 발표했다. 대부분의 증가된 수분은 중위도와 고위도의 지역에서 가장 작물 생산성이 높은 지대가 위치한 곳으로 (비가 되어) 떨어졌다. 이것은 현

대 온난화 동안 계속될 것으로 전망된다.[6]

지난 150여 년간 식량생산이 증가하게 된 또 다른 이유는 대기 중 이산화탄소의 농도가 높아졌기 때문이다. 대양은 기온이 올라가면서 이산화탄소를 내놓게 된다. 증가한 이산화탄소는 식물에게 비료가 될 뿐만 아니라 물을 더욱 효과적으로 이용할 수 있게 한다.

1997년의 농무성의 연구원들이 긴 플라스틱 터널에 이산화탄소 농도를 빙하기 때의 200ppm으로 시작하여 1980년 수준인 350ppm으로 다르게 하여 밀을 재배하였다.[7]

그 결과는? 물이 충분히 주어졌을 때 이산화탄소 농도가 100ppm 증가하면 밀 생산이 72% 증가하는 것으로 나타났고, 반 가뭄의 조건에서는 48%의 증가를 보였다. 이것을 평균하면 60%의 증가가 되는 것이다. 이는 12개국 이상에서 많은 다른 종류의 작물을 가지고 실험한 다양한 이산화탄소 농도 증가의 연구들과 그 결과가 일치하는 것이다.

농업기술의 발달

오늘날 인간들의 식량생산은 완만한 기후 변동보다는 농업기술에 훨씬 더 의존하고 있다. 살충제와 방충망이 있는 상황에서 우리가 말라리아를 걱정하지 않는 것처럼, 지금의 온난화로 기근이 생겨 우리가 굶주릴 것이라는 걱정을 할 필요가 없다. 사실 세계가 18세기 이후 점차 누리고 있는 식량 과잉은 근본적으로 과학과 기술의 향상 때문이다.

1500년에 영국은 백만 명이 채 못 되는 인구를 먹일 수 있었다.

1850년경이 되자 작물의 돌려짓기가 알려지고 씨 뿌리는 기계와 수확기계 등 농기계들이 향상되면서 영국은 1,600만 명을 먹일 수 있게 되었다. 오늘날 영국은 6,000만 명의 영국인들을 먹일 수 있다.

산업용 질소비료는 인류 역사상 가장 큰 농업적 진보의 하나이다. 1908년 이전에 농부들은 토양의 질을 유지하기 위하여 집에서 키우는 짐승들의 똥거름을 뿌리거나 거름이 될 만한 클로버 같은 작물을 키우는 것이 고작이었다. 두 가지 경우 모두 넓은 땅이 필요하다. 그러나 1908년 하버-보쉬 가공(Haber-Bosch Process)을 통해 공기 중 78%를 차지하는 질소를 가져와 이용하기 시작하였다. 오늘날 농부들은 해마다 8,000만 톤의 산업용 질소를 토양에 비료로 사용하고 있고 비료를 만드는 데는 땅이 조금도 필요치 않다.

소의 거름에서 8,000만 톤의 질소를 해마다 얻으려면 세계는 8억 마리의 소들과 추가로 그것들을 키울 수 있는 땅이 한 마리당 5에이커가 필요하며 덧붙여서 마초도 더 필요하다. 그러려면 지구 인구의 반을 없애거나 산림의 반을 없애거나 둘 중 하나를 해야 한다. 1960년대의 녹색혁명은 유럽과 많은 제3세계 나라의 작물 수확을 세 배나 높였다.

- 가뭄과 병충해에 강한 내성을 가진 종자들은 (질소, 인산가성칼륨을 비롯하여 26가지의 미량 미네랄 성분 등) 식물에 필요한 영양분을 더 잘 이용하게 했다.
- 수리시설은 반 가뭄 지역에서조차 물부족을 해결했다.
- 살충제나 살균제는 생육기간이나 저장기 모두 작물의 다수확성을 보장한다.

고수확 농법이 일찍 시작되었던 미국 버지니아의 셰넌도어 계곡(Shenandoah Valley)의 초기 정착자들의 일기를 보면 1800년경의 밀 수확은 에이커당 7부셀(약 14말)에 불과하다. 오늘날 그곳의 농부들은 그때에 비해 약 10배 정도 수확하고 있다. 미국의 옥수수 수확은 1920년까지 에이커당 25부셀로 증가했다. 오늘날 미국 내 평균은 약 140부셀 이상이고 계속 증가하고 있다. 비슷한 농업 생산성의 증대가 오늘날 세계 모든 곳에서 일어나고 있다.

최근 몇 십 년간 세계에서 유일하게 인구 일인당 식량생산이 증가하지 않은 곳이 아프리카이다. 아프리카의 식량생산은 오랫동안 경작해 토질이 떨어진 토양과 잦은 가뭄과 병충해 그리고 질병들로 심하게 타격을 받아왔다. 또한 아프리카의 토양과 미세 기후, 병충에 대한 연구들이 충분하지 않고 안정된 정치권력이나 사회 기반시설이 절대 부족하다.

최근 진행되고 있는 두 가지의 연구 개발이 지금 아프리카에 특히 도움이 되고 있다.

- 멕시코 국제 옥수수 및 밀 향상센터에서 육종된 고질단백의 옥수수는 고수확일 뿐 아니라 라이신(lysine)과 트립토판(tryptophan)과 같이 옥수수에서 부족한 아미노산들이 함유되어 있다. 고질단백 옥수수는 영양실조로 허덕이는 아프리카의 많은 아이들을 구할 수 있다.
- 쌀 육종학자들은 아프리카의 쌀과 아시아 쌀을 성공적으로 교배하여 품질이 우수하고 생산성이 높은 새로운 쌀 품종들을 만들었다.

이렇듯 아프리카의 농업을 위한 다양한 방안들이 더 많은 연구 투자와 아프리카에 대한 투자를 통해 요망되고 있다. 향상된 도로시설과 다리 그리고 국가 안정은 기후에서 일어나는 변화와 상관없이 농업 경비를 낮추고 높은 수확으로 시장적 가치를 향상시킬 것이다.

비료제와 토양진단 그리고 이른바 보호경작(conservation tillage)으로 불리는 20세기 농업 방식을 적용하는 오늘날의 고수확 농업은 환경을 파괴하지 않고 지속할 수 있는 가장 나은 방식이다. 보호경작은 잡초를 쟁기질하는 (쟁기질은 토양을 침식시킨다) 대신 덮개 작물(cover crop)이나 화학 잡초제로 통제한다. 보호경작 농법은 이전에 지은 작물의 줄기나 잔여물을 포함해 2~3인치 정도의 위 흙만 갈아엎는데, 이 과정에서 수십조 개의 미세한 막이 만들어져 바람과 물로 인한 침식을 막는다. 그 작은 막들은 물이 뿌리 쪽으로 잘 스며들게 하여 물이 흘러내리면서 생기는 수분의 낭비를 막는다.

보호경작은 토양 침식을 65~95%가량 막고 토양의 습기를 배가한다. 이것은 토양의 박테리아와 지렁이에게 먹이를 제공하고 쟁기질을 막아주므로 전통적인 유기농 방식의 토양 조건과 같아진다.

보호경작이 시행되는 미국, 캐나다, 남미, 오스트레일리아, 그리고 최근의 남부 아시아 등 수억 에이커에 해당하는 땅에서 역사상 유례없는 수확을 올리고 있다.

또 다른 성공적인 기술은 바로 효과적인 용수시설이다. 제3세계의 원시적 범람형 용수시설(Flooding irrigation)은 그 효과가 40%에 불과하다. 플라스틱 튜브가 물을 바로 뿌리로 주고(물의 증발을 막고) 컴퓨터가 정확한 양의 물을 공급하는 중앙주축형 시스템은 물의 효율성을 90%

까지 올릴 수 있다. 전 세계에 걸쳐 농부들은 신선한 물의 70%를 사용하고 있다. 물이 점점 귀해지고 있는 때에 고효율의 용수시설 투자는 유용할 것이다.

생명공학의 혁명

오늘날의 작물 수확은 200년 이상의 시행착오를 거듭한 과학의 산물이다. 하지만, 2050년경에는 지금 십억의 인구가 겨우 먹을 만한 양질의 식단을 70억의 유복한 인구가 필요로 하게 될 것이다. 그때는 늘어난 애완동물들을 위한 먹이도 훨씬 더 많이 필요할 것이다.

이는 세계 식량 수요가 배가 된다는 것을 의미하는데 우리는 이미 지구상에서 이용할 수 있는 땅의 반에 농사를 짓고 있다. 농업과 축산에서 더 높은 수확을 올릴 수 있는 자원이 필요하다. 작물 육종과 비료, 용수시설 그리고 살충제는 이미 사용되고 있는 방법이다. 하지만 새롭게 발견되고 이해되고 있는 자연의 유전자 코드를 이용한 생명공학은 시작의 단계이다.

초기 농업에서 생명공학은 식물이 합성잡초제에 대한 내성을 갖게 하는 것에 응용되었는데, 이를 통해 우리는 잡초는 효과적으로 제거하면서 작물은 보호하는 환경적으로 가장 안전한 잡초제를 사용하게 되었다. 그 결과 세계 여러 나라에서 작물 수확을 늘리고 생산 비용을 낮추게 되었다.

아프리카의 가장 지독한 풍토해가 마녀풀이라고 불리는 기생잡초이다. 마녀풀은 옥수수나 수수류의 뿌리에 잠입하여 기생하는데, 농부는 작물이 다 자라서 옥수수가 알맹이를 맺는 대신 마녀풀의 꽃이 나오고 나서야 병에 걸린 사실을 알게 된다. 하지만 유전공학으로 만들어진 잡초제 내성 처리 종자로 이 문제를 해결할 수 있었다. 마녀풀은 뿌리를 통해 침투하므로 종자를 잡초제에 담가두면 마녀풀은 죽고 알맹이는 살아남아 결실을 맺을 수 있게 된다. 불행하게도 환경운동가들과 유럽 정부들은 생명공학으로 조작된 작물을 허용하는 아프리카 나라들에 대해 보복하겠다고 위협했다.

생명공학(BT)으로 식물과학자들은 토양에서 발견된 매우 안전한 자연적인 살충제를 옥수수나 면과 같은 작물에 이식할 수 있다. 이 병충해 저항 식물로 수백만 파운드의 살충제를 살포할 필요가 없게 되었고 유익한 곤충들에게 해를 끼치지 않을 수 있게 되었다. 생명공학 목화와 옥수수는 중국과 인도 등지의 소규모 농가에서 재배되고 있다.

생명공학의 중요한 두 번째 업적은 작물 자체를 향상할 수 있는 야생의 자연 유전인자를 발견하는 것이다. 이미 획기적인 성과가 이루어지고 있다. 약 50년 전 식물학자들은 1840년 아일랜드에서 발생한 기근의 원인이 되었던 악명 높은 늦마름병 바이러스(late blight virus)에 저항성을 가진 야생 감자를 찾아냈다. 불행히도 식물 육종학자들은 마름병 저항 유전인자를 생산성 있는 식용감자로 이식하지 못하고 있었다. 그러나 지금은 3개의 다른 대학들에서 마름병 저항 유전인자를 접합하여 새로운 감자 변종을 만들었다. 이것은 감자가 에이커당 식량생산량이 어떤 작물보다 높은 것을 감안하면 인구 밀도가 높은 아시아나 아프리카(르완다나 방글라데시)에는 특히나 중요한 사실이다.

검은 싱가토카(black Sigatoka)병은 아프리카의 주요 생산물인 바나나와 식용바나나에 생기는 새로운 박테리아병으로 세계적으로 확산되고 있다. 바나나는 특히나 교배 육종이 어려운 작물이다. 그러나 다행히도 생명공학이 검은 싱가토카병에 저항성이 있는 식물을 개발하여 열대와 아열대의 아프리카에서 그나마 식량자원을 보호하고 있다.

식물과학자들은 생명공학이 현대의 온난화로 생기는 장기적 가뭄을 대비하는 데 상당히 중요한 가뭄-내성 작물을 개발하는 첩경을 제시할 것으로 믿고 있다. 이집트는 이미 보리로부터 나온 가뭄-내성 유전자를 밀에 입력하여 8번 물을 주는 것 대신 1번만 물을 줘도 잘 자라는 변종을 만들었다. 가뭄-내성 품종은 단지 물을 적게 사용하는 것뿐만 아니라 밀이 자라는 토양의 용수로 인한 소금 축적을 막아 준다. 이는 강수량이 적은 넓고 질 좋은 토양 지대에는 가히 축복이라 할 수 있다.

교통혁명

앞으로 올 온난한 기간에도 우리는 기후가 좋은 지역에서 나머지 세계지역의 식량 수요를 공급하기에 충분한 식량을 생산할 수 있을 것이다. 역시 중요한 점은 우리가 풍년에는 흉년을 위해 식량을 저장할 수 있다는 것이다. 총 비용이라고 해봐야 콘크리트 저장고 설치비용이나 우리가 식량을 먹기 전에 쥐나 벌레들이 먼저 우리의 저장 식량으로 파티를 벌이는 것을 막기 위한 살충제 정도다.

현대의 교통수단 덕분에 우리는 어디에서 자란 식량이든 간에 세계어느 지역으로든 필요한 곳으로 운송할 수 있다. 15세기의 교통수단이었던 배나 우마차, 인력거를 생각해보라. 식량이 없어서 굶주리고 있는 곳에서 식량이 풍족한 곳으로 식량이 부족하다는 소식을 전하기까지는 몇 주가 걸렸을 것이다. 15세기의 춥고 습한 날씨로 더러워진 길에 마차가 진흙에 빠져 질척거리고 그 마차를 끄는 힘없고 마른 소를 생각해보라. 한 지역에서 생산되는 밀이나 쌀 혹은 짐승들을 다른 도시가 공급받는다는 것을 매우 어려운 일일 것이다. 15세기에 기근으로 굶주리는 사람들에게 음식을 나르기 위한 작은 나무 배를 상상하라. 쥐와 바구미가 곡식을 망치고 있는 동안 배는 몇 날 몇 주를 바람에 의존하여 항해한다.

오늘날 흉년이 들고 기근이 들었다는 뉴스는 실제 흉작이 일어나기 전에 전해진다. 뉴스는 빛의 속도로 지구에서 인공위성으로 그리고 다시 지구로 전해진다. 거대한 트럭들과 운송 철도들이 거대한 곡물저장고 옆에 세워지고 식량은 컴퓨터로 통제되는 철도와 새로운 고속도로를 통해 제일 가까운 항구의 선박으로 옮겨진다. 선박은 세계의 어느 곳이든 며칠 안에 도착할 수 있고 수백만 톤의 물자를 놀랄 만큼 낮은 비용으로 하적한다.

20세기에 가장 두각을 보인 나라 일본은 자연자원이 희박하고 농지가 좁아서 해마다 4천만 톤의 곡물과 사료, 지방 종자, 육류 그리고 낙농식품 등을 수입하고 있다. 그들은 한 달치의 공급량은 창고에 저장하고 또 다른 한 달치 공급량은 자국 내로 운반하며, 다음의 수송량들을 미리 계약함으로써 미래의 식량공급을 장기간 마련하고 있다.

21세기에는 이런 일들이 더 광범위하고 일관성 있게 진행될 것이다. 식량이 가장 잘되는 곳에서 사람들이 살고 있는 곳으로 식량을 수송하는 것은 더욱 쉬워지고 값 싸질 것이다.

정부의 실책으로 일어난 20세기의 기근

근대 역사에서 볼 수 있는 큰 기근들은 기후나 날씨의 문제로 일어난 것이 아니라 정부시책의 실패로 인해 일어났다.

- 1930년 소비에트연합은 수백만의 소농들과 그 가족들을(합하면 7백만 명이 넘는다) 집단농장으로 땅을 인수하는 과정에서 고의적으로 굶겼다.

- 1943년 거의 3백만 명에 달하는 사람들이 현재의 방글라데시에서 죽었다. 쌀 수확이 1942년보다 적었던 것도 사실이지만 주된 이유 중에 하나는 전쟁 통에 도시 사람들이 시골의 가난한 소작인들로부터 식량을 전매해버렸기 때문이었다. 영국이 일본의 침략에 대응하는 동안 지방의 굶주림에 미처 대처하지 못했던 것이다.

- 1959년 중국의 마오쩌둥은 수천만의 소농들을 지역 공동농장으로 몰아넣었고 지역 의장들은 마오쩌둥에게 잘 보이려고 공동농장의 실적을 부풀려 보고했다. 중앙정부가 이렇게 부풀려진 실적량의 3분의 1을 요구했고 결국 농부에게 돌아갈 식량이 남지 않게 되었다. 그러자 2년간 농부들은 작물을 재배할 수 없을 정도로 허약해졌고 기근은 도시로까지 퍼지게 되었다. 결국 3천만 명 이상의 사람들이 죽었다.

- 1984년부터 1985년까지 에티오피아는 스탈린식 군사독재 하에 있었다. 작물 수확이 적어지자 서방 국가들이 식량과 운송수단을 기부하였는데 군사 독재정부는 군대를 먹이는 것으로 식량을 써버렸다. 일반인들은 고지대에 있는 반독재정부의 소규모 농장을 떠나거나, 멀리 떨어져 알려지지 않은 곳에 땅을 일구어 연명했다. 독재정권이 무너지기 전까지 수백만의 사람들이 굶주렸다.

중국과 인도를 어떻게 먹여 살릴까?

중국과 인도는 20억이 넘는 인구를 가지고 있고 인도의 인구는 아직도 상승하고 있다. 중국의 농경지는 산악지대와 강, 사막 그리고 예측 불허의 강우로 심하게 제한되어 있다. 인도의 몬순지대는 국토를 거의 1년 내내 건조하게 하고 물 공급은 항상 부족하다. 어떻게 하면 이들 국가들이 다른 나라에 의존하지 않고 그들의 식량 수요를 맞출 수 있을까?

중국과 인도 그리고 세계적으로 작물의 수확량은 계속 상승 중이다. 우리가 계속 농업 연구에 투자하면 우리는 기술적으로 풍족함을 유지할 수 있는 새 방안들은 찾을 것이다. 생명공학적으로 조작된 목화나 옥수수, 콩 등은 이미 중국과 인도의 농업 생산에 긍정적 영향을 주고 있다. 최근 병충해에 저항력이 있는 목화 변종은 중국에서 육종된 것이고 이것으로 6십만 헥타르의 목화밭이 식량 작물을 키울 수 있는 곳으로 사용될 수 있다.

온대지대에 넓은 땅을 가진 국가들 이를테면 미국, 캐나다, 프랑스, 아르헨티나 그리고 브라질 등은 이미 농업생산성을 향상시킬 충분한 역량이 있다. 폴란드나 터키 그리고 우크라이나도 새로운 농업 강국으로 그 확장 가능성을 보이고 있다. 중국과 인도는 비농업 분야에서의 수익으로 식량 수입에 따른 비용을 감당할 수 있다.

희망컨대 각국의 지도자들이 성공률이 낮을 뿐만 아니라 높은 비용이 드는 국토분쟁으로부터 중요한 교훈을 얻었으면 한다. 일본은 1930년대에 기름과 콩을 목적으로 만주를 약탈하였다. 독일은 1937년에 거실—농작지를 의미함—을 위해 전쟁에 들어갔다. 사담 후세인은 기름 때문에 쿠웨이트를 침공하였다. 이들 세 침략 국가 모두 많은 사상자와 군대 비용을 쏟아 부었지만 세계 국가 공동체가 그들 나라들을 패퇴시켜 본국으로 되돌려 보냈다.

자유 무역과 빠른 정보, 자본의 시대에 자원과 일상용품 등을 수입하는 것이 전쟁에 들어가는 비용보다 훨씬 저렴하다.

장기간의 가뭄은 어떻게 할 것인가?

역사적으로 볼 때 온난화와 한랭화 둘 다 특정 지역에 장기간 가뭄을 초래하였다. 태양활동에 의해 계속되는 1,500년 주기의 기후변동 때문에 캘리포니아와 멕시코 그리고 중앙아프리카에 가뭄의 위험이 높아졌다고 믿는 데는 이유가 있다.

멕시코와 중앙아메리카의 마야 인디언들이 한랭기에 가뭄을 경험하였을 때 그들은 장기간의 기후 사이클에 대해 알지 못하였다. 그들은 다른 지역에서 식량을 수입한다는 것은 더욱 생각할 수도 없었다. 그들이 할 수 있었던 것은 그냥 그들의 도시를 떠나 정글로 흩어지는 것뿐이었다.

캘리포니아에서 이와 같은 장기간의 가뭄이 계속된다면 주 정부는 식물의 물 공급을 담수로 전환하고 기후 사이클로 인해 더 따뜻해지고 습해진 곳으로부터 식량을 수입할 것이다. 사실 캘리포니아 사람들은 이미 담수 시설이나 저수지 건설 등 광범위한 장기 가뭄대책을 논의하고 있다.

장기화되는 가뭄은 언제든 어디서든 발생하면 해가 된다. 인류가 완만한 기후 사이클을 앞지를 수만 있다면 우리는 당연히 그렇게 할 것이다. 하지만 빙하와 침전물은 인류가 어떻게 해도 1,500년 기후 사이클을 바꿀 수 없다는 것을 보여주고 있다. 화석과 나무의 나이테 등 기후의 모델이 되는 것에서 언제 어디서 그런 가뭄들이 일어날지에 대해 얻을 수 있는 정보들은 단편적이고 확실하지 않다.

우리의 후손들이 어디에 추가적인 홍수 방지시설이나 저수지를 필요로 하게 될지는 물론이고 그들에게 어떤 기술이 필요한지 우리는 알지 못한다.

우리가 말할 수 있는 것은 오늘날 인간사회는 과거 어느 때보다 장기간의 가뭄을 견딜 수 있도록 더 잘 준비되어 있다는 것이다. 운이 좋게도 다가오는 세기의 기후 사이클은 다소 느리며, 예측이 불가능하게 움직이고 있어서 농업인들과 지역 사회, 그리고 정부가 적응할 수 있는 시간을 벌 수 있다. 이러한 적응들은 서서히 일어나게 될 것이고, 우리는 공적 여론 그리고 실현 가능한 기술이 무엇인지를 통해 앞으로 어떻게 변화할지를 결정할 것이다.

제9장
지구에 남은 기후의 흔적을 찾아서

지구온난화를 인간이 만들었다고 주장하는 사람들은 다음과 같이
이야기한다.

"중세시대의 기후가 최소한 지금만큼이나 따뜻했기 때문에 사람들이 초래하는
지구온난화에 대해서 걱정할 필요가 없다는 생각은 잘못되었다. 중세 온난기가
전 지구적이었다고 결론지을 만한 충분한 증거가 없다."[1]

이에 반대하는 사람들은 이 말을 듣고 다음과 같이 말한다.

"과학자들은 전 세계 곳곳으로부터 나무 나이테, 화분, 산호, 빙하, 시추공, 해저
침전물 등과 같은 과거 기후 변동에 관한 많은 양의 정보를 모아왔다. 이렇게 모
은 자료들에 따르면 지구의 여러 지역에서 1000년대 초반에 살았던 사람들은 상
대적으로 '소기후최적기'라 불리는 따뜻한 기후를, 그리고 몇 백 년 뒤 소빙하기
라 불리는 한랭한 기후를 겪었다. 이들은 지구 전역에 걸쳐 살고 있었다. 20세기
는 기후학적으로 전혀 특별하지 않다. 그런데 왜 최근 언론들은 20세기가 지난

1000년 중 가장 뜨거운 세기라고 흥분하고 있는 것일까?"[2]

"와이오밍 북부 프리몬트 빙하에서 시추한 160미터짜리 빙하 코어를 분석한 다음 폴 슈스터는 다음과 같이 말했다. "소빙하기는 기후가 갑자기 따뜻해지면서 1845년경에 끝이 났다. …… 소빙하기에서 현재와 같은 기후로 바뀌는 데 걸린 시간은 아무리 짧게 봐도 수십 년이었다."[3]

지구의 기온을 추적하다

많은 종류의 자료들을 조사했고, 검사 과정을 통과한 자료들이 기온을 간접적으로 분석하는 데 사용되어 왔다. 예를 들면, 빙하 코어, 해저 침전물, 시추공, 나무 나이테, 수목 한계선, 석순, 그리고 화분에 대한 자료들이 그러하다.

빙하 코어는 과거 기후 변동 사이클을 찾아내는 데 첫 번째로 공헌을 했다. 기다란 빙하 코어들이 1980년 이후 시추되었다. 빙하 코어들은 우리 지구에서 최소한 과거 수백만 년 동안 계속 진행된, 두 개의 거대하고 일정한 기후 변동주기를 아주 잘 보여준다. 즉, 10만 년의 주기를 가진 빙하기와 간빙기의 사이클 그리고 온난기와 한랭기가 반복해서 나타나는 1,500년 주기의 사이클이 그것이다. 빙하 코어는 1983년 덴마크의 단스고르와 스위스의 한스 외슈거가 처음으로 그린란드에서 시추했다. 거기에서 나타난 기후 기록은 25만 년을 거슬러 올라가는 것이었다.[4] 몇 년 뒤 지구 반대편인 남극에 위치한 보스토크 빙하에서 빙하 코어들이 시추되었다. 거기에서 나온 자료는 40만 년을 거슬러 올라가는 것이었고, 마찬가지로 1,500년 기후 변동주기를 보여 주었다.[5] 그러므로 지구의 양쪽 끝 모두에서 시추된 빙하 코어들이 지구의 1,500년 기후 변동주기가 선사시대 이전부터 계속되었다는 것을 증명하고 있다.

빙하 코어 층들 중 지면에 가까운 층들은 눈으로 쉽게 분석할 수 있었다. 아주 긴 빙하 코어들을 분석하기 위해서 과학자들은 과산화수소의 변화량을 측정하는 기술을 이용하였다. 과산화물은 태양의 자외선에 의해 형성되는데, 실제 남극의 겨울에는 햇볕이 없기 때문에 여름 동안 5배나 강하게 만들어지는 과산화수소를 쉽게 분석할 수 있었다.

기온 변화를 읽기 위해서, 질량분광계가 사용되어 산소-16동위원소가 줄어든 양을 측정해서 그보다 양이 적은 산소-18동위원소의 양과 비교하였다. 중수소와 탄소-14의 변화량 역시 기온을 간접적으로 나타내는 자료로 이용되었다.

해저 침전물들의 핵 안에 있는 식물성 플랑크톤과 동물성 플랑크톤 역시 분석되었다. 이들의 종류와 양은 기온에 대한 정보를 나타내며, 이들의 화석을 방사성 탄소 분석하면 시간에 대한 정보를 알 수 있다.

서아프리카 동쪽 카메론의 오사 호수에서 시추된 침전물 핵 안에서 발견된 규조류는 열대수렴지역이 남북으로 이동하면서 1,500년 주기로 그곳의 기후가 바뀌었다는 것을 나타냈다.[6] 프랑스 국립자연사박물관의 프랑수아 은구에소프는 열대수렴지역이 남쪽으로 이동했다는 것을 북아열대 지역(즉, 나이지리아와 가나 지역)에서 기록된 낮은 강수량과 아적도 지역(자이레와 탄자니아 지역)에서 나타난 높은 강수량으로 알 수 있다고 말한다.[7]

벨기에의 페어추렌(Dirk Verchuren)은 ① 침전물, ② 화석 규조류, ③ 작은 곤충류들과 그들의 숫자 등을 분석해서 1,100년간 동아프리카 케냐의 나이바샤 호수에서 나타난 강수-가뭄에 대한 자료들을 만들었다. "열대 아프리카에서 나온 자료들은 과거 천년에 걸쳐 동아프리카 적도지역이 반대되는 기후 현상들—중세 온난기(기원후 1000~1270년) 동안에는 지금보다 훨씬 건조한 기후, 그리고 소빙하기(기원후 1270~ 1850년) 동안에는 세 번의 건기가 중간 중간 나타나긴 했지만 상대적으로 습한 기후—을 번갈아 겪어왔다는 것을 보여주고 있다"고 페어추렌은 말했다.[8]

중앙아메리카 마야 인들의 도시 근처 베네수엘라 해안에서 시추된 해저 침전물에서 티타늄의 양을 분석한 결과는 한랭한 암흑기 동안 가뭄이 계속되었다는 것을 증명하고 있다. 어쩌면 이것이 마야 문명의 붕괴를 초래했을지도 모르는 일이다.[9]

석유 시추공들은 과거 1,000년간의 기온자료들을 정확하게 제공해주는데, 바위는 과거 지표면의 온도를 아래 방향으로 전달하기 때문이다. 1997년 미시간 대학의 샤오펭 후앙(Shaopeng Huang) 박사는 모든 대륙으로부터 얻은 6,000개의 시추공을 분석하였다. 그 결과는 중세 온난기 동안의 기온이 지금보다 더 따뜻했다는 것과 소빙하기 동안 온도가 현재보다 약 0.2~0.7도 정도 떨어졌다는 것을 분명히 보여주고 있다.[10]

나무 나이테는 춥고 건조할 때보다 따뜻하고 강수가 충분할 때에는 넓기 때문에 과거 기온에 대한 정보를 얻을 수 있다. 나무 나이테 자료는 과학자들이 찾은 나무들이 얼마큼의 시간을 따라 거슬러 올라가는가에 한계가 있다.

파키스탄 북서부의 산악 지역 20군데에서 자라고 있던 340그루의 수령이 높은 나무들로부터 약 20만 개 이상의 나무 나이테 관측이 이루어졌다. 이들로부터 얻은 1300년간의 기온 자료는 800~1000년 사이에 가장 따뜻한 기후가 수십 년간 지속되었으며, 1500~1700년 사이에 가장 한랭한 기후가 있었다는 것을 보여주고 있다.[11]

산악의 수목 경계선 고도 역시 기온 변화에 아주 민감하므로 정확한 자료로 이용될 수 있다. 유럽의 수목 경계선에 관한 수많은 연구 결과들은 수목 경계선과 농경지, 부락들이 중세 온난기 동안에는 산중턱 높이까지 올라갔으며, 소빙하기 동안에는 다시 내려왔다는 것을 보여주고 있다.

시베리아 서부의 수목 경계선에 관한 최근의 연구는 20세기 따뜻한 날씨 동안에는 수목 경계선이 높아졌다는 것을 보여주고 있고, 스위스의 두 과학자 얀 에스퍼와 프리츠 한스 슈바인그루버는 시베리아잎갈나무의 그루터기들은 수백 년간 보전된 것이고, 이들 나무들을 분석한 결과 기원후 1000년경의 수목 경계선이 20세기 후반보다 약 30미터 높다는 것을 알 수 있었다고 발표했다. 그들은 또한 "이 수목 경계선이 약 1350년경 후퇴하기 시작한 것은 아마도 당시 기후가 한랭해졌기 때문일 것이다"라고 말했다.[12]

몬태나 주립대학의 리사 그로믈리치는 나무 나이테와 수목 경계선 자료들을 함께 분석함으로써 캘리포니아 시에라네바다 산맥에서의 과거 기후 변동에 관해 조사하였다. 산악의 수목 경계선 상부에 위치한 나무들은 3,000년 동안 그곳에서 살아서 보전되어 있기도 하고, 죽은 채로 보전되어 있기도 했다. 그로믈리치는 다음과 같이 이야기한다.

"우리의 자료들이 시작하는 시점부터 기원전 100년까지, 그리고 다시 기원후 400~1000년 사이에, 현재의 수목 경계선보다 높은 고도에서 빽빽하게 숲을 이루며 나무들이 성장하고 있었다는 사실을 발견하였다. 나무들의 숫자와 수목 경계선의 고도가 기원후 1000~1400년 사이, 춥고 수십 년간 가뭄이 지속됨에 따라 급격하게 낮아졌다. 수목 경계선은 1500~1900년 사이 소빙하기의 낮은 온도 때문에 더욱 낮아져, 1900년 근처에서 현재의 고도선에 도달했다."[13]

그로믈리치의 연구는 지난 두 번의 1,500년 사이클들—로마 온난기/암흑기 그리고 중세 온난기/소빙하기 기후 사이클—이 있었음을 확신시키는 것이었다. 중세 온난기 후반에 캘리포니아에 있었던 극심한 가뭄은 중세 온난기에서 소빙하기로의 전환 시기에 약간의 차이를 보이긴 했지만 이 현상들이 분명 존재했었다는 것을 보여주고 있다.

동굴석순의 코어 역시 빙하 코어, 해저 침전물, 나무 나이테 등에서 보인 1,500년 주기의 전 지구적 기후 변화 경향을 다시 확인해주고 있다. 동굴석순의 탄소와 수소 동위원소는 온도에 따라 변화하고 있었다. 더구나 동굴석순에서 얻은 자료들은 나무나이테들보다 훨씬 이전까지 거슬러 올라가는데, 아일랜드, 독일, 오만, 남아프리카에서 발견되었고, 이들 많은 자료들 모두 소빙하기, 중세 온난기, 암흑기, 그리고 로마 온난기를 보여주고 있다. 거기다 많은 동굴석순들은 로마 온난기 이전에 있었던 명명되지 않은 기후 변동 사이클들을 보여주고 있다.[14]

남부 온타리오에서 나온 화분 자료들은 중세 온난기 동안 따뜻한 해안가에 자리 잡고 있던 나무들이 소빙하기가 시작되면서 사라지고 대신 추위를 잘 견디는 떡갈나무들이 식생하다가 점차 소나무가 그곳을 차지했다는 것을 보여주고 있다.

떡갈나무들은 1850년 이후 온타리오에 다시 나타나기 시작했고, 해안가에 자라는 나무들이 현대 온난기가 계속됨에 따라서 100년 이후에 나타날 것이라고 전망되고 있다.[15]

코르도바(Cordoba) 대학의 마르셀라 치오칼레 교수는 아르헨티나의 원주민들이 과거 1,400년간 살았던 위치를 찾기 위해 아르헨티나 선사시대 마을들에서 나온 유적들을 분석하였다. 그녀는 당시의 시간을 추정할 수 있는 탄소-14 동위원소를 이용하여 암흑기 동안에는 원주민들이 계곡의 하부에 모여서 살았고, 중세 온난기 동안에는 더 높은 언덕 위까지 퍼져 살았다는 것을 보여주었다. 약 1000년경에는 중세 온난화의 기후가 기온만 상승시켰을 뿐 아니라 훨씬 나은 농경 조건을 조성함에 따라서 페루 중앙의 안데스 산 4,300미터 고도까지 사람들이 거주했었음을 알 수 있었다. 소빙하기가 시작되어 기후가 한랭해지고 불안정해지자 1320년 이후 사람들은 다시 계곡 아래로 거주지를 옮겼다.[16]

중국 과학아카데미의 양 바오는 빙하 코어들, 호수 침전물들, 토탄 습지, 나무 나이테, 그리고 역사적 기록들을 이용해 지난 2,000년간 중국의 기온 변천사 자료를 만들었는데, 그 자료들은 2~3세기까지 거슬러 올라가는 것이었다. 그는 중국이 2세기와 3세기, 다시 말해 로마 온난기 말경에 온도가 가장 높았다는 것과, 중국의 기후가 800년부터 1400년 사이에 따뜻했다는 것, 1400년과 1920년 사이에 추웠고, 1920년 이후 다시 따뜻해지기 시작했다는 것을 발견했다[17](그림 9.1).

과학자들은 과거 기온 변화에 대해 알기 위해 수백 가지의 다른 자료들을 사용하였다. 이들 중 더욱 흥미로운 몇 가지 자료들이 그린란드에서 나왔다.

● 소빙하기 동안 그린란드의 동쪽 래플즈 오(Raffles O) 섬에는 조류들이 드물 었다. 지난 백 년간 이 지역이 따뜻해지면서 수많은 새들이 돌아왔으며, 이 때 문에 호수 침전물에 유기물질들이 늘어났다. 하지만 침전물의 화학분석에 의 하면 이 늘어난 새들의 숫자가 중세 온난기 때보다는 여전히 적다.[18]

● 미시간 대학의 헨리 프리크는 죽은 바이킹들의 치아에서 나온 산소-18 동위 원소와 산소-16 동위원소의 비를 조사했다. 1100년에 묻힌 해골들과 1400년 대의 해골들의 치아들을 비교한 결과 기온이 1.5도 떨어졌다는 것을 알 수 있 었다.[19]

온난기와 소빙하기를 보여주는 증거들

하버드-스미소니언 천문물리센터의 윌리 순과 샐리 발리우나스는 역사를 기후 변화가 지배했다는 것을 증명했다. 그들은 과거 기후 변 동주기를 보여주는 물리적 자료들을 다시 재분석하였다. 그들은 중세 온난기에 대한 정보를 포함하는 연구자료 112건을 발견했는데 그 중 92%가 중세 온난기가 있었음을 증명했다.[20] 단지 2건의 자료만이 온 난화에 대한 시그널을 보이지 않았다. 이 연구들은 온난기가 그린란 드, 유럽, 러시아, 미국의 옥수수 벨트, 중부 평원지역과 남서부 지역, 중국과 일본 대부분의 지역, 남아프리카, 아르헨티나, 남아메리카의 칠레와 페루, 호주와 남극지역을 지배했다는 것을 보여주었다. 바다에 서는 북대서양, 미 중부 대서양 해안가, 서아프리카의 대서양 쪽 해안,

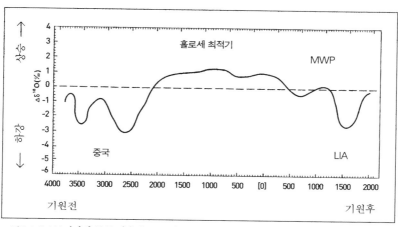

그림 9.1 2,000년간의 중국 기온자료. 로마 온난기 중 기원전 200년경에 온도가 아주 높았다.

남극 근처 남대서양 지역, 인도양의 중부와 남부, 중앙 태평양과 서태평양에서 온난기가 있었음을 나타내는 자료들이 나왔다. 남반구에서는 22개의 연구들 중 21개가 중세 온난기가 있었음을 나타내고 있다.

순과 발리우나스는 소빙하기의 존재를 언급하는 124개 연구들을 찾았는데, 그 중 98%가 한랭한 시기에 대한 증거를 포함하는 것이었다. 그런 사실들이 확인된 지역들로는 그린란드, 유럽, 러시아, 아시아의 히말라야, 중국과 일본 대부분의 지역, 아프리카 북서부와 남부, 아르헨티나, 페루, 칠레, 호주, 뉴질랜드, 남극지역 그리고 미국의 옥수수 벨트와 중앙 대평원, 그리고 남서 지방이었다. 바다에서는 북대서양, 지중해, 카리브해, 서아프리카 쪽 대서양, 남대서양, 중앙 인도양과 남인도양, 그리고 호주 남쪽의 타스만 해에서 소빙하기가 발견되었다. 남반구에서는 28개의 자료들 중 26개의 연구 자료들이 소빙하기가 있었음을 나타내고 있다. 이 숫자는 북유럽에 관한 연구에 비하면 그 수가 적을지는 몰라도 중요한 의미를 지니고 있으며 이들 자료들은 놀라울 정도로 한결같은 결과를 보여주었다.

순과 발리우나스는 20세기가 가장 더운 세기인지 아닌지를 언급하는 102개의 연구 자료들을 찾았다. 이들 중 78%의 연구 자료들이 과거에도 최소한 50년 이상 21세기보다 온도가 높았던 해가 있었다는 점을 보여주고 있다. 단지 세 연구 결과만이 20세기가 가장 따뜻한 세기라고 말했고, 다른 네 개의 연구들은 대기 중으로 사람들이 이산화탄소를 배출하는 양이 늘어나기 이전인 20세기의 초반까지 자료들을 분석했고, 20세기에 들어서 기온이 높아졌다고 말했다.

아직도 확신이 서지 않는가?

이 책을 읽고 있는 어떤 독자들은 지구 곳곳에서 얻은 과학적 증거들과 그 외 많은 문서들이 있다고 우리들이 주장하는 것으로 충분히 확신했을지도 모르지만, 어떤 사람들은 여전히 확신하지 못하고 1,500년 주기의 자연적 기후 변동에 대한 우리들의 주장에 비관적일지도 모른다. 이들을 위해 이 장의 나머지 부분은 1,500년 주기 기후 변동에 관한 다른 증거 사실들을 더 보충해서 보여줄 것이다. 어떤 독자들은 남반구라든가 아프리카같이 어떤 특별한 지역을 자세히 보고 싶어할 수도 있다. 여전히 우리들의 주장에 비관적인 사람들을 위해서는 한정된 지면 관계상 다 싣지 못한 과거 기후 변동에 관한 과학적 연구결과들의 목록을 이 장의 끝에 싣는다.

태즈메이니아 산에서 자라는 휴온 소나무 나이테의 진실

2000년도에 발표된 태즈메이니아 나무 나이테에 관한 연구는 기후 온난화 논쟁이 불거질 때 과학적 연구결과들이 얼마나 불일치하는지를 잘 보여주며, 또한 과거 기후에 관한 물리적 자료들을 분석할 때 얼마나 조심성이 요구되는지도 강조하고 있다.

UN IPCC의 2001년도 보고서는 남부 해양 지역이 소빙하기를 겪지 않았을지도 모른다고 주장한다.

"뉴질랜드 남부 알프스에서 나온 동굴석순 자료와 빙하 자료들은 17세기와 19세기 중반 동안 기후가 한랭했다는 것을 나타낸다.[21] 태즈메이니아 산 근처에서 나온 나무 나이테 자료들을 보면 이 시기에 비정상적인 한랭화가 있었다는 어떤 증거도 없다(Cook et al., 2000). 간접적으로 기온 변화를 보여주는 이들 자료들이 나타내는 계절의 불일치들은 이러한 직접적인 비교를 하지 못하도록 하고 있다."[22]

태즈메이니아 산의 휴온 소나무를 조사하고 있는 과학자들

컬럼비아 대학의 라몬트-도허티 지구관측소의 에드워드 쿡과 그의 연구팀이 "1089년 소나무의 나이테 연대기로부터 유추되는 태즈메이니아 산에서의 기후 변동"이라는 연구를 1991년《사이언스》에 발표했을 때 언론이 술렁거렸다.

그 저자들은 "태즈메이니아 산에

서 자라는 휴온소나무의 나이테 연대기는 호주의 여름 기온이 기원후 900년 이후 변해왔다는 것을 보여준다. 수령이 700년 이상인 소나무들 대부분이 1965년부터 비정상적으로 급속히 빨라졌다. 이들 성장률의 증가는 태즈메이니아 산에서 최근 나타난 비정상적인 온난화와 강한 상관관계를 보이며, 아마도 온실기체에 의해서 영향을 받고 있는 기후 변화가 진행되고 있다는 것을 뒷받침하고 있다"고 적고 있다.[23]

IPCC의 지구온난화 캠페인을 하던 사람들이 10년 전에 출판된 이 쿡의 연구 논문에 관심을 가지게 된 것은 전혀 이상한 일이 아닐 것이다. 그러나 10년이라는 기간은 다른 과학자들이 쿡의 연구를 재검토할 시간을 주었고, 다른 과학자들은 쿡의 연구결과가 문제가 많음을 발견했다.

쿡 연구팀은 서늘하고 습한 태즈메이니아 서부 지역의 나무 나이테 자료를 더 건조하고 도시 열섬효과를 겪고 있던 섬의 동쪽 지역 기온 자료와 비교하는 실수를 한 것이다. 그렇게 함으로써 그들은 최근 온난화에 의해 높아진 기온이 소나무의 급격한 성장을 초래한 것처럼 보이도록 만들었다.

사실, 태즈메이니아 서부 지역에서 20세기 동안 증가한 기온은 쿡의 연구에서 이야기하는 1.5도의 3분의 1정도였다. 그 섬의 서쪽 관측소에서 측정된 기온 평균은 20세기 초 13도에서 20세기 후반에 13.5도로 상승했다.[24]

이와는 달리 태즈메이니아 지역을 대표하기 위해 쿡 연구팀에 의해 선택된 기온 자료들은 섬의 동쪽, 훨씬 더 건조하고 열섬효과가 있는 도시 지역에서 얻은 것이다.

- 호바트(Hobart)는 인구가 135,000이며 태즈메이니아에서 가장 큰 도시이다. 태즈메이니아 대학의 마누엘 누네즈는 1979년 호바트의 열섬효과에 대해 연구했다. 그 도시는 서늘하고 습한 이 섬의 서쪽 해안이 아닌, 따뜻하고 건조한 태즈메이니아 동부 지역에 위치하고 있다.

- 쿡 연구팀이 선택한 두 번째 자료는 태즈메이니아에서 두 번째로 큰 도시인 라운스톤(Launceton)인데, 이 도시의 인구는 약 75,000명이다. 이곳은 로스앤젤레스나 멕시코시티와 비슷하게 우묵하게 파인 지대에 자리 잡고 있다. 즉, 언덕이나 산이 둘러싸고 있어서 열을 가두는 효과를 가지게 되는 것이다. 겨울철 수목들이 다른 시골 지역에서는 발견되지만, 이곳 라운스톤에서는 발견되지 않는다.

- 쿡 논문에 나온 세 번째 기온 자료는 이 중 가장 엉터리인 것으로 로 헤드(Low Head) 등대에서 나온 자료들이다. 이 등대는 알루미늄 제련소와 석유를 때는 발전소, 공업지대, 그리고 7,000명의 사람들이 도시생활을 하고 있는 이 섬의 북쪽 해안가에 있는 타마(Tamar) 강의 입구에 위치하고 있다. 밤에 부는 육풍은 이 공업지대의 공기를 등대 쪽으로 몰고 간다. 로 헤드에서 공업화가 진행되었을 뿐만 아니라, 등대의 기온은 1960년대 이후 약 1도 정도 상승했음을 보여주는데, 태즈메이니아 기후 기록에서는 특이한 것이었다. 나중에 조사한 결과 그 이유는 관목이 관측 계기판 근처에서 자라 북서풍을 막아서, 계기판이 위치한 지역을 양지바르고 바람 없는 곳으로 만들었기 때문이었다.[25]

어떻게 쿡 연구팀은 가장 높은 기온 증가를 보이는 세 관측소에서 태즈메이니아 기후 기록을 찾아서 그것들을 서쪽 해안에서 나온 나무 나이테 자료들과 비교할 수 있었을까. 쿡의 논문은 IPCC 사람들이 믿고자 하는 것처럼 태즈메이니아의 높은 기온을 논리적으로 보여주고 있지 않다. 태즈메이니아 서쪽에서의 기온은 호바트와 라운스톤에서의 열섬 효과로 인한 상승과 비슷하게 상승하지 않았다.

쿡 연구의 두 번째 큰 실수는 기온이 약하게 상승했다면 무엇이 소나무의 성장을 급격히 크게 했을까 하는 것이다. 대기 중에 늘어난 이산화탄소가 나무들의 성장을 급격히 활성화시킨다는 또 다른 증거가 확실히 여기에 있다. 대기 중 이산화탄소가 늘어나면 소나무에게는 마라톤 선수에게 산소 탱크를 갖다 대는 것과 같은 효과가 있었다.

쿡의 연구팀은 논문에서 1940년 이후 이산화탄소가 소나무에 미치는 비료 효과를 전혀 언급하지 않았다. 쿡의 연구팀이 나무 성장에 미치는 이산화탄소의 영향을 몰랐을 리가 없다. 그들은 나무 성장 전문가들이었고, 이산화탄소가 수목 성장에 미치는 영향은 반세기 이상 세계에 알려진 사실이었기 때문이다.

쿡의 연구논문이 《사이언스》의 심사를 어떻게 통과했을까? 왜 IPCC는 그렇게 문제가 많은 이 논문의 주장에 철저히 심사과정을 거쳐 발표된 뉴질랜드 근처 빙하와 석순 자료들이 보여주는 소빙하기에 관한 수백 편의 논문들과 같은 비중을 뒀던 것일까? IPCC가 인용한 샐린저(Salinger)의 평가서는 다음과 같이 적고 있다. "뉴질랜드 남쪽 섬에서 나온 빙하의 기록들은 11세기, 12세기 초반, 13세기 중반, 15세기 초반, 16세기 초반, 17~18세기, 그리고 19세기 중반에 한랭한 기간이 있었음을 나타내고 있다."[26] 이것은 한랭화의 패턴이 없었다는 것을 보여준다.

하지만 이 뉴질랜드의 자료들은 중세 온난기와 소빙하기, 그리고 현대 온난기를 명백히 보여준다. 예를 들어 뉴질랜드 동굴석순에서 나온 산소와 탄소 동위원소의 비는 현대 온난기가 나타나기 전인 1400년대에 기온이 급격히 떨어졌고, 1800년대 중반까지 계속 한랭했다는 것을 보여준다. 사실 윌슨과 크리스 헨디의 연구팀은 뉴질랜드 기후 변화 경향이 같은 시기 영국에서 나온 자료들이 보이는 기후 변화 경향과 비슷한 것에 놀랐다.[27] 양적으로 그리고 질적으로 비교한 결과들은 《사이언스》의 심사가 부적절한 것으로 보이게 하고, IPCC를 정치적으로 보이도록 만들었다. 쿡의 논문을 선택하는 것은 과학적으로 문제가 있는 자료를 선택한 것 이상으로 잘못되었다.

지구 북쪽부터 남쪽까지: 과거 기후 변동주기를 보여주는 더 과학적인 사실들

■ 빙하의 세계

빙하들이 사라질 때 사람들은 당황한다.

"동아프리카 킬리만자로 산과 페루 안데스 산맥의 빙하들이 아주 빠르게 녹고 있어서 10년이나 20년 안에 사라질 지경에 있다. 이 뉴스는 북극의 얼음 층의 두께와 넓이가 모두 녹아서 줄어들고 있다는 다른 경고들과 함께 나왔다. 남극의 빙하는 과거 10년간 심하게 줄어들었다. 오하이오 대학의 로니 톰슨에 의하면 현재 페루의 쿠엘카야(Quelccaya) 빙하는 1963년~1983년 사이의 20년 동안보다 과거 2년 동안 더욱 빠르게 줄어들고 있다. 킬리만자로의 얼음 층은 1912년 이후 최소한 80% 정도 줄었다. 케냐 산의 만년설은 1963년 이후 40% 줄어들었다. 1972년 베네수엘라에는 6개의 지역이 빙하로 덮여 있었는데, 지금은 단지 두 지역만이 그러하다. 그들 역시 10년 안에 녹을 것이다. …… '이들 빙하들은 석탄 광산에서 한때 쓰였던 카나리아와 아주 비슷하다'고 톰슨 교수는 말했다."[28]

그리고 빙하가 도래했을 때 당황한다.

"그해는 1645년이었다. 알프스의 빙하들이 변화하기 시작했다. 몽블랑 기슭의 샤모니(Chamonix)에서 사람들은 바다 얼음으로 된 빙하가 차지하는 지역이 늘어나는 것을 바라보며 두려움에 떨었다. 이전에도 그들은 서서히 늘어난 얼음들이 농장을 삼켜버리고 마을 전체를 뭉개는 것을 보았다. 그들은 제네바의 주교에게 도움을 청했고, 얼음으로 덮인 지역 앞에서 주교는 액을 막는 기도를 올렸다. 많은 빙하 지역들의 면적이 산 경사를 타고 늘어나며 내려오자 비슷한 드라마가 알프스와 스칸디나비아에 1600년대 후반부터 1700년 초반에 걸쳐 펼쳐졌다. 얼음 빙하가 북대서양의 대부분을 막았다. …… 중국에서는 장시성 지역의 혹독한 겨울이 수세기 동안 번창했던 오렌지 나무들을 사라지도록 했다."[29]

그러나 빙하는 늘어나고 줄어든다. 빙하는 우리 지구 환경에서 항상 존재하고, 항상 변화하는 부분이며, 한랭기에는 그 면적이 늘어나며, 온난기에는 줄어들기도 하고 때로는 사라지기도 한다. 물론 지구의 각 지역에서 이 현상은 가장 뚜렷하지만, 지구상의 고도가 높아 비가 얼음으로 바뀌고, 녹는점 이상으로 기온이 쉽게 올라가지 않는 여러 지역들에서도 나타난다.

사람들은 빙하가 줄어들 때를 걱정하고 있지만, 사실 우리는 빙하가 늘어날 때 치명적으로 어려움을 겪는다. 시카고 중부가 1마일 두께의 빙하로 덮인다고 상상해보라. 이것은 사실 마지막 빙하기 90,000년 동안 원시 사냥꾼들이 보았을 광경이리라.

빙하의 도래와 후퇴 시기는 빙하가 도래할 당시의 먼지 속 이끼류와 유기체에서 발견되는 탄소-14를 통해 추정가능하다.

역사 자료들을 보면 중세 온난기 동안 빙하가 후퇴하였고, 소빙하기 동안 거대한 불도저처럼 다시 도래했다는 것을 알 수 있다. 나무들과 다른 유기물질 잔재들은 빙하가 도래했던 가장 최근은 소빙하기였다는 것을 말하고 있다.

네덜란드 위트레흐트 대학의 요한 울러만스(Johann Oerlemans)의 연구는 2001년 IPCC 제3차 평가서에 인용되었다.[30] 그의 그래프는 세계 거의 모든 빙하들이 1850년경에 줄어들기 시작했고 1940년경에 그들 중 절반이 줄어드는 것을 멈추었다고 했다. 그러다 대부분이 1940년대 이후 다시 성장하기 시작했다.

울러만스에 따르면 빙하가 미래에 어떻게 될지는 확실하지 않다. 기후 변동에 대한 빙하의 반응은 시기, 장소, 고도, 강수량, 습도, 구름의 양 등에 따라 아주 다르다. 울러만스와 그의 연구팀은 12개 지역의 다른 산에 위치한 빙하들이 여섯 가지의 다른 기후 시나리오에 어떻게 반응하는지를 컴퓨터 모형으로 시험했다. 그들은 강수량이 변하지 않고, 1년에 0.04도 기온이 증가할 때 거의 모든 빙하들이 2100년까지 사라진다는 결과를 얻었다. 다른 한편, 1년에 0.01도 정도로 기온이 서서히 올라갈 경우—이 시험에서는 강수와 강설량의 10~20% 증가도 고려하였다—2100년까지 1990년 존재하던 빙하 부피의 10~20%만이 줄어든다는 결과를 얻었다.[31]

빙하에 대해서 우리가 확실히 말할 수 있는 한 가지는 다음 소빙하기가 지구상의 빙하들 대부분을 크게 할 것이며, 다음의 대빙하기는 다시 거대한 빙하가 지구 전역을 지배할 것이라는 점이다.

북극과 북극의 빙하들

가장 오랫동안 관측해온 18개의 북극 빙하를 1997년 조사하였다.[32] 이들 중 80% 이상이 소빙하기가 끝난 이후로 줄어들었다. 그러나 놀랍게도 북극 빙하가 이산화탄소 양이 대기 중에 늘어난 20세기에 더 빨리 줄어든다는 증거는 없었다. 사실 과학자들은 시간이 갈수록 빙하가 줄어드는 양이 느려진다고 이야기한다.

과거 7,000년에 걸친 북극 빙하의 도래와 후퇴는 빙하가 도래할 당시 바깥 경계지역에서 죽은 나무들의 성장 나이테들과 빙하가 후퇴할 당시 빙퇴석에 낀 이끼에서 나온 탄소들을 분석함으로써 그 시기를 추정한다. 콜로라도 대학의 파커 칼킨 박사는 중세 온난기 동안 빙하가 후퇴했으며 소빙하기 동안 15세기 초, 17세기 중반, 19세기 중반 이렇게 세 번 도래했다고 말한다.[33]

북극해에 있는 러시아 섬 노바야젬랴(Novaya Zemlya)에서는 빙하가 1920년 이전에는 빠르게 줄어들다가 점차 그 줄어드는 속도가 느려졌다.[34] 1950년 이후 빙하의 절반 이상이 줄어들기를 멈추었고 많은 빙하들이 다시 도래하기 시작했다. 왜일까? 지난 40년간 그 섬의 온도가 그 이전 40년간보다 겨울철과 여름철 모두 더 낮았기 때문이다. 그것은 컴퓨터 기후 모델이 예측한 21세기 북극 온난화에 반대되는 현상이었다.

과학적 증거 자료들은 북극의 빙하가 지구의 기온이 내려갈수록 늘어나고, 기온이 올라갈수록 줄어들었으며 중세 온난기와 소빙하기가 있었다는 점을 분명히 보여주고 있다. 북극 빙하들은 또한 이 지역들이 최근 온난화 경향을 보이지 않는다는 것을 입증하고 있다. 이 기간의 기후 역사에서 가장 권위 있는 학자 중의 한 사람인 진 그로브는 소빙하기의 시작 시기를 추정하기 위해 과학논문을 검토했다. 그녀는 소빙하기가 14세기 초반 북대서양을 둘러싸고 있는 지역에서 시작했으며, 관측 결과 모든 대륙들에서 빙하들이 늘어나고 있다고 결론지었다.[35]

1850년 이후 기온이 올라가는 동안, 유럽의 빙하들은 다시 후퇴하였다. 이것이 지구온난화를 보여주는 강한 증거이기도 하지만, 온난화가 자연적인 것인지 사람들이 만든 것인지에 대해서는 말해주지 않는다. 더구나 엑시터(Exeter) 대학의 크리스 카셀다인은 빙하가 녹는 속도가 더 빨라지는 경향이 지구상에 나타나고 있다는 어떠한 명백한 증거도 보이지 않았다고 이야기한다. 스칸디나비아 빙하들은 사실 자라고 있고, 러시아 코카서스 산의 빙하들은 거의 자라지도 줄어들지도 않는 평형상태에 있다.[36] 그리고 북서부 스웨덴의 유명한 스토글라시아렌(Storglaciaren)에서는 과거 30년과 40년에 걸쳐 얼음 덩어리가 상당히 커졌다.[37] 맨체스터 대학의 브레이스와이트 역시 1990년대에 빙하기가 커졌다고 주장하고 있다.[38]

▪북극 이외 지역의 빙하

<u>북부 아이슬란드</u> : 카셀다인은 1868, 1885년, 1989년, 그리고 1917년에 4개의 빙하의 크기가 최고에 달했다는 것을 발견하였다.[39] 이것은 소빙하기가 점차 끝났

다는 것을 명백히 보여주는 것이다. 빙하들 중 두 개는 카셀다인이 이 지역을 연구할 당시인 1985년까지 계속해서 줄어들고 있었다. 다른 두 빙하들은 기온이 섭씨 8도 이하로 내려가면, 더 이상 줄어들지 않았을 뿐만 아니라 주기적으로 다시 커졌던 것이다. 이런 일은 최근 수십 년간 여러 차례 일어났다.

남부 아이슬란드 : 남부 아이슬란드의 솔아이마조쿨(Solheimajokull) 빙하는 과거 300년 동안 늘어나고 줄어들기를 반복했고, 최근에는 최고와 최저 사이의 중간에 와 있다. 뉴질랜드의 매킨토시는 "최근의 빙하의 크기가 늘어나는 것은 냉각과 강수의 증가가 합쳐진 결과이다"라고 말하고 있다.[40] 더 춥고 더 습할수록 빙하의 양이 많아지는 것이다.

티베트 : 히말라야 산 중앙의 다수오프(Dasuopu) 빙하로부터 나온 빙하 코어자료는 1세기에 기온이 낮았고, 730년~950년 사이에 온난화가 강해졌다는 것을 보여주고 있다. 그런 후 빙하가 1850년까지 계속된 한랭기에 들어갔다가 현대 온난기 동안에 다시 줄어들고 있다.[42]

이탈리아 : 이탈리아 아펜니노 산맥의 기아치아이오 델 칼데론(Ghiacciaio del Calderone)은 유럽의 가장 남부에 위치해 있는 빙하이다. 역사적 자료들은 이 빙하가 1794년 질량의 절반 정도를 잃었다는 것을 보여주고 있다. 이탈리아 지질센터의 마우리치오 도레피스는 칼데론의 얼음 부피가 1794년에서 1884년 사이 아주 천천히 줄어들다가, 1990년까지 더욱 빨리 녹고 있다고 말한다.[43]

북아메리카 : 알래스카 프린스 윌리엄 주변의 빙퇴석들은[44] 시에라네바다 산맥의 빙하 빙퇴석에서 나온 나무 나이테들과 마찬가지로 소빙하기 동안 빙하가 증가

하였다는 것을 보여준다.[44]

남아메리카 : 페루, 칠레, 그리고 아르헨티나의 파타고니아 끝 쪽 안데스 산맥의 동부에 있는 빙하들은 모두 소빙하기 동안에 증가하였다.[45](이 동쪽 경사면은 태평양의 10년 진동에 의한 일시적 변화에 영향을 받지 않는다.) 페루 빙하들은 17세기에 가장 넓게 증가하였지만, 열을 보전하는 해양에 둘러싸여 있던 파타고니아 지역 빙하들은 19세기 동안 가장 넓게 증가하였다.

아프리카 빙하 : 열대 빙하들 역시 소빙하기와 현대 온난기를 겪었음을 잘 보여준다. 열대 빙하에 관한 자료의 양은 다른 지역들에 비해서 적다. 그러나 인스부르크 대학의 게오르크 카젤이 연구한 것을 보면 남아메리카, 아프리카, 그리고 뉴기니의 빙하들이 모두 소빙하기 동안 가장 많이 늘어났다는 것을 알 수 있다.

우리들이 예상했던 대로 소빙하기 말경인 "19세기 후반 이후" 빙하들은 후퇴하고 있었다. 1930년대와 1940년대는 열대 빙하들이 눈에 띄게 줄어들었다. 1970년 근처에는 녹는 속도가 점차 느려졌고, 몇몇 빙하들은 증가하기조차 하였다. 1990년대 "다시 빙하들의 후퇴가 모든 열대지역 산들에서 눈에 띄게 관측되었다."[46] 여기서도 빙하들은 역시 온도가 바뀌는 것에 조금 뒤처져서 반응을 보이고 있었다.

환경운동가들은 아프리카의 킬리만자로에 있는 빙하들에 대해서 특히 걱정을 많이 하는데, 1880년 이후 12제곱킬로미터이던 얼음이 2.2제곱킬로미터로 줄어들었기 때문이다. 카젤 박사는 최근 20명의 국제 과학자들로 이루어진 연구팀을 이끌고, 그 줄어드는 빙하를 조사하였다.[47] 그들은 킬리만자로에 있는 빙하들이 산 주변의 기후가 훨씬 더 건조해짐에 따라 줄어들고 있다고 결론지었다. 1880년대는 물론 사람들이 이산화탄소를 많이 방출하기 훨씬 이전이었다.

이게 전부는 아니다. 1953년~1976년 지구 전체가 한랭했던 기간에 빙하의 21%가 사라졌다. 지구의 한랭화 경향이 온난화 경향으로 바뀐 후(약 1979년), 킬리만자로 빙하는 그 줄어드는 속도를 늦추었다. (인공위성 자료들은 그 산 주변 지역의 기온이 지구온난화 경향에도 불구하고 그 기간 동안 낮았다고 말한다.) "높은 기온이 지금까지 빙하의 후퇴 과정에 역할을 한 것은 아니다"라고 카젤 박사 연구팀은 말하고 있다.[48]

뉴질랜드 : 뉴질랜드, 특히 웨스트랜드 국립공원과 후커 산맥지역에 있는 130개 이상의 빙하에서 나온 빙퇴석들을 분석했다. 이 자료들은 소빙하기 중 특히 3번의 기간 동안 빙하가 도래했고, 1620년, 1780년 그리고 1830년에 가장 많이 늘어났다는 것을 보여주고 있다.[49] 쿡 산의 뮬러 빙하와 태즈메이니아 빙하 역시 소빙하기 동안 가장 많이 늘어났다.[50]

남 셰틀랜드 섬들 : 이끼류의 화석[51]과 호수 침전물들을[52] 분석한 결과들은 남극의 북부에 있는 빙하들 역시 소빙하기 동안에 도래했음을 보여준다.[53]

남극의 빙하들 : 남반구의 스콧(Scott) 해안에서 윌슨 피드먼트(Wilson Piedmont) 빙하가 소빙하기의 시기와 거의 때를 같이해서 도래했다. 이 도래 시기는 빙퇴석에서 나온 이끼류에 사용되는 탄소 연대분석법과 비슷한 분석방법을 통해 밝혀졌다. 과학자들은 탄소-14 연대분석을 이용하여 빙하들 속의 유기물질들을 분석하였다.(1950년대 이후에는 항공사진들과 직접 관측법 등을 사용하였다.)[54]

130개 이상의 남반구 빙하들이 소빙하기 동안 도래했다는 것과, 그들 대부분이 잘 알려진 지역인 뉴질랜드란 것을 주목하라! 왜 IPCC는 남반구에 있었던 이 거대한 지구 한랭화에 대해 확인된 사실들을 무시하고, 태즈메이니아 소나무에 관한, 아주 문제가 많은 연구를 인용했던 것일까?

기온변동을 간접적으로 나타내는 다른 자료들

그린란드 : 북대서양의 날씨 패턴을 연구하기에 좋은 장소일 뿐만 아니라 이곳은 얼음이 많이 쌓이는 곳이므로 빙하 코어를 시추하기에 훌륭한 장소이다. 코펜하겐 대학의 도티 달-젠슨과 연구팀은 그린란드에 있는 두 개 얼음층의 시추공으로부터 그린란드의 과거 기온 변동에 관한 자료를 재정리하였다. "자료들은 기원후 1000년경 중세기가 그린란드의 현재보다 1도 더 높았다는 것을 보여주고 있다. 기원후 1550년과 1850년에 있었던 특히 추웠던 두 기간들이 소빙하기 동안 관측되었는데, 현재보다 −0.5도와 −0.7도 정도 기온이 낮았다. 소빙하기 이후 기온이 1930년경에 최고에 달했고, 지난 수십 년간 감소하고 있다."[55](그 연구팀은 1995년경 연구를 끝냈다.)

동그린란드의 협만에서 나온 침전물들을 분석한 결과들은 1300년경에 한랭화가 시작되었고, 1630년과 1900년 사이에 아주 극심하게 기후 조건이 변했다는 것을 보여주고 있다.[56]

알래스카 외곽 : 올드 도미니언 대학의 데니스 다비가 이끄는 연구팀은 멀리 떨어진 알래스카 대륙으로부터 얻은 침전물을 분석했다.[57] 단세포 유기물질들이 남긴 작은 포낭들의 숫자와 종들에 대한 연구결과들은 해수면 온도와 해수 빙하층에 대해 알려주었다. 그들 연구들 중 가장 놀라운 결과는 이전 자료들이 보여주는 북극 기온의 큰 변동 경향이었는데, 지난 8천 년에 걸쳐 6도 정도 변했다. 이는 그린란드 빙하판에서보다 훨씬 더 큰 변동 폭이었던 것이다.

중앙 알래스카 : 과거 기온이 더 높았다는 증거가 중앙 알래스카에서 역시 발견되었는데, 과거 간빙기 시기에는 산림이 훨씬 더 넓게 확장했었고, 영구 동토층이 없었다는 것을 자료들이 보여준 것이다.[58]

추정되는 여름 최저 기온은 지금보다 적어도 1~2도 정도 더 높았고, 어떤 지역들에서는 5도 정도 더 높았을지도 모른다. 알래스카의 대부분은 최근 수십 년간 기온이 올라갔다. 그러나 북태평양에서는 크고 갑작스러운 기후 변동이 뚜렷하게 나타난다.[59] 과학자들은 1650년 이후 이 지역에서 11번의 주요 변동을 확인했다. 알래스카는 태평양 기류 덕분에 북극의 나머지 지역들에서 나타나는 한랭화 경향과는 반대를 달리고 있다. 그렇지만 1976년과 1977년 태평양 10년 주기 진동이 알래스카에서 최근 나타난 기온 상승을 초래했을 것이다.

퀘벡 북부지역 : 오랜 세월 동안 갈라진 토양의 틈으로 여름에 물이 들어가고 겨울에 얼면서 만들어진 얼음층에서 과거 4000년간에 걸친 기후자료들을 만들었다.[60] 수세기 동안에 걸친 자료들이 만들어졌는데, 이 지역이 1500년과 1900년 사이, 즉 소빙하기 동안 아주 추웠다는 것을 나타냈다. 관측 자료들은 지난 50년간 이 지역이 더 한랭했다는 것을 보여주고 있다. 얼음 층을 분석한 결과들은 이 지역의 나무 나이테 분석 자료들이 보여주는 결과들과 일치하였다.[61] 나무들은 760년과 860년 사이에 기온이 낮았다는 것과 1025년과 1400년 사이에 지독한 추위가 있었다는 것을 보여주고 있다.

■ 남쪽으로 옮겨서 중앙 유럽으로

스웨덴 룬드 대학의 비요른 비에르그룬드(Bjorn Berglund)는 태양 노출 기간, 빙하들의 변동 경향, 호수와 해수의 높이, 습지들의 변동, 나무 나이테와 나무 성장 등을 포함한 유럽 기후 자료들을 광범위하게 조사하였다. 비에르그룬드는 노르웨이 해에서 나온 해조류 화석뿐만 아니라 다양한 나무 나이테 연구들을 통하여 암흑기 동안 나타난 한랭화를 증명했다. 앞에서 언급했던 것과 같이, 그 역시 빙하가 약 500년경 후퇴를 시작해 중앙 유럽과 스칸디나비아 전역에 걸쳐 뻗어나갔다는 것을 발견했다.[62] 비에르그룬드는 암흑기에 이어 700년에서 1200년 사이에 중세 온난기와 관련하여 농경 전성기가 있었다며 다음과 같이 말했다. "기후가 따뜻하고 건조했고, 수목선이 아주 높은 고도까지 올라갔으며, 빙하들이 후퇴했다."[63] 1200년 이후 유럽 기후는 소빙하기의 시작과 더불어 훨씬 더 한랭해지고, 습해졌다.

스칸디나비아 : 1990년 영국 이스트앵글리아 대학의 케이트 브리파(Keith Briffa)가 이끌고 있던 연구팀은 1400년 동안의 이 지역 나무 나이테 자료를 분석한 결과 중세 온난기나 소빙하기에 대한 어떠한 근거도 찾을 수 없었다.[64] 하지만 1992년 브리파와 그 팀원들은 《기후역학》이라는 저널에 학술논문을 발표하였는데, 거기에서 이들은 "우리들이 지난번에 발표했던 자료들은 나무 나이테 자료를 정리하는 데 사용했던 통계분석 방법 때문에 장기간의 온도 변화를 알아내는 데 한계가 있었다. 지금 이 논문에서는 다른 통계방법을 사용하여서 장기간의 온도 변화 경향을 계산할 수 있게 되었다"고 말했다.[65]

이 두 번째 보고서는 500~700년 사이 한랭기가 있었음을 보여주었고, 특히 660년을 아주 추웠던 해로 기록하고 있다. 그리고 720~1360년 사이 (중세 온난기) 기후가 온난했으며, 10세기, 11세기, 12세기 그리고 15세기 초반에 특히 기온이 높았다는 것을 보여주고 있다.

아일랜드 : 더블린 대학의 프랭크 맥더모트는 동굴석순에서 나온 산소-18 동위원소를 분석했는데,[66] 그 자료들이 보여주는 기온 변동 경향은 800년~1200년 전 중세 온난기와 소빙하기를 잘 보여주었고, 이전에 발표된 그린란드 빙하 자료들이 보여주는 결과들과도 일치하는 것이었다. 맥더모트 연구팀은 이 자료들에서 로마

온난기와 추운 암흑기 역시 찾을 수 있었다.

독일 : 동굴석순은 소빙하기, 중세 온난기, 로마 온난기, 그리고 명명되지 않은 로마기 이전의 한랭기 등 17,000년 이전까지의 기온 변천사를 보여주었다.[67] 저자들은 그들의 석순 자료들이 맥더모트가 분석한 아일랜드 석순 자료들과 같은 결과를 보인다고 지적했다.

스위스 : 뇌샤텔(Neufchatel) 호수의 침전물 속 탄소와 산소 동위원소 자료들이 1,500년 기후 변동을 재구성하는 데 사용되었다. 저자들은 스위스의 기온이 중세 온난기에서 소빙하기로 전환되는 동안 1.5도 떨어졌다고 말하고 있으며, 온난기 동안은 연평균기온이 현재보다 더 높다고 지적하고 있다.[68]

발트해 : 침전물을 분석한 자료들은 해조포낭이 줄어들며 찬물에서 사는 해조류가 늘었다는 것을 보여주며 약 1200년부터 한랭기가 시작되었다는 것을 보여주고 있다.[69] 유럽연합의 발트해 시스템 연구프로젝트를 담당한 토머스 안드렌과 스웨덴 웁살라 대학의 엘리노 안드렌 그리고 스웨덴 왕립기술연구소의 군나르 솔레니우스는 침전물을 분석함으로써 현재 발트해에서는 찾을 수 없는 열대와 아열대 해양 플랑크톤들이 중세 온난기에 존재했었다는 것을 보여주었다. 즉, 발트해는 현재 수온이 너무 낮아 중세 온난기에 살았던 바다 생물들이 지금은 살 수 없다는 것이다.[70]

지중해 : 적도 근처에서는 기온이 1,500년 주기 사이클을 보이기는 하지만 그 변화 강도가 크지 않다. 하지만, 강수 지역의 변동성이 크게 나타나는데, 두 개의 다른 연구 결과들이 남스페인 강수 패턴에서 나타나는 1,500년 주기의 기후 변동 사이클에 대해서 알려주고 있다.

지중해 동부 : 이 지역에서는 침전물들이 빠르게 축적되어 온도 변동에 관한 정확한 정보를 잘 간직하고 있다. 이스라엘 지질조사반의 베티나 쉴만은 플랑크톤 속의 산소-18과 탄소-13 동위원소, 티타늄과 알루미늄의 비, 철과 알루미늄의 비, 그리고 자화율, 색지수와 같은 자료들로 기온 변동을 조사하였다.[71] 그녀는 갑작스러운 기후 변동이 270년 이전과 800년 이전에 나타났으며 이는 소빙하기와 중세 온난기와 연관되었을 가능성이 크다고 지적했다. 또한 중세 온난기 동안 나일강 상류에서 강수량이 최고를 기록했을 뿐 아니라, 사하라 호수,[72] 사해,[73] 그리고 갈릴리해[74]의 수위가 중세 온난기에 올라갔다는 것을 보여주었다.

■ 중동 지역

오만 : 독일 하이델베르크 과학연구소의 울리히 네프는 아랍반도의 동굴석순 속 산소-18 동위원소를 분석함으로써 이 지역의 우기 동안 강수량이 1,500년 주기로 변하고 있다는 것을 증명하였다. 네프의 이 강수량 자료는 1,500년 주기와 태양 사이의 연관성을 제일 먼저 제시했던 제라드 본드 팀의 해저 침전물 자료보다 훨씬 더 정밀했다. 또한 네프는 산소-18 동위원소들은 태양활동과 밀접한 연관성이 있다고 지적하고 있다. 네프의 연구팀은 계절풍이 기후 최적기(5000년~7000년 이전) 동안 훨씬 더 강했으며, 아프리카의 사하라 주변 지역과 아라비아, 인도 지역에 많은 양의 강수량을 동반한 우기를 형성하였다고 지적하고 있다.[75] 오만 석순의 사이클은 10,000년 이전 그린란드 빙하 코어에서 나타난 기온 변동 패턴과 일치하였는데, 이것은 빙하기가 시작되고 끝나는 시기와 관련이 있다는 것을 나타내는 것이다. 이 자료에 근거하면 대부분의 빙하들이 녹은 과거 7천년 동안 인도양 몬순은 태양활동의 변화에 지배를 받았다고 추측된다.[76]

아라비아해 : 파키스탄 카라치(Karachi) 서부에서 나온 해저 침전물을 분석한 자

료들은 거의 5천 년을 거슬러 올라가는데, 이 자료들은 이전에 그린란드 빙하 코어 자료를 통해 밝혀진 1,470년 기후 변동 사이클을 다시 확증하는 것이었다. 버거 박사와 울리히 폰라드는 이 변동 사이클이 조수 변화에 의해 형성된다고 주장하면서 기후 시스템의 내부적 변동 자체에 의해 이 기후 사이클이 만들어진 것이 아니라고 하였다.[77]

▪아시아

시베리아 : 〈그림 9.2〉는 나무 나이테 자료를 이용해서 만든 2,200년간의 기온 변화를 보여준다. 이 그림에서 로마 온난기 이전 한랭기, 로마 온난기, 한랭했던 암흑기, 850~1150년 사이의 중세 온난기, 이어서 1200~1800년 사이 한랭기를 볼 수 있다.[78]

티베트 고원 : 이 지역 토탄습지에서 나온 산소-18 동위원소 자료들에 따르면, 1100~1300년 사이 세 차례 극심한 한랭기가 암흑기 동안에 있었고, 1100년과 1300년 사이 온난기, 그리고 1370년과 1400년 사이, 1550년부터 1610년 사이, 그리고 1780년과 1880년 사이 다시 한랭기가 있었다.[79]

중국 : 망간과 스트론튬의 비를 이용해서 베이징 근처의 동굴석순자료들을 분석한 결과, 700년과 1000년 사이 중세 온난기와 일치하는 강한 온난기가 있었음을 알 수 있었다.[80] 1500~1800년 사이에는 기온이 현재보다 약 1.2도 낮았다.

일본 남부 야쿠시마 섬 : 거대한 일본 삼목으로부터 나온 탄소-13 동위원소는 800~1200년 사이 현재보다 약 1도 정도 따뜻한 온난기가 있었으며, 1600~1700년 사이에는 현재보다 약 2도 정도 낮았음을 보여주고 있다.[81] 지구 기후 사이클의 시

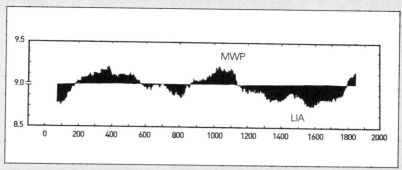

그림 9.2 나무 나이테로부터 얻은 2,000년간의 시베리아 기온에 관한 자료들은 1,500년 주기의 기후 변동을 보여준다.

기는 중국과 일본 사이에 차이가 나는데, 이것은 해류가 중국 대륙보다 일본 열도에 강하게 영향을 미치기 때문이다.

▪북아메리카

이제 북아메리카 기후 변동 사이클을 나타내는 가장 확실한 두 가지의 자료들을 검토해보자.

첫째, 북아메리카 화분 자료는 과거 14,000년 동안 기온이 바뀜에 따라 평균 1,650년을 주기로 광범위하게 식생 분포가 변했음을 보여준다.[82] 식생 분포의 변화는 북미 대륙 전체에 걸쳐 나타났다. 가장 최근의 변동은 약 600년 전 소빙하기에 절정을 이루며 나타났다. 그 이전 변동은 약 1,600년 전에 시작해서 1,000년 전 중세 온난기에 온도 상승치가 최고를 기록했다.[83]

둘째, 미국 오대호의 수위는 1,500년 기후 변동 사이클에 강하게 반응하는 것으로 나타났는데, 한랭기 동안 수위가 높았고, 온난기 동안 낮았다. 증발률은 한랭기 동안 확실히 낮았고, 우기에는 더 높았다. 인디애나 대학의 토드 톰슨과 제임스 메디슨 대학의 스티브 베드키는 해안 평원(strandplains)—능선이 해안선과 나란하게 뻗은 모래 언덕으로 해수 속 침전물들을 함유하고 있다—을 연구했다. 이 해안 평원은 흔히 볼 수 있는 것으로 해안가에 일련의 능선이 흔하게 존재하는데, 호수와 습지의 수위를 보여줄 뿐만 아니라 침전물 속의 유기물질들은 그 모래 둔덕들의 나이를 나타낸다. 호수들은 2,300년 이전부터 1,900년 이전 사이에 낮았는데, 이것은 로마 온난기를 나타내는 것이다. 그런 뒤 수위는 한랭한 암흑기에 해당하는 100~900년 사이 다시 상승했다.[84] 그리고 두 단계의 소빙하기를 반영하면서 1300~1600년 사이에 다시 수위가 높았음을 나타내고 있다.[85]

남부 온타리오 : 캐나다 환경청의 이안 캠벨과 존 맥앤드류는 소빙하기 기후가 한랭해지면서 있었던 삼림의 변화를 화분 자료를 통해 연구했는데, 따뜻한 해안 수목들이 번성하던 지역들이 한랭한 기후를 잘 견디는 참나무 식생지로 바뀌었음을 알 수 있었다.[86] 컴퓨터 시뮬레이션 결과를 보면, 소빙하기 동안 기온과 수목 종들의 변화에 의해 온타리오 숲의 전체 식생량이 30% 줄었으며, 온타리오 식생량은 여전히 중세 온난기 동안의 값을 되찾지 못했다.

남부 시에라네바다 산맥 : 시에라네바다 산맥 남부의 소나무와 노간주나무를 연구한 자료들은 1100~1375년 사이에 20세기보다 더 따뜻한 시기가 있었고, 1450~1850년 사이에 소빙하기에 해당하는 한랭기가 있었음을 보여준다.[87] 캘리포니아 네바다 경계 지역에 있는 아주 오래된 소나무들의 나이테 폭의 연대기 자료를 보면 기원전 3431년까지 거슬러 올라가는데, 기원후 800년부터 현재까지의 자료들을 100년씩 통계적으로 평균한 값들이 영국에서 관측한 과거 기온 자료들과 상관관계가 있음을 나타내고 있다.[88]

▪중앙아메리카

라틴 아메리카의 기온은 지역에 따라 다른데, 적도 지역의 기온은 다시 구름양과 구름의 높이에 따라 달라지며, 다른 지역들은 고도와 풍향, 그리고 해수면 온도에 따라 달라진다. 남단 근처 지역에서는 해수면 온도가 그 지역의 기온을 결정하는 지배적인 요소가 된다.

<u>페루</u> : 알렉스 쳅스토우-러스티는 호수 바닥에서 채취한 4,000년 된 코어 속 화석 화분의 양이 줄어들고 있음을 발견했는데, 이것은 로마 온난기가 지나고 암흑기가 되면서 100년 이후의 수세기 동안 강수가 줄어들었음을 나타내는 것이다.[89] 900년 이후 기온이 올라가고 식물들의 수가 많아지면서 화분의 양이 증가하다가, 소빙하기가 되면서 다시 화분의 양이 감소하는 것을 볼 수 있었다.(페루의 기후 변동은 아일랜드의 맥더모트 동굴석순이 나타내는 기후 변동과 시기적으로 일치하였다.)

<u>아르헨티나</u> : 산타페 대학의 마틴 아이리온도는 홍수에 관한 기록들, 선원들의 보고서와 같은 역사적 자료들을 보면 중앙 아르헨티나 지역의 강수량이 현재보다 중세 온난기 동안 더 많았음을 알 수 있다고 이야기한다. 그 자료에 의하면 중세 온난기 동안 열대 수렴지역이 남쪽으로 옮겨가면서 기온이 현재보다 2.5도 더 높았던 것을 알 수 있다.[90] 또한 아르헨티나의 높은 화산 고원의 호수 침전물을 조사한 연구결과들은 지구 기온이 온난했다가 한랭했다가를 반복함에 따라 강수량과 기후가 급변했다는 것을 보여주었다.[91]

▪아프리카, 적도의 남쪽

케냐 산 고지 : 이스라엘 와이즈만 연구소의 연구팀이 고도가 약 14,000피트나 되는 하우스베르크의 호수로 배와 천공기 등의 장비들을 가지고 등반해, 기원전

2250년과 기원후 750년 사이 호수 바닥에 축적되어 있던 6피트 정도의 침전물 코어들을 채취했다. 해조 유기분자 골격 속의 산소 동위원소 비를 분석한 결과, 수온이 낮았을 때는 무거운 산소-18 동위원소가 적게 함유되어 있음을 알 수 있었다. 이 자료들이 보여준 가장 이례적인 결과는 약 4도 정도의 급격한 온난화가 기원전 350~기원후 450년 사이에 적도 동쪽 아프리카에 있었음을 나타내는 것이었다.[92] 로마 온난기였을까? 와이즈만 연구팀들은 스웨덴 쪽 라플란드(Lapland)와 알래스카 세인트 엘리아스 산의 북동쪽, 그리고 캐나다 유콘에서도 같은 기간 동안 온난기가 있었음을 지적하고 있다.

남아프리카 : 이 지역의 기후 변동을 나타내는 가장 중요한 자료로 동굴석순을 들 수 있다. 남아프리카 대학의 기후 연구팀을 이끌고 있던 피터 타이슨은 그의 연구팀과 함께 남아프리카 마카판스가트 골짜기 동부의 동굴에서 나온 석순을 분석하였다. 산소-18과 탄소-14 동위원소들과 석순의 층에서 얻은 색 밀도 자료들을 이용하여서 과거 기온에 관한 자료들을 만들었다(따뜻한 시기에는 토양 속의 유기물들이 늘어나면서 석순에 어두운 층들이 만들어지고, 반대로 한랭한 시기에는 옅은 층들이 만들어지는 것이다).

〈그림 9.3〉은 타이슨의 연구팀이 기록한 기온 자료를 보여주고 있다. 이 자료에 따르면 중세 온난기는 기원후 1000년 이전에 시작해서 1300년경까지 지속되었으며, 기온이 현재보다 약 3~4도가량 더 높았다. 그 지역의 소빙하기는 1300년경에 시작해서 1800년까지 이어졌는데, 남아프리카 내부는 지금보다 약 1도 정도 기온이 낮았다.[93] 기온이 전체 1000년 동안 변했는데, 중세 온난기 동안 더 많이 변했다. 여기에서 주목해야 할 것은 남아프리카에서 소빙하기 동안 기온이 가장 최저를 기록한 때가 태양활동이 적었음을 나타내는 마운더 흑점 극소기와 일치한다는 것이다. 이 남아프리카 석순 자료들은 또한 800년과 기원전 200년 사이 동굴 지역에서

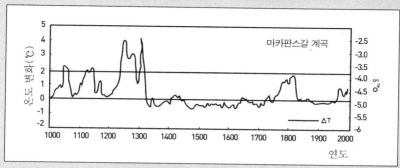

그림 9.3 남아프리카 동굴 석순에서 얻은 1,500년간 기온 자료. 중세 온난기, 소빙하기, 현대 온난기가 있었음을 보여준다.

한랭기들이 있었음을 보여주고 있는데, 이것은 로마 온난기 이전 명명되지는 않았으나 이미 알려진 한랭기와 시기적으로 일치한다.[94]

■남반구 대양 주변

뉴질랜드 : 뉴질랜드의 한 동굴 속에서 채취한 동굴석순의 산소-18 동위원소를 분석한 연구 결과는 1200~1400년경 기온이 높았다가, 1600~1700년 사이 가장 낮은 기온을 기록한 시기가 있었음을 보여준다. 뉴질랜드 와이카토 대학의 윌슨과 크리스 헨디는 뉴질랜드가 남반구에 위치하고 있고, 유럽으로부터 멀리 떨어져 있다고 언급하면서 뉴질랜드에서 나온 중세 온난기와 소빙하기에 관한 자료들은 이 기후 변동 현상이 유럽에만 국한된 것이 아니라 전 지구적인 현상이라는 것을 보여준다고 강조했다.[95]

그 동굴석순 자료들이 나타내고 있는 한랭기가 컬럼비아 대학의 아리고가 노스섬 소나무의 나이테 자료를 분석한 결과와 일치하였다.[96]

시그니 아일랜드 : 남극과 남아메리카 남쪽 끝자락 사이 호수 침전물에서 발견된 산소 동위원소들은 7,000년간의 기후를 보여준다.[97] 이 자료들은 로마 온난기와 암흑기를 뚜렷하게 나타낸다.

남극 : 남극 반도의 북쪽 끝 지역에서 한국 서울대학교의 김부근 교수는 브랜스필드 분지(Bransfield Basin)에서 나온 해저 침전물 코어 자료들을 분석하였는데, 이 자료들은 과거 이 지역에도 소빙하기와 중세 온난기 그리고 그 이전의 온난기/한랭기 사이클들이 있었음을 보여주었다.[98] 김부근은 또한 1988년 남극 맥머도(McMurdo) 만에서 미세한 해조 화석 자료들을 분석한 레벤터(A. Leventer) 던바(R. B. Dunbar) 박사의 연구결과들을 포함해서 남극의 해양 침전물들을 분석한 여러 연구들에서 소빙하기에 대한 증거를 찾을 수 있다고 지적했다.[99]

기후가 온난해지고 한랭해짐에 따른 가뭄과 강수의 변동

▪북아메리카

캐나다 : 서부 평원지역에 있는 219호수의 침전물들에서 채취한 유기물질들을 분석한 결과들은 기후는 우기와 건기를 대략 매 1,220년 주기로 반복해왔음을 보여준다. 이 자료들에 의하면 이 지역은 한랭기 동안 더 건조했고, 온난기 동안 더 습했다.[100]

미국 서부 : 이 지역은 대평원과 태평양 북서지역에 걸쳐 중세 온난기 동안 최소한 200년 동안 가뭄을 겪었다고 알려져 있다. 남동부 지역 역시 가뭄을 겪었지만, 중서부와 캐나다 동부 아북극 지역은 우기를 겪었다.

캘리포니아 산악 지역 : 캘리포니아 지리학자 스콧 스틴은 층으로 쌓인 화산재를 방사성 탄소의 연대자료와 호수 지역 관목들의 나이테 성장 기록들을 이용하여 가뭄의 시기들을 연구하였다.[101] 가뭄 동안 줄어들었던 물이 우기 동안 늘어나면서 나무들이 물에 잠기게 되는데, 스틴 박사는 캘리포니아 모노, 피라미드, 그리고 테나야 호수에서 나온 수목 자료들을 조합해서 분석한 결과, 이 지역은 약 1000년경에 시작해서 약 140년 동안 심한 가뭄을 겪었고, 다시 1350년경 즈음에 시작해서 약 100년에 걸쳐 또 다른 가뭄을 겪었음을 알 수 있었다. 이후의 자료들은 타호의 북쪽 피라미드 호수부터 수백 마일 남쪽에 위치한 죽음의 계곡(Death Valley) 서쪽에 위치한 오웬스 호수(Owens Lake)에 걸쳐 넓은 가뭄 지역이 형성되었었다는 것을 보여준다. 스틴 박사는 18세기 후반과 19세기 초반 동안에 있었던 가뭄을 포함해서, 이 지역에 여러 차례 심한 가뭄이 있었다고 말한다.[102]

캘리포니아 산악 지역의 소나무 나이테 자료들 또한 이 지역에 700~1300년 사이 건조하고 온난한 시기들이 있었음을 확증하고 있다.[103]

스틴 박사는 지질학자 그렉 와일즈가 분석한 수목자료들이 알래스카 프린스 윌리엄 사운드(Prince William Sound) 지역에 빙하가 도래하면서 사라졌음을 보여주는데, 그 시기가 캘리포니아 가뭄 시기들과 일치한다고 지적하고 있다. 스틴 박사는 1976년과 1977년 대기 중 제트기류가 북쪽으로 옮겨짐에 따라 나타난 캘리포니아의 건조한 겨울과 알래스카의 습한 겨울이 1000~1400년경 사이에 있었던 가뭄 현상을 설명하는 것일지도 모른다고 언급했다.

스틴 박사는 아르헨티나 남단 파타고니아 호수 바닥에 뿌리를 두고 자란 최소한 100년 정도 된 나무들을 분석했는데, 이 지역의 가뭄이 캘리포니아 지역의 대가뭄 시기와 최소한 부분적으로 일치한다고 발표했다. 그는 파타고니아의 가뭄을 제트기류의 변동과 연결시켰다.[104]

체사피크 만(Chesapeake Bay) : 데브라 윌라드 연구팀은 체사피크 만 근처 침전물 코어 속 포낭과 화분 화석을 분석했는데, 이 지역에 여러 차례 건기가 있었음을 발견했다. 어떤 건기는 중세 온난기 중 800~1200년 사이 약 500년간이나 지속되었다.[105] 또 다른 건기는 미국 남동부 지역에 걸쳐 나타난 건기보다 훨씬 더 건조했음을 알 수 있었다.[106]

윌라드 연구팀은 대서양 중부에 걸쳐 있었던 건기들이 미국 중부와 남서부에 있었던 대가뭄 시기들과 일치하고, 이 가뭄들이 현대에 나타난 가뭄보다 훨씬 심했던 것이라고 지적했다.[107]

이 결론은 로마 온난기와 중세 온난기 동안 수세기에 걸친 가뭄이 있었던 것을 보여주는 대평원의 나무 나이테 자료들,[108] 호수 속 미세한 화석들,[109] 미네소타 호수 침전물을[110] 분석한 결과에 의해 다시 확증되었다. 윌라드 연구팀은 16세기 후반 체사피크 만 지역에 있었던 가뭄이 수십 년간 지속되었다는 것을 발견했고, 이것은 버지니아 연안지대에서 발견된 고대 삼나무의 나이테 자료들을 분석한 또 다른 연구 결과들에 의해 다시 한 번 검증되었다.

노스캐롤라이나의 잃어버린 식민지 로어노크(Lost Roanoke Colony) : 신세계를 찾아 건너온 첫 영국 이주민들 중 117명의 남자들, 여자들 그리고 어린아이들이 지난 800년간 가장 극심한 가뭄이 있었던 1587년 8월 22일에 사망했다. 이 가뭄은 1587년부터 1589년까지 3년간 지속되었는데, 이 3년은 지난 800년 동안 가장 건조한 3년으로 기록되고 있다. 이 지역의 나무 나이테 자료는 제임스타운 정착민들이 1607년 4월 이곳에 도착했는데, 불행히도 이 시기는 지난 770년 동안 가장 건조한 7년으로 기록되고 있다.[111]

중앙아메리카와 남아메리카

멕시코와 마야 문명: 멕시코 유카탄 반도의 널리 알려진 마야 문명은 1200년경 극심한 가뭄이 있었던 암흑기 말에 멸망했다. 베네수엘라 북부 해안 카리아코 해분 (Cariaco Basin)에서 나온 침전물들은 17세기에 들어서 가뭄이 시작됐고, 200년 이상이나 지속했다는 것을 보여준다. 남부 캘리포니아 대학의 제럴드 호그와 우즈 홀 해양연구소의 콘라드 휴겐은 침전물 속의 티타늄 농도를 측정했다(강수량이 많을수록, 티타늄의 양이 많다).[112]

마야 도시들은 로마 온난기를 거치면서 1000년 동안 유카탄의 저지대에서 융성했다. 그러나 암흑기에 마야인들은 최소한 수백 년에 걸친 가뭄으로 고생했다. 가장 극심한 가뭄이 있었던 해는 810년, 860년, 그리고 910년이다.

강수는 마야인들에게 특히나 중요했는데, 이는 그들이 살고 있던 땅이 석회암으로 구성된 저지대여서 지하수가 빨리 땅속으로 침투되는 바람에 식수로 사용할 수 있는 강이나 지하수들이 거의 존재하지 않았기 때문이다. 마야 문명이 발달한 도시들은 빗물을 저장할 수 있는 시설들을 여러 곳에 설치하였고, 복잡한 수로 시스템들을 이용해서 관개에 필요한 물을 공급하였다. 마야인들이 생존하기 위해 빗물은 절대적인 것이었다. 기후가 바뀌는 시기에 첫 극심한 가뭄이 있었던 250년은 이들에게 처음으로 위기가 닥친 해이기도 했다. 여러 마야 도시들이 버려지기 시작했다. 하지만 비가 다시 내리면서 그 도시들에 사람들이 다시 이주하였다. 약 750년경까지 마야 도시들에 살고 있던 전체 인구수가 3백만 명 이상이었기 때문에 수로 시스템이 많이 발전되고, 확장되었다. 이즈음 이 지역에 극심한 가뭄이 있었고, 마야문명이 결국 붕괴했다. 그 이유는 아주 간단하다. 줄어든 강수량으로는 그렇게 많은 인구들이 생존할 수 없었기 때문이다.

칠레 중부 : 라구나 아쿨레오(Laguna Aculeo)에서 나온 지질 화학자료, 해저 침진물, 해조류 포낭 농도 자료들은 기원전 400년에서 기원후 200년 사이(로마 온난기 이전의 한랭기), 500~700년 사이(암흑기), 그리고 1300~1700년 사이(소빙하기)에 홍수로 인한 범람이 크게 증가하였음을 보여준다. 한랭기 동안에는 편서풍이 이 지역으로 더 많은 강수를 몰고 오는 것이다.[113]

남아메리카 남단 : 중세 온난기와 이와 비슷한 시기 캘리포니아에 가뭄이 있었을 당시 남아메리카 남단 지역은 수세기 동안 비정상적으로 가물었다. 앞에서 언급했듯이 스콧 스틴은 소빙하기 동안 늘어난 강수량 때문에 아르헨티노(Argentino), 카르디엘(Cardiel), 지오(Ghio) 같은 호수 지역에서 수백 년 된 나무들이 자랐다는 것을 발견했다.[114]

아프리카의 가뭄

아프리카 대부분의 지역은 열대성이거나 아열대성이다. 이 지역은 기록된 고대 역사자료들이 거의 없고, 산이나 빙하도 거의 없다. 그러나 강수 분포의 복잡한 주기 변동이 있었음을 증명하는 자료들이 발견되었다. 플로리다 대학의 샤론 니콜슨은 강수자료, 여행자들이 쓴 보고서들, 그리고 강이나 호수에 관한 지리학적 연구조사 자료들을 모아서 과거 아프리카의 기후와 환경 변화에 관한 자료들로 재구성하였다.[115] 언론과 UN 학회를 들쑤셨던 "사막화 과정"은 상대적으로 아주 작은 규모이고, 인간 활동에 의해 산림 규모가 줄어드는 정도는 자연적 기후 변동에 따른 영향에 비하면 아주 미미하다는 연구 결과를 발표했다. 심한 가뭄은 이 시기에 편재했고, 주민들은 다른 곳으로 이주했으며, 여러 부족들 사이에 전쟁이 있었다. 19세기

빗금 친 부분이 아프리카 사헬 지역이다.

중엽에는 온난화로 인하여 호수들이 다시 높은 수위를 보였는데, 이것은 20세기의 수준을 뛰어 넘는 정도였다.[116]

니콜슨은 9~14세기 사이에 북아프리카에서 우기가 있었는데, 이 시기에는 코끼리와 기린들이 많았고, 원주민들의 마을이 융성했으며, 사막의 남쪽 경계 부근의 사헬(Sahel)에서 말리(Mali) 제국이 번성했다. 사헬 지역은 16세기에서 18세기까지 상대적으로 우기를 맞았다.

웨일즈 대학의 헨리 램 교수는 훨씬 남쪽 지역인 케냐의 나이바샤(Naivasha) 호수 바닥에서 채취한 화분 자료들을 연구했는데,[117] 그 당시 사하라에서 나타나고 있던 우기와는 상반되게 케냐는 온난기 동안인 980~1200년 사이에 가뭄을 맞고 있었다는 것을 발견했다.

램 교수의 연구결과에 따르면 호수의 수위가 1000년 동안 가장 낮은 수치까지 떨어졌으며, 식생 역시 수목 지역에서 목초 지역으로 바뀌었다.

센트럴 하이랜드(Central Highlands) 지역 빅토리아 호수에서 나온 침전물 코어는 1,400년에서 1,500년 정도의 주기를 가지고 우기와 건기가 반복해서 있었음을 보여준다.[118]

아프리카 지역의 농경 형태의 변화는 아마도 가장 확실한 기후 변동을 나타내는 지표가 될 것이다. 남아프리카 비트바테르스란트 대학의 토머스 호프만은 수수 농작의 패턴으로 남아프리카 지역의 기후 역사를 설명하고 있다.[119] 그는 이 지역에서 나온 곡물을 탄소 연대법으로 분석한 결과 900~1300년 사이 남아프리카의 기후는 지금보다 더 따뜻하고 습했음을 보여주었다. 그렇지 않았다면, 그 곡물들이 그 당시에 그렇게 자랄 수 없었을 것이다.

최근 모잠비크와 남아프리카를 연결하는 가스 파이프에 관한 환경영향평가서는 소빙하기가 약 1300년경에 시작되었는데, 이 당시 기후는 한랭하고 건조해서 그 당시 사람들이 남아프리카로 이주했다고 기록하고 있다. 기후는 1425~1675년 사이 다시 온난해졌다.[120]

놀랄 만큼 유사한 날씨 패턴이 아프리카 남동부 말라위 호수(Malawi)와 베네수엘라 연안의 카리아코 만에서 발견되었다. 미네소타 대학 거대호수관측소(Large Lakes Observatory)의 에릭 브라운과 토마스 존슨은 말리위 호수의 바닥 북쪽에서 채취한 침전물 층들에 관한 자료를 가지고 과거 25,000간의 기후자료를 정리하였다.[121] 제럴드 호그가 정리한 베네수엘라 해안 근처의 기후 자료와 말라위 호수에서 나온 자료를 비교한 결과, 말라위 호수와 캐리비안 해 모두 열대수렴지역의 영향을 받았음을 알 수 있었다. 두 지역의 기후변동 경향은 후빙기(Late Glacial period) 이후 놀랄 정도로 유사했으며, 열대수렴지역이 중세 온난기 동안에는 훨씬 더 북쪽으로, 소빙하기 동안에는 훨씬 더 남쪽으로 치우쳐져 있음을 볼 수 있었다. 두 자료들 모두 한랭기 동안 훨씬 더 심한 기후 변화가 있었음을 나타냈다.

지구 기후 역사를 부정할 수는 없다

우리는 지금까지 나무 나이테와 빙하 코어, 해저 침전물, 흙먼지, 플랑크톤에서 화석화된 화분 자료 등 지구가 우리들에게 보여주는 다양한 물리적 근거 자료들에 대해 알아보았다. 이들 자료들은 북극과 아북극으로부터, 유럽과 중국, 티베트, 아프리카, 라틴 아메리카, 남반구에 있는 남아프리카, 남아메리카, 뉴질랜드, 남극에 걸쳐서 나온 자료이다. 이 자료들이 단순하게 보일지는 모른다. 하지만, 중세 온난기와 소빙하기로 나타나는 거대한 기후 변화 사이클을 부정하려면 이 자료들을 통해 밝혀진 바, 1,500년 주기를 가지고 나타난 어마어마한 지구 역사를 부정해야 할 것이다.

이상기후, 모든 것이 지구온난화 때문이다

인간에 의한 온난화를 주장하는 환경운동가들은 다음과 같이 주장한다.

"유럽인들은 최근(2000년대)과 같은 살인적 기후들을 일찍이 경험한 적이 없다. …… 마틴(Martin)과 로서(Lother) 같은 전례 없는 폭풍우들이 잇달아 발생해 수해와 눈사태를 비롯하여 100명 이상의 사상자를 냈다. …… 시속 200km의 강풍은 파리에서 유래를 찾아볼 수 없는 것이었다. 당황한 기상학자들은 겨울 강풍의 위력은 북대서양에서 시작하여 좀처럼 누그러들지 않고 영국과 프랑스, 독일, 스위스, 오스트리아 그리고 루마니아를 거쳐 피해를 입혔다고 보고하였다."[1]

"지구온난화와 관련된 홍수 재해와 가뭄, 무더위 같은 악천후는 최근 잇따른 보험 수해와 그에 따른 보험 할증으로 이어지고 있다고 수요일에 발표된 한 연구는 보고하고 있다. 뮌헨에 있는 날씨와 기후위험연구소장인 토머스 로스터는 '세계 도처에서 악천후 경향이 증가하고 있다'고 밀라노의 유엔 환경

프로그램 인터뷰에서 말했다. …… 자연재해로 세계는 2003년 600억 달러 이상의 손실을 입었는데, 이는 2002년 550억 달러의 손실보다 증가한 것이다."[2]

악천후는 늘 있었다

폭풍 피해에 대한 보험 청구로 지구온난화의 영향을 측정한다는 것은 참으로 부적합한 방법의 하나임은 확실하다. 보험 청구로 폭풍의 세기나 빈도를 측정할 수 없다. 최근 들어 보험으로 인간이 만든 구조물들을 재건하는 데 더 많은 돈을 들여 건물을 세우고, 그 건물들 대부분이 기상 조건이 위험한 곳에 설치되고 있으므로 우리는 (보험 청구가 아니라) 폭풍우의 이론과 역사로 이해할 필요가 있다.

지구의 날씨 현상들은 시간에 따라 또한 계절에 따라 지구 곳곳에서 태양에 의해 데워지는 정도가 일정하지 않기 때문에 생기는 것이다. 지구에서 가장 폭이 넓은 지대인 적도가 가장 많은 열을 흡수한다. 표면적이 가장 적은 극지방들은 가장 적게 흡수한다. 바람과 해수 조류가 적도의 더운 공기와 더운 물을 운반하여 극지방의 차가운 공기와 물을 순환시키므로 지구의 온도는 균형을 찾게 된다.

극지방과 적도의 온도 차이가 심할수록 더 많은 에너지가 바람과 파도, 조류 그리고 폭풍우에 실리게 된다. 따라서 극지방과 겨울의 온도가 상승하게 되는 지구온난화로 인해 폭풍우는 더 적게 발생하고 온순한 것이 생성되지, 더 크고 맹렬한 폭풍우가 생성되지는 않는다.

2003년 IPCC를 만들었던 유엔 세계기상기구(WMO)는 이산화탄소의 농도가 높아짐에 따라 지구가 온난해지고 이로 인해 극단적 날씨들이 더 많이 있으리라고 발표했다. 그러나 IPCC는 2001년 보고서에서 이미 "한정된 지역을 분석해서는 토네이도와 천둥, 해일의 빈도가 체계적으로 상승했다는 증거를 찾을 수 없다", "열대와 아열대에서 발생하는 폭풍 강도와 빈도에서의 변화들은 수십 년에 걸친 현상으로 이해되고 20세기에 국한된 현상으로 보기는 어렵다"라고 말했다.[3]

MIT의 유명한 케리 에마뉘엘 박사는 1980년대에 이어 2005년에 다시 한 번 지구온난화가 더 강력하고 파괴적인 허리케인을 초래하고 있다고 주장하였다. 2005년 여름 에마뉘엘은 1975년 이후 섭씨 0.5도가 상승한 지구온난화로 북대서양과 북태평양에서 발생하는 허리케인의 파괴력이 배가되었다고 말했다. 이 무시무시한 뉴스거리는 《워싱턴 포스트》와 《유에스에이 투데이》, 《시애틀 타임즈》, CBS를 통해 재빠르게 전국으로 퍼져나갔다.

미국 국립해양기상청(NOAA) 허리케인 연구부서의 크리스 랜드는 25년에서 40년 기간으로 허리케인의 크기가 자연적으로 변한다는 것이 증명되었다고 반박하였다. 그 증거는 대략 150년까지 올라가는데 지구의 온난화와는 장기적 관련이 없는 것으로 나타났다.

미국 내의 저명한 허리케인 예보학자인 콜로라도 주립대의 윌리엄 그레이는 에마뉘엘의 주장을 맹렬히 비난했다. 그레이는 에마뉘엘의 논문을 "내가 여태까지 읽어본 논문 중 최악"이라고 하며 사이클론(인도양 폭풍)의 강도가 증가하고 있다는 것을 부인하였다. 그레이는 2003년 허리케인과 지구의 온난화와의 연관성을 반박하면서 다음과 같이 말했다.

"어떤 사람들은 1995년과 1996년 들어 허리케인이 빈번하게 발생하는 것을 (개인적으로 다음 몇 해 동안은 보통보다 빈번하게 허리케인이 발생하리라 본다) 온실 가스 상승으로 인한 지구온난화에 따른 기후 변동의 증거로 해석하려 할 것이다. 그런 해석이 받아들여질 만한 아무런 증거가 없다.[4]"

이론을 넘어 역사로 들어가 보자.

에마뉘엘 박사의 주장을 뒤엎을 가장 큰 증거는 캐리비안에서 발견되는데, 역사적 자료에 따르면 그 지역은 소빙하기인 1701년부터 1850년 동안 보통 때보다 거의 3배가 넘는 허리케인이 해마다—온난기인 1950년부터 1998년 동안과 같이—있었음을 알 수 있다. 영국 해군은 1700년 이후로 캐리비안의 폭풍우에 관해 완벽하고 꼼꼼하게 기록했는데, 이렇게 기록한 이유는 영국이 그 지역에 거대한 설탕 플랜테이션과 큰 함대를 정박시키고 있었기 때문이었다. 플로리다 주립대의 제임스 엘스너 팀은 1701년부터 1850년까지 83개(2년에 한 개꼴)의 허리케인이 버뮤다와 자메이카, 푸에르토리코를 강타했고, 1950년에서 1998년까지는 단 10개 정도(5년에 한 개꼴)였다고 지적했다.[5]

뿐만 아니라 오스트레일리아 해안 북동쪽 그레이트배리어리프(오스트레일리아 동쪽 해안에 위치한 세계 최대의 산호초) 너머로 1500km 정도 길게 뻗은 해안에서 지난 5000년 동안 나타났던 태풍들에 관한 연구 결과 역시 현대 온난화로 인해 강한 저기압성 폭풍의 수가 증가하지 않았다는 것을 증명하고 있다. 오스트레일리아 지질학조사소의 조나단 노트와 매튜 헤인은 지난 과거 역사에서 발생했던 허리케인이 남긴 지질의 흔적을 연구하여 실제로 있었던 허리케인을 컴퓨터로 모형화하였다.[6] 그들은 적어도 시속 110마일이 넘는 슈퍼 사이클론 5개가 그레이트배리어리프를 강타했으나 1899년 이후로는 없었다고 말했다.

허리케인이 지구온난화 때문?

플로리다 국제대학의 케퀴 장이 발표한 "20세기 미 동부해안에서 일어난 폭풍"이라는 연구는 오랜 기간 동안 조류 측정기로 미 동부해안에 있었던 폭풍의 파고를 측정한 기록에 기초한 것이다. 측정 기록을 토대로 폭풍의 세기와 지속 정도의 지표를 계산하였다. 그 연구팀은 "20세기에 지구온난화가 진행되고 있다는 주장에도 불구하고 폭풍의 강도를 보면 어떤 장기간의 뚜렷한 변동성을 찾을 수 없었다"고 결론지었다.[7]

허쉬 연구팀은 1951년 이후 46년 동안 겨울철 동쪽 해안에 나타난 폭풍들을 조사한 결과 어떠한 장기간의 변동성도 발견하지 못했다고 발표하면서 케퀴 장의 연구결과를 지지했다.[8]

북동부 유럽의 몇몇 해안 관측소들에서 관측된 장기간의 해수면 기록들 역시 1900년~2000년 동안 온난화가 일어났음에도 불구하고 "폭풍의 발생률이 증가했다고 보이는 증거가 없음"을 보여준다고 유럽의 WASA(북대서양의 파도와 폭풍 : Waves and Storms in the North Atlantic) 프로젝트는 결론지었다.[9]

미국 국회청문회에서 앨라배마-헌츠빌 대학의 지구시스템과학센터 소장인 존 크리스티는 최근 몇 년간 가뭄과 허리케인, 폭풍, 해일과 토네이도 등이 그 빈도수나 강도에서 증가하지 않았다고 주장했다. 그는 미국 남서부에서 가장 심했던 가뭄은 400년 전인 1600년경에 발생하였다고 밝혔다. 크리스티는 1850년 이전에는 미국 대평야가 미국 대사막으로 불렸고 전문가들은 당시 그 지역은 농사를 지을 수 없었다고 말했다. 또한 미디어에서 주로 폭풍우 관련 보도를 많이 하기 때문에 최근의 날씨가 예사롭지 않고 위험해 보일 뿐이라고 크리스티는 지적했다. 그는 지질학적 기록들을 보면 오늘날의 기후가 총체적 자연 과정을 통해 우리가 예상할 수 있는 상태에서 그리 벗어나지 않다는 것을 보여준다고 말했다.[10]

이와는 반대로 허버트 램은 심한 폭풍우는 소빙하기로 이전하는 다소 급격한 기후 전환의 초기 징후들 중 하나라고 말한다. 그는 13세기에 강풍과 해수 범람의 강도와 빈도수가 증가하였고 해수 범람은 방글라데시와 중국에서 최근 발생한 것과는 비교할 수 없을 만큼 엄청난 인명 피해를 낳았다고 지적했다.[11] 13세기 네덜란드와 독일 해안에 발생했던 세 번의 홍수가 7장에서도 언급된 바 있다. 당시 사상자수는 홍수가 일어날 때마다 10만 명에 이르는 것으로 추정되고 있다.

중국의 역사 기록은 매우 오래 되었고 세계 어느 나라의 기록보다 자세하다. 그리고 중국은 특히 가뭄과 홍수를 많이 겪었다. 중국의 경제학자 캉 차오(Kang Chao)는 평균적으로 세기당 4번 정도의 대범람이 중세 온난기에 중국에서 발생했고, 소빙하기에는 그 2배 정도가 발생했다고 보고하였다. 대가뭄은 온난기에 100년당 3번으로, 한랭기의 100년당 13번의 3분의 1수준이라고 지적했다.[12]

악천후에 관한 《내추럴 해저드》 특별호

과학 전문잡지들 중의 하나인 《내추럴 해저드》는 2003년 6월호에 악천후를 다룬 특별호를 발간하였다.[13]

우리는 그 저널에 발표된 특정 저자들의 기사들과 다른 곳에 실린 기사들을 검토하겠지만, 이들 글들은 근본적으로 온도나 이산화탄소의 상승으로 인해 폭풍이 늘어났다는 이론을 확증하는 데 실패했다.

그 잡지의 특별호는 애리조나 주립대학의 로버트 발링과 랜달 서베니가 쓴 미국과 악천후에 대한 개괄적 이야기를 실었다. 발링은 IPCC의 자문을 역임하고 있는데, 지구가 더워지면서 악천후가 덜하다고 말한다. 발링과 서베니는 논문에서 대중들은 실제 폭풍의 수가 증가하지 않았음에도 불구하고, 30년 전보다 3배가량 더 많이 악천후에 대한 기사를 접하게 되었다고 했다. 미디어는 온도 상승으로 세계가 불안정한 날씨를 경험하게 될 것이라고 주장하는 사람들의 예견에 장단을 맞추었다. 이렇게 대중들은 기후과학자들이 온실가스가 증가하면서 악천후가 빈발하고 있다는 데 동의한다고 믿게끔 유도되고 있는 것이다.[14]

발링과 서베니는 다음과 같이 말했다. "미국 전역의 천둥, 해일, 토네이도, 허리케인 겨울 폭풍의 크기와 빈도를 측정한 결과 전반적으로 강한 폭풍이 많이 발생했다고는 볼 수 없다. 역사적 기록을 보면 폭풍우의 발생수가 늘어났던 시기가 있었던 것은 사실이다. …… 기후 악화로 인한 손실은 그 시기에 증가하였지만 인플레이션, 인구 증가, 인구 재분배, 늘어난 재산 가치들을 고려한다면 그 손실량은 충분히 상쇄된다."[15]

일리노이 대학의 스탠리 챙넌(Stanley A. Changnon)과 그의 아들인 북일리노이 대학의 데이비드는 1896년부터 지금까지 미국의 주요 기상 관측소에서 기록된 천둥이 있는 날의 수를 세었다. 천둥치는 날의 수는 1896년부터 많아지면서 1936~1955년 사이 그 극을 달하고 1955년 이후로는 완만히 감소하는 추세였다.[16]

챙년 부자는 66개의 기상관측소의 기록에서 조심스레 미국 해일의 장기 추세를 검토하였는데, 해일은 1916년부터 증가하여 1955년에 극에 이르고 다시 줄어드는 것으로 나타났다.[17] 이 관찰은 천둥치는 날의 관찰 결과와 일치하고 지구온난화 모델의 예상과는 맞지 않았다.

미국의 토네이도 기록들은 지난 50년간 10의 인수로 증가하였지만 F3급 이상의 커다란 토네이도는 증가 추세가 아닌 것을 지적하면서, 토네이도가 전체적으로 증가한 이유는 소규모의 토네이도를 기록할 수 있게 되었기 때문이라고 말했다. 실제로, 토네이도 민간연구소 소장인 톰 그래줄리스는 "기후 변화와 토네이도 활동의 변화를 어떤 식으로든 연계시키는 것은 냉철하게 판단되어야 한다. 토네이도를 만드는 요인들은 너무나 다양하고 복잡하여 토네이도는 기후 변동의 정확한 지표로 사용될 수 없다"고 경고했다.[18]

강수량이 늘어나고 있고 지난 세기 동안 대부분의 미국 지역에서 천둥과 폭풍으로 인해 강수량이 증가하였다는 것을 많은 연구자들이 발견하였다. 이것은 20세기에 상승한 온도로 물의 증발량이 증가해 물의 대기 순환이 늘어났기 때문이지만, 그 자체의 완만한 증가로는 거의 위험하지 않다.[19]

폭우

일리노이 주 물연구소의 케네스 쿤켈은 1920년 이후로 미국에서 폭우의 빈도가 증가하고 있음을 발견하였다. 그리고 폭우의 빈도는 소빙하기가 끝나가는 19세기 후반의 폭우 수준과 거의 같았다. 쿤켈은 자연적인 온난화든 인간에 의한 온난화든 둘 다 고온으로 인해 대기로 물의 증발량을 증가시키므로 미국의 강우량을 봐서는 지구온난화 논쟁을 해결할 수는 없다고 하였다.[20]

아시아 몬순지역

1996년 IPCC는 "대부분의 기후모델은 이산화탄소의 증가로 남아시아 지역의 강수량이 늘어날 것이라 보고 있다"고 발표하였다. 2001년도 보고서에서는 "온실가스가 증가하면서 나타나는 온난화는 아시아 여름 몬순에 영향을 끼칠 수 있다"고 했다.[21]

크리팔라니(R. H. Kripalani)가 이끄는 인도 열대기상연구소 연구팀은 1871년 이후 지구가 온난해지면서 인도 몬순이 어떻게 변하는지를 관찰하였다.[22] IPCC의 예상은 맞지 않았다. 연구팀은 강우량이 3년 혹은 10년의 뚜렷한 주기를 가지고 늘었다 줄었다 하는 것을 발견하게 되었다. 그러나 상승한 온도가 인도 몬순의 변이와 강도에 영향을 미친다는 증거는 없었다.

게다가 1990년대—IPCC에 따르면 이때가 가장 더운 10년이다—에 인도 몬순의 변이는 확연하게 줄어들었다. 고온으로 인해 물이 많이 증발했고 이에 따라 강수량이 증가해 유라시아 대륙에서 적설량이 늘었다.

캐나다

캐나다 환경청에서 25년간 일한 기상학자 매드하브 칸더카는 미국 지구물리학연맹(American Geophysical Union) 저널에 실린 유엔 세계기상기구의 주장을 반박하고 나섰다. 그가 연구한 바로는 캐나다 어느 지역에서도 극단적 기후 현상(열파동, 범람, 겨울 눈보라, 천둥폭풍, 해일, 토네이도)이 증가하지 않을 것이라고 말했다. 그는 사실 악천후가 지난 40년간 확연히 감소하고 있는 추세라고 주장했다.[23]

칸더카는 20세기에 캐나다가 가장 더웠던 여름을 맞았던 때는 먼지 폭풍(Dust Bowl)이 있었던 1920년대와 1930년대였다고 주장하였고, 심지어 "지난 50년간 나타난 기후 변화는 캐나다에 유리하게 작용했는데, 기후 변화로 인해 난방비가 줄어들고 쾌적한 날씨가 나타났기 때문"이라고 언급하였다.[24]

아프리카의 가뭄

지리학적 위치, 가파른 지세, 대조적인 해양 환경 그리고 대기 역학적 특성 등을 고려할 때, 아프리카 남쪽 지역은 가뭄의 취약지이다. 프랑스 기후학연구센터에 의하면 아프리카 남쪽은 불행하게도 지구의 온도가 상승하는 1960년대 이후 가뭄이 더 심하게 번지고 있다.

니콜라스 파우셔로는 아프리카 남쪽의 가뭄은 열대지역의 해수 표면온도 상승과 연관이 있다고 본다. 그러나 그런 조건에서 아프리카 남쪽의 가뭄은 온도 그 자체에는 덜 민감해지고 엘니뇨-남방 진동 사이클(El Nino-Southern Oscillation)과 더 관계가 있다. 예를 들면 1970년~1988년 가장 건조했던 해는 엘니뇨-남방 진동 사이클의 극점과 연관되었다.[25]

이미 가난에 헐벗고 있는 아프리카 남쪽 지역은 지구의 기후가 따뜻해짐에 따라 더 기근에 시달리고 황폐해지고 있다. 그러나 그러한 온난화는 역사적으로 보면 인류가 이산화탄소를 내뿜기 이전에도 일어났다.

실제로 최근의 온난화가 인간에 의한 것이라 해도, 아프리카 남쪽의 사회 제반시설에 투자하는 것이 화석원료를 대체하는 비용으로 쓰는 것보다 훨씬 그 지역민들에게 도움이 될 것이다. 비로 씻겨 나가지 않게 배수 도랑이 설치된 길을 낸다든지, 농업에서는 가뭄내성 작물을 개발하고, 가축을 위해 우물과 새로운 먹이 시설을 만든다든지, 공장과 항구를 만들어 경제를 활성화 한다든지, 정수작업이나 말라리아 대책 등의 의료 보건사업 등을 하는 것이 확실히 기상 악재를 견딜 수 있게 하는 데 도움이 될 것이다. 몇 십 억의 돈을 투자하면 현대 온난화가 그 지역에 악영향을 끼치든 어떻든 아프리카 남쪽 지역의 생활수준을 올릴 수 있다.

허리케인에 대처하는 법

최근 십여 년간 미국 기상청은 열대성 폭풍우를 감지하는 레이더로 커다란 기술적 진보를 이룩했는데, 이것으로 폭풍 발생 초기 단계에도 레이더와 비행체를 이용하여 감지, 감시하고 피해 가능성 있는 지역주민들이 여유 있게 대피할 수 있도록 통보하고 있다. 이 예보와 경고로 폭풍이 아무리 발생해도 사람들이 편안하게 살 수 있게 되었다. 폭풍의 발생 빈도와 강도가 줄어들 때보다 증가했을 때 더욱 진가를 발휘할 것이다.

허리케인은 제1세계 지역에 점점 더 큰 피해를 주고 있는데, 이는 더 많은 사람들이 아름다운 해변이 있는 해안가로 이주하면서 그에 따른 폭풍의 피해 또한 커지기 때문이다.

미국에서 에어컨이 발명된 이후 선벨트(Sun Belt: 태양이 비치는 지대라는 뜻으로, 일반적으로 미국 남부의 여러 주를 가리킨다) 지역은 인구가 크게 증가하고 경제적으로 성장했는데, 이로 인해 특히 플로리다와 멕시코만 지역에서 폭풍 피해가 늘고 있다. 예전의 해안지역에 낚싯배나 여행용 트레일러가 있었다면, 지금 이곳에는 고급 호텔이나 콘도미니엄 그리고 비싼 해안 임대 주택들이 즐비하게 늘어서 있다. 최근 연방비상대책회의의 연구에 의하면 미국 해안가 500피트 이내에는 338,000개의 건물들이 있다.[26] 연방정부가 제공하는 저가의 홍수보험이 이 지역들에서 건축을 강하게 부채질했음은 당연한 것이다.

제3세계에서는 열악한 통신설비와 도로, 취약한 건물 그리고 교통시설 부족 때문에 해안 경보시스템이 거의 구축되지 못하고 있다. 가난한 나라들은 예외 없이 비상장비 부족, 구조인력 부족, 재정 부족으로 폭풍의 대책에 어려움을 갖는다. 결과적으로 허리케인은 제3세계 경제에 치명적인 손실을 입히고, 심지어 하나의 허리케인 복구가 미처 되지도 않은 상황에서 다음 허리케인의 피해를 입게 되기도 하는 것이다.

지질학적 기록에 의하면 미국 서부 전역은 20세기보다 그 이전 기간에 더 건조하였다고 한다. 6,000년 전 하이플레인(High Plains)에 인디언이 팠던 우물은 가뭄이 미국에 대사막이라는 흔적을 남기면서 2,500년이나 지속되었음을 보여주고 있다.[27]

가뭄은 아주 따뜻했던 (홀로세) 기후 최적기에 일어났다. 그때는 지금보다 여름 기온이 2~4도 정도 더 높았고, 강수량은 더 낮았다.[28]

기온이 더 높고 건조했다는 증거들이 미네소타의 엘크 호수(Elk Lake)[29]와 앨버타의 챕피스 호수(Chappice)[30]에서도 나오고 있다. 두 호수의 침전물 층은 호수가 온난하고 건조한 기후가 한창이던 7000년 전인 홀로세 기간 동안 대초원이었음을 보여준다. 거기에는 드문드문 먹이의 흔적과 가뭄에 강한 동식물만이 있었다.

중서부의 높은 기온과 낮은 강수량은 미국 서부의 고원과 로키산맥의 분지, 그리고 중서부, 텍사스와 뉴멕시코를 비롯한 대부분의 지역에 광범위한 모래 언덕 지형을 만들었다.[31] 19세기 대평야를 지나던 탐험가들은 움직이는 모래 언덕과 모래결에 대해 수많은 글을 남겼다.[32] 이런 기록들은 그 당시에 형성된 나무 나이테로 증명되고 있다.[33] 지난 1,000년간의 모래 이동은 홀로세 기간에 일어났던 것에 비하면 작고 지엽적이고 간헐적인 것에 불과하다.[34] (번개로 인한 초원의 화재 또한 지구를 민둥산으로 만들었고 모래 이동을 생기게 하였다.)

가뭄은 지구온난화의 문제이기도 하지만 지구 한랭화에도 종종 있었던 문제이기도 하다.

위스콘신 대학의 제임스 녹스(J.knox)에 따르면, 미시시피 계곡 상류에서 발생한 홍수의 역사는 기원전 3000년에서 1300년까지 지금보다 비와 눈이 15%가량 적게 내렸으며, 온난하고 건조한 기후였음을 나타낸다. 그 후 강수량은 점점 늘어 중세 온난기(900년~1300년)에 범람을 기록하고 14세기 초의 소빙하기로 전환기를 갖는다.[35]

녹스는 범람으로 쓸려 내려간 돌들을 이용하여 그 돌들은 운반시키는 데 필요한 최소 범람 깊이를 계산하고, 방사선 탄소 동위원소를 이용하여 돌들의 나이를 계산하였다. 그는 지난 150년간의 미시시피 범람은 상대적으로 작고 적었다고 지적한다(1851년과 1973년, 1993년에 예외적으로 큰 범람이 있었다). 만약 최근의 온난화가 아주 따뜻했던 기후 최적기(기원전 9000년~기원전 2000년)의 날씨 패턴을 보인다면, 미시시피 계곡은 더 잦은 대규모 홍수에 시달릴 것이다. 하지만 기후 최적기 동안 있었던 미시시피의 범람에 빙하가 녹은 물이 미친 영향이 얼마나 되겠는가?

미국 기후데이터센터(NCDC)는 미국 남서부가 지난 2,000년이 넘도록 긴 가뭄을 겪었다고 말한다. 그러나 중세 온난기에 잇단 대규모의 범람도 있었다.[36] 소빙하기의 처음 200년 동안 남서부에 몇 개의 커다란 홍수가 있었고, 19세기의 한랭기 끝자락에 커다란 홍수가 잦았다. 미국 기후데이터센터는 나무 나이테를 이용하여 위와 같은 사실을 알아내고 방사선 탄소 동위원소로 대범람의 퇴적물의 시기를 확인했다.

폭우의 영향

우리가 폭우의 가능성에 대비해야만 한다는 것은 의심의 여지가 없다. 고온으로 인한 해수 증발량의 증가와 그에 따른 강수량의 증가는 이미 시작되었고 계속될 것으로 보인다. 이것은 결과적으로 비가 증가할 것이라는 이야기다. 우리는 토양 침식을 막기 위한 노력을 해야 할 것이다.

미 농무부 농업연구소의 마크 니어링은 《토양과 물 보존 저널》의 특별기사에서 기후 모델로는 지역적 변화를 예상할 수 없다고 썼다. 하지만 그는 "기후 변화로 인해 전체 강수량이 1% 변화할 때마다 2%의 유수와 1.7%의 침식이 있을 것"으로 결론 내렸다.[37]

반면, UCLA의 스탠리 트림블이 제시한 토양 고고학 자료는 미시시피 상류에 사는 농부들이 등고선 농법(Contour farming)과 효과적인 작물 보호 농법을 통해 경작하고 있어 1930년대 모래폭풍이 있었던 당시의 6% 정도의 토양 침식을 겪게 될 것으로 보았다.[38]

보호 경작은 특히나 토양 침식을 65~95%까지 막는다. 이것은 쟁기질 대신에 잡초제로 방제하는 것인데 이미 북미와 남미, 오스트레일리아 그리고 남아시아의 수억 에이커 땅에서 효과를 보고 있다.

앞으로의 기후는?

폭풍우가 더 많아지고 더 거세지지는 않을 것이다. 중세 온난기와 유사하게 기온이 상승하면서 지역에 따라 가뭄이 더 심하고 커질 수는 있다. 그러나 지구는 한랭기에도 큰 규모의 가뭄과 홍수가 있었다. 여기서 질문은 '어느 지역에 가뭄과 홍수가 일어날 것인가' 이다.

어느 지역에 얼마큼의 영향을 줄지 컴퓨터 모델이 대답해 줄 수 있는 단계는 아직 아니다. 예를 들어, 《사이언스》의 리처드 커는 미국 지구변화연구프로그램이 발표한 "기후 변화가 미국에 미치는 영향"의 두 가지 모델에 주목하였다. "많은 정책입안자들이 앞으로 미국인들에게 어떤 일이 닥칠지 정확히 알고 싶어하지만 지역 기후과학의 초보적인 단계에서는 그것에 답변하기 어렵다"라고 커는 "양극화 모델: 미래 미국 기후의 불확실성"이라는 기사에 썼다.[39]

지구온난화로 인해 닥칠 200년간의 가뭄에 대비하여 캘리포니아에 댐을 지어야 할까? 바닷물을 담수화하는 연구에 더 많은 투자를 해야 할까? 원자력 발전이 필요할까? 캘리포니아에서는 농업을 포기하고 식수로만 물을 사용해야 할까? 캘리포니아 사람들이 물이 많을 것으로 예상되는 미시시피 같은 곳으로 이주해야 할까? 미시시피와 그 하류에 더 큰 댐을 지어 홍수를 통제토록 해야 할까?

위의 질문에 확실하게 대답할 수는 없다. 우리가 말할 수 있는 것은 인간이 기술과 지식을 통해 기후 문제를 다루는 능력이 향상되고 있다는 것이고, 우리의 가장 큰 바람은 인류의 보존과 미래 환경의 보호라는 것이다. 인간이 선택한 방법으로 지구의 온도 변화를 막는 것은 불가능하다. 더욱이 앞으로 올 온난한 세기들에 있을 폭풍들은 다음 소빙하기(약 2280년±500년)에 있을 것에 비하면 온건한 것이다.

제11장
지구 기후 모델은 믿을 수 있나?

모델은 항상 틀린다. 하지만 가끔씩 유용하기는 하다. —미상

사람들이 온난화를 야기하고 있다고 주장하는 사람들은 다음과 같이 말한다.

"지구온난화에 관한 대부분의 대화들을 들어보면 이 문제가 얼마나 긴급한 것인지에 대해서는 잘 언급하고 있지 않다. 우리는 지금 벽을 향해 급속도로 달려가고 있는 꼴이고, 대통령은 브레이크를 밟기를 거부할 뿐만 아니라, 가속화시키고 있는 셈이다. 온난화 때문에 세계 산호들이 멸종할 위기에 처했으며, 이미 알래스카의 툰드라가 녹기 시작하고 있다는 것을 고려한다면, 우리들은 지금보다 훨씬 더 더워지는 무시무시한 일이 벌어지는 게 그리 먼 이야기가 아니라는 결론에 쉽게 도달하게 된다."[1]

역사에 근거를 두고 온난화를 바라보는 사람들은 다음과 같이 말한다.

"최근의 한 연구는 지구의 기후를 시뮬레이션 하는 컴퓨터 모델은 대기의 불

안정한 상태를 제대로 모사하지 못한다고 결론짓고 있다. 아무리 엄청나게 복잡하고 상세하게 만든다고 하더라도 컴퓨터 모델들이 대기의 기온 변동을 몇 달 혹은 몇 년에 걸쳐서 정확하게 모사하기란 불가능하다. 가이센 대학의 아르민 번디와 그의 동료들은 일곱 개의 서로 다른 지구 대기 대순환 모델(Global Circulation Model, GCM)들의 결과들을 실제 대기 온도 관측 자료들과 비교하였다. 이들은 실제 기온 변동 관측 자료는 '지수 법칙'(power law)으로 잘 알려진 수학적 관계식으로 잘 묘사될 수 있지만, 지구 대기 대순환 모델로부터 나온 자료들은 이러한 수학적 관계식이 만들어내는 변동곡선을 전혀 만들어내지 않는다는 것을 알 수 있었다. 몇몇 지구 대기 대순환 모델들은 아주 짧은 시간 동안은 비슷한 변동곡선을 보이기도 했지만, 대부분이 2년 이상의 시간 규모가 되면 변칙적인 변동 양상을 보였다."[2]

"1990년 IPCC가 발표한 대기 대순환 모델들의 결과를 보면 극지방의 이산화탄소 양이 두 배가 되면 기온이 12도 이상 상승한다는 시나리오를 제시하고 있다. 만약 이것이 사실이라면 이산화탄소 농도가 급격히 증가한 지난 40년 동안 섭씨 몇 도 정도의 기온 상승이 있었어야 한다. 하지만 현실은 그 반대이다. 미국, 러시아, 캐나다 과학자들로 구성된 합동조사반들은 북극지역의 기온이 1950~1990년 사이 하강했다는 것을 관측했다."[3]

증명되지 않은 기후 모델에 미래를 맡긴 사람들

앞에서 우리는 1,500년이라는 자연적 주기를 가지고 나타나는 기후 변동주기를 증명하는 새롭고도 광범위한 자료들과 연구 결과들을 언급하였다. 역사시대와 그 이전 선사시대를 통해서 나타난 그 기후 변동 사이클은 강하지도 약하지도 않게 온건한 양상을 나타냈다. 할리우드의 영화들이나 정책적으로 "화석연료의 사용을 중단하라"라고 부르짖는 것을 뒷받침할 만한 실제적인 과학적 자료들은 이 지구에 존재하지 않는다. 지구 역사에 나타난 무시무시한 기후 변동에 관한 실제 자료들은 외계 행성들이 부딪히거나 해서 나타난 것이었다.

현재 지구의 기후를 정직하게 조사하려면 그러한 과거 요소들을 고려해야만 한다. 하지만 지구 기후 예측을 위한 어떠한 대기 대순환 모델들도 이러한 요소들을 포함하고 있지 않다. 그 모델들은 지구가 과거 내내 안정된 기후를 가지고 있었다고 가정하고 있는데, 이것은 역사적 자료들이 보여주는 사실들과는 사뭇 다른 것이다. 기후는 항상 한랭하거나 온난하거나 하면서 계속 변동해왔던 것이다.

"사실상 미국 내에서 기후가 어떻게 변할 것이라고 발표된 예측치들은 모두 '대기 대순환 모델'이라고 알려진 컴퓨터 모델들에서 나온 결과들이다. 이 복잡한 모델들은 기후의 많은 양상들을 모사할 수 있는 것이 사실이지만, 앞으로 어떻게 기후가 변할지를 예측할 수 있을 만큼 정확하지도, 믿을 만하지도 않다. …… 이런 모델들이 신뢰할 만한 것이 아니라는 점을 고려한 과학자들은 미래 기후 변동을 이해하기 위하여 여러 가지 많은 종류의 기후모델들에서 나온 자료들을 총체적으로 분석하기도 한다. 여러 가지 다른 종류의 기후모델들을 사용함으로써, 모델들에서 나온 결과가 과학적으로 얼마나 부정확한가 하는 값까지 함께 얻을 수 있기 때문이다."[4]

과거 기후 변동에 관한 정보를 전혀 주지 않은 초기 상태에서 이 기후모델들이 얼마나 잘 작동하는지 한 번 보도록 하자.

대기 대순환 모델

대기 대순환 모델들은 오늘날의 기후와 환경연구가들에게는 메카톤급 스타이다. 대기 대순환 모델은 3차원 컴퓨터 모델인데 상층 제트기류, 해류, 빙하에 의해서 반사되는 태양복사량, 식생의 변화, 온실기체양의 변화, 열을 수평으로 전달하는 해류들, 구름의 고도와 양, 그 외수백 가지의 메커니즘들을 고려하고, 계산하고, 미래에 반영하여 기후변동을 예측하는 시스템이다. 이 모델들은 열역학, 유체역학, 탄소순환, 수분 사이클 등등에 관련된 여러 가지 법칙들로 구성되어 있다. 이러한 법칙들은 수학식들로 표현되어 있으며, 지구를 어마어마한 수의격자점들로 나눈 다음 각각의 격자점에서 여러 다른 시간대의 값들로계산하고 또 계산하는 것이다. 기후 변화를 예측하는 많은 모델들은기본적인 값들에 여러 가지 다른 온실기체, 에어로졸과 같이 기후 변화에 연관된다고 가정하는 요소들을 집어넣고 다시 모델을 돌린다. 이모델들은 너무나 복잡하고 거대해서, 슈퍼컴퓨터에서만 운용이 가능한데, 이러한 컴퓨터들은 돈이 많은 나라의 정부들에서나 구입이 가능하다. 꽤나 유명한 대기 대순환 모델들이 미국 고다드 항공우주연구소(GISS), 미국 국립대기과학연구소(NCAR), NOAA의 지구유체역학연구소(GFDL), 영국의 해들리센터에 설치되어 운용되고 있다.

모델을 연구하는 사람들이 가지고 있는 주요한 문제점은 현실세계에서 장기적인 기후 변화는 지표면에서의 작은 변화라든가 태양복사량의 작은 변화에도 상당히 민감하다는 것을 생각하지 않는다는 점이다. 그러한 양들은 아주 작아서 사람들이 컴퓨터 모형에서 고려하지 못하기도 하고, 수세기 동안 축적되어 나타난 미래의 변화를 어떻게 설명할지 알 수 없게 되는 것이다. 현대의 온도계와 해양에 떠있는 부이들은 북대서양 진동, 태평양의 10년 진동(the Pacific Decadal Oscillation), 그리고 엘니뇨-남방 진동과 같은 짧은 기간 동안의 기후 변동 사이클을 이해하는 데 도움을 주고 있다.

다른 주요한 문제점은 대기 대순환 모델들의 예측 결과들에 나타내는 진동 양상이 아주 부드러운 포물선을 그리는 반면, 빙하 코어, 침전물, 고생물학 자료들에서 나온 기록들은 마지막 얇은 얼음 층이 녹을 때, 지구의 열 흡수도가 갑자기 증가하는 것과 같은 비선형 피드백 요소들 때문에 기후 변동이 급작스럽게 나타났음을 알려주고 있다는 점이다.

약 12,000년 전에 끝난 마지막 빙하기였던 영거 드라이아스기 동안 갑작스러운 온난화가 나타난 적이 있었다. 당시 북반구 빙하가 녹아서 깨지고 대서양 해류를 교란시켰는데, 그 후 1,000년이나 계속되는 강한 한랭기가 잇따라 나타났다. 빙하에 의한 태양열 복사 변화 때문에 그러한 급작스런 한랭화가 나타난 것이다. 그렇다면 갑작스러운 온난화는 왜 나타났던 것일까? 대기 대순환 모델들은 우리들에게 그 답을 주지 못한다.

8,000년 전, 사하라 사막은 오늘날보다 더 물이 많고, 면적 역시 좁았다. 그 남쪽 경계지역인 사헬은 지금보다 북쪽으로 300마일 위에 위치했다. 만약 우리들이 식물 생장에 의한 피드백 요소를 고려하지 않는다면, 기후 모델들이 그러한 사막의 축소 현상을 설명하기에 충분할 만큼의 강수량 변화가 있었다는 것을 시뮬레이션하기란 불가능하다. 강수량이 증가하면서 식생지가 더 늘어나고, 초목은 태양을 막아 땅을

더 효과적으로 그늘지게 만든다. 따라서 토양에 더 많은 수분이 생기게 되고, 이것은 더 많은 초목이 생장하게 만든다. 그렇다면 무엇이 그러한 긍정적 역할을 하는 식물 생장에 의한 피드백 효과를 멈추게 만들었을까? 컴퓨터 모델들은 그 답을 모른다.

빙하기가 시작되었을 때, 지구는 더 춥고 건조해졌으며, 식물 생장은 급격히 줄어들고, 삼림은 초목에서 사막으로 바뀌게 되었다. 각각의 변화는 수분의 양과 태양열 반사 정도를 바꾸고, 사막화로 점차 몰고 가는 것이다. 그렇다면 이렇게 악화되는 사막화 과정을 갑자기 멈추게 하는 것은 또 무엇일까?

컴퓨터는 역시 그 답도 모른다.

과거 50만 년 전 빙하기 사이의 평균기간은 8만 년에서 10만 년으로 늘었다.[5] 왜일까? 컴퓨터 모델은 그 답을 알려주지 못한다. 오늘날 지구의 기후에 대해서 우리들이 알고 있는 많은 사실들은 사실 컴퓨터 모델이 아닌 바위, 화석, 침전물 코어등과 같은 자료들에 의해서 알려진 것이라는 점을 명심하자.

알 수 없는 미래를 예측하고자 하는 값비싼 시도

위성이 1979년 처음 지구 전체를 관측하기 시작한 이후, 대기 하층의 기온을 관측한 위성 자료들을 보면 강한 온난화 경향은 없었다. 높은 고도의 기온을 관측할 수 있는 존데(sonde) 자료들도 1950년대 말 이후 거의 전 지구에 걸쳐 관측하기 시작했는데, 역시 강한 온난화 경향을 발견하지 못했다. 지표면에 설치된 온도계가 지구 면적의 20% 밖에 커버하지 못하는 반면, 인공위성의 마이크로웨이브센서는 전 지구에 걸친 온도자료를 우리들에게 제공하고 있다. 위성 자료들은 해가 지나면서 점점 추진력이 떨어져 뒤로 처지게 되는데, 이러한 요소들을 고려해, 최근 기기보정 단계를 거쳐서 데이터 값들이 수정된 적이 있다. 앨라배마 대학의 로이 스펜서 박사는 이러한 수정 이후, 데이터 값들이 1979~2005년 동안 지구의 기온이 10년에 0.09도~0.12도가량 높아지는 경향을 보였다고 말하고 있다. 이 값들은 대기 대순환 모델들이 온실효과로 인한 기온 상승치로 예측한 것보다 훨씬 낮은 값들이다.

위성 자료가 보여주는 미미한 온난화 현상은 고층 기온을 관측하는 존데 자료들이 보여주는 값들과 비슷하다. 위성 자료들과 존데 자료들은 역사상 가장 정확한, 전 지구에 걸친 기온 관측값들을 제공하고 있으며, 온실기체가 어마어마하게 방출된 지난 60년간 지구 대기가 뜨거워지지 않았다는 사실을 확실히 보여주고 있다.

기상을 측정하기 위해서 존데를 쏘아 올리는 과학자들

인간 활동에 의해 대기 중에 방출되는 이산화탄소량의 약 80%가 1940년대 이후 방출되었다. 이것은 1940년 이전의 온난화는 거의 자연적 현상의 한 부분으로 나타난 것이고, 인간 활동에 의한 영향은 0.1%도 기여하지 않았다고 간주할 수 있는 것이다.

지표면에서 약 2미터 되는 높이에 있는 기상 존데들이

관측한 기온 자료들을 재구성해보면(1979~1996년간의 자료), 기온이 10년에 단지 0.015도 정도 증가했다는 것을 알 수 있다.[6] 이렇게 미미한 온난화 경향이 관측되고 있는데, 어떻게 인간 활동에 의해 2100년도까지 5.8도나 기온이 상승할 것이라고 예측한다는 말인가?

노스다코타 주의 기후학자 존 블루밀은 이것을 다음과 같이 간결하게 언급하고 있다.

"이산화탄소 농도가 기온을 증가시킨다는 것은 대기물리학적으로 분명한 일이다. 이것을 증명하는 가장 좋은 방법은 이산화탄소가 완전히 없다고 가정하고 대기의 기온을 컴퓨터 모델로 예측하는 것이다. 결과는 아주 한랭하다. 그런 다음 아주 적은 양씩 이산화탄소를 모델에 넣고 예측을 해보면 기온이 증가하는 것을 알 수 있다. 처음에는 아주 빨리 증가하고 점차 완만하게 증가한다. 이산화탄소를 현재의 두 배로 증가시키고, 모든 다른 요소들을 고정시키면, 그 기온 변화는 정말 미미하다. 기후를 예측하기 위해 컴퓨터 모델을 사용했다는 것을 고려할 때, 컴퓨터 모델이 어떤 정보 그 자체가 될 수 없다는 것을 분명히 밝혀야 한다. 컴퓨터 모델들은 과학자들의 생각을 수학적인 음악으로 표현한 것이다. 실제 사실은 우리들이 관측하는 값들이고, 우리들이 관측한 자료들은 현재 기후 변화에 인간들이 거의 영향을 미치고 있지 않다는 것을 보여주고 있다."[7]

무시무시한 지구온난화 예측은 이론적인 컴퓨터 모델들에 의존하고 있는 것이고, 이러한 컴퓨터 모델들은 실제 나타나고 있는 날씨조차도 제대로 예측하지 못하고 있다는 것을 명심하자.

열섬효과의 진실

"열섬현상은 삼림지역에 수목들을 베어버리고 길, 건물 기타 인위적인 것들을 건설함으로써 나타난다. 수목들을 없앰으로써 그늘이나 토양으로부터의 수분 증발량이 줄어들게 되는 것이다."[8]

"제임스 굿리지 연구팀은 여러 지역의 기온 변동을 인구 밀도에 따라 분석하였는데, 백만 명 이상의 주민들이 사는 캘리포니아에 있는 카운티들은 3.14도가량의 기온 증가를 보였고, 10만 명 이하의 주민이 사는 카운티들은 기온 증가 경향이 전혀 나타나지 않았다는 것을 발견했다. 더 중요한 것은 지구온난화를 조사하기 위해 선정된 관측소들이 있었던 지역들은 모두 기온 상승이 있었다는 것이다."[10]

일리노이 외곽, 사람들이 거의 살지 않는 곳의 토양 온도는 1882년에서 1952년 사이 약 0.4도 상승하였다. 근처 2,000명 정도의 주민이 사는 작은 마을들에서 관측된 자료를 보면 약 0.57도가 상승했다는 것을 알 수 있다.[11] 이 0.17도라는 차이 값은 1890년과 1950년 사이 전지구 평균기온 상승치인 0.3도의 반 이상이 되는 값이다.

기후를 연구하는 과학자들은 온도계들의 많은 수가 빌딩이나 공항이 있는 열섬들에 위치하고 있다고 언급하고 있다. 주민이 약 1,000명 정도 되는 마을도 열섬을 형성할 수 있고, 온도를 자체적으로 2도에서 3도 정도 높일 수 있다.[12]

도시와 전원지 사용 변화를 측정

기상학자 유지니아 칼나이(Eugenia Kalnay)와 밍 카이(Ming Cai)는 IPCC와 컴퓨터 모델들은 열섬 효과가 미국 지표면 온도 상승에 미치는 영향이 높다고 하지만, 그보다 도시화와 농경지의 사용 변화가 미치는 영향이 두 배 이상 더 클지도 모른다고 지적하고 있다. 연구자들은 미국 지표면 온도의 상승이 40%나 과장되었다고 결론 내렸다.

칼나이는 과거 도시화와 농경지 변화를 측정한 값들은 인구 증가와 인공위성이 관측한 야간의 도시 불빛들에 근거하고 있으며, 그러한 도시화는 수천 에이커의 땅을 농경지에서 도시로 변화시키고 있다고 언급하고 있다. 그러나 이러한 추정치는 삼림을 없앰으로써 나타나는 태양복사의 반사량과 토양 수분량의 변화들은 고려하지 않고 있다고 말하고 있다.

칼나이는 예전에 미국 기상청에서 컴퓨터 모델 그룹을 담당하고 있었고, 오늘날 3일에서 5일간의 날씨를 예보하는 모델들을 업그레이드하는 데 크게 기여한 사람이다. 지금은 메릴랜드 대학에 교수로 재직하고 있는데, 그녀와 카이(M.Cai)는 무수히 많은 인공위성 관측치와 존데 관측치를 정리했다. 그런 다음 도시와 전원지를 포함하여 지난 50년간 토지 사용 목적에 변화가 없었던 미국의 여러 지역에서의 기온 자료들만 뽑아서 재정리하였다. 칼나이와 카이가 측정한 토지 사용이 기온변동에 미치는 영향은 미국 기후 네트워크에 들어가 있는 자료들이 가정한 도시화 효과보다 약 다섯 배 정도 컸다.

만약 칼나이와 카이가 추정한 값들[12]을 국립 기후변화 평가반들이 사용한다면, 미국의 기온 변화 경향은 20세기 동안 약 0.45도 상승한다는 예측치에서 0.25도 정도 상승한다는 예측치로 떨어질 것이다. 그리고 0.25도 상승은 통계적으로 의미가 없다.[13] (온도계 자료들을 보면 1961~1990년의 평균 기온이 약 14도인데, 0.6도의 "공식적" 기온 상승은 온도계의 관측오차 범위 내에 드는 정도로 미미한 것이다.)

칼나이와 카이의 이러한 연구는 진짜 기후 온난화 문제를 인간들이 토지를 도시로 바꾸는 양이 엄청나게 늘어나면서 생긴 현상들로부터 분리시키고 있다는 점에서 중요하다. 그들의 결론은—나무 나이테 등 과거 기온 변화를 나타내주는 많은 관측 자료들을 통해 알 수 있듯—근래의 온난화는 많은 환경운동가들이 믿고 있는 것보다 약하다는 것, 로마 온난기와 중세 온난기가 오늘날보다 훨씬 따뜻했다는 사실을 다시 한 번 강조하고 있는 것이다.

부풀려진 지구온난화

온실효과 이론이 예측하는 대로 대기가 더워지는 것이 아니기 때문에 네덜란드 국립 우주연구소의 조스 드라와 아힐리스 모렐리스가 이끄는 연구팀은 국지적 이산화탄소 방출량을 공업화 정도를 나타내는 척도로 하여 세계를 공업 지역들과 비공업 지역들로 나눈 뒤 기온 경향을 계산하였다.[14] (그렇다고 이산화탄소가 공업 지역에 정체되어 있다는 말은 아니다. 사실 이산화탄소는 공기 부피의 0.037%를 차지하고 고르게 대기 중으로 퍼져나간다). 대량의 이산화탄소 방출이 있는 공업 지역에서는 그렇지 않은 지역보다 더 강하게 온난화 경향이 있었던 것으로 나타났는데, 지표면과 하부 대기층 모두 상대적으로 더 온도가 높은 것으로 나타났다. 이산화탄소를 방출하지 않는 지역의 기온 상승 정도는 거의 무시할 수 있을 만큼 작았다. 드라와 모렐리스는 관측된 지표면 온도 변화가 국지적인 지표면 가열 효과 때문에 초래된 것이지 온실기체의 복사 효과와는 상관없는 것이라고 언급했다.[15]

이 두 효과는 과연 어떻게 차이가 나는 것일까? 드라와 모렐리스는 이러한 결과들을 IPCC의 3차 평가보고서(2001)를 작성하기 위해서 사용했던 두 개의 기후 모델들에 집어넣어 보았다. 그 결과 컴퓨터 모델들은 증가된 이산화탄소가 온도를 더 높이는 것이 아니며, 공업 지역에서의 온도는 일정하거나 오히려 내려가는 경향을 보였다고 발표하면서 드라와 모렐리스는 IPCC 지표면 온도자료에 문제가 있다는 것을 지적했다. 그들은 이 자료들이 최근 10년간 남극에 나타난 한랭화에 대한 기록은 전혀 포함하고 있지 않다는 것을 발견했다. 뿐만 아니라 IPCC가 선정한 지역들에서의 자료들은 약 3분의 1가량 더 높게 지구 온난화 경향을 부풀린다는 것을 알았다.

왜 우리는 지표면 온도자료를 신뢰하지 말아야 하는 것일까? 칼나이와 카이의 연구 논문은 1940년 이후의 지구 온도는 IPCC가 가정하는 것에서 단지 절반 정도만 상승했다고 주장한다. 도시화와 공업화에 관한 연구들 모두 온도자료들이 다른 요소들에 의해 오차를 만들었으며, 그런 공업화 요소들이 충분히 보정되지 않았다고 주장한다. 드라와 모렐리스 컴퓨터 모델 결과들은 온도자료들이 지구의 장기 기후 사이클과는 아무 상관없는 국지적인 지표면 가열로 일어나는 현상일지도 모른다는 것을 보여준다. 거기다 IPCC가 남극의 한랭화에 관련된 자료를 포함하지 않았다는 사실을 고려한다면, 지표면 온도자료를 더 신뢰할 수 없게 된다. 위성과 상층대기를 관측하는 존데의 기온 자료들은 상대적으로 훨씬 약한 온난화 경향을 보이는데, 이것은 지구가 급격하게 더워지고 있다는 것을 더욱 의심하게 만든다.

구름의 변화를 시뮬레이션할 수 있을까

IPCC의 최근 보고서는 IPCC와 관련된 과학자들이 아주 중요한 문제인 구름이 지구 기온에 미치는 영향을 어떻게 모델화해야 하는지 모른다고 언급하고 있다. 그 보고서는 기후 모델을 연구하는 사람들은 구름이 온난화를 가중시키는지 감소시키는지조차 알지 못한다고 말하고 있다. IPCC의 2001년도 보고서에 따르면,

"어떤 기후 변동에 반응하여 나타나는 구름양과 그로 인한 피드백 효과에 대해 알 수 없다. 구름의 광학적 피드백은 모델들마다 그 방향과 강도에서 다른 결과들을 만들어내고 있다. 물에서 얼음으로의 전환 역시 모델화하기 어려운 물리적 문제인데다가, 구름의 광학적 성분들이 기온에 따라 어떻게 바뀌는지 역시 논란이 되고 있다."[16]

나사(NASA)의 로저 데이비스는 온난화를 논할 때 고려해야 할 구름과 관련된 물리적 요소들이 많다고 지적하였다. 구름 입자의 모양과 크기, 연직적 그리고 수평적 위치, 대기 중에 존재하는 시간, 구름 중의 물방울 수, 얼음 입자 수 등이 그 예이다. 그는 구름이 기후에 미치는 효과는 복잡해서 아주 발달된 기후 모델들도 그 효과에 관해서는 상반된 결과들을 만들어낸다고 언급했다.[17]

태평양 상공에서 발견된 거대한 열 배기창

"열대 태평양은 열을 가두는 새털구름으로 덮인 하늘에 배기창을 열어 온실 기체들이 누적되어 나타나는 기후 온난화를 많이 감소시키는 역할을 할 수 있다. 향후 연구들을 통해 이것이 증명된다면 이 새롭게 발견된 효과는 현재 예측하고 있는 미래의 기후 온난화 예측치를 아주 많이 줄이게 될 것이다."[18]

"나사의 과학자들은 위성 관측값을 22년 동안 분석한 후 1980년대보다 1990년대에 더 많은 태양광선이 적도 지역에 들어오고 더 많은 열들이 우주로 빠져나갔다는 것을 발견했다. '구름은 온실기체로 미래 기후 변화를 예측하는 데 있어 모델에서 가장 다루기 어려운 취약 부분으로 간주되었기 때문에 이들 새로운 사실들은 아직 완전히 검증된 것은 아니다'라고 나사의 브루스 웨일리키는 말했다. …… '이것은 사실 현재 기후 모델들이 어쩌면 우리들이 생각하는 것보다 더 불확실하다는 것을 보여준다.' 이전에 알려지지 않은 지구 복사수지 변화가 과학자들이 가능하다고 생각했던 값들보다 두 배에서 네 배 더 컸고, 이 문제를 이해하기 위해 세계에서 제일 뛰어난 기후 모델 연구팀들은 열대지역 구름을 모델로 재생하려고 시도했다. 하지만 기후 모델들은 관측된 구름양의 변화보다 2배에서 4배가량 적게 예측하였다. 웨일리키는 '우리는 열대의 구름양 감소가 더 많은 태양빛을 지구 표면에 도달하게 한다는 것을 볼 수 있었는데, 우리들이 알고 싶은 것은 왜 구름양이 변하는가이다'라고 말했다.[19]"

태평양 상공에 열을 빼내는 거대한 배기창이 있다는 것을 나사가 발표면서, 지구 기후 모델을 연구하는 과학자들에게 이러한 열배기창을 그들 모델들이 재생해내고 있는지 재조명하기를 촉구했다. 하지만 그들 모델들은 이 열배기창을 재생해낼 수 없었다. 이 책 초반에 썼듯이 이것은 지구의 기후에 관한 아주 중요한 논쟁점이다. 결국 태평양의 연직적 열배기창은 1980년대와 1990년대 동안 대기 중 이산화탄소가 갑자기 두 배가 되면서 생겼을지도 모르는 에너지를 모두 우주 밖으로 빼냈던 것이다.

나사의 브루스 웨일리키는 다음과 같이 말했다. "우리는 지난 20년 간 정확한 위성 자료들을 정리하고 분석함으로써 열대지역 대기층 상공에서의 복사에너지 수지는 이전에 생각했던 것보다 훨씬 더 왕성하게 변화했다는 새로운 증거를 제시했다. 연구 결과들은 복사수지 변화가 열대지역의 평균 구름양 변화 때문에 만들어진 것임을 나타낸다. 여러 기후 모델의 결과들은 열대 에너지 수지 변화를 예측하지 못했다. 이것은 구름을 모사하는 방법을 향상시켜야 한다는 것을 강력하게 알려주는 것이고, 다음 세기에 있을 지구온난화에 관한 예측이 얼마나 불확실한 것인지를 거듭 보여주는 것이다. 우리는 지난 십 년간의 변화를 온실가스로 인한 온난화로 해석하는 것에 대해 주의를 환기하는 바이다."[20]

하지만 주요 언론 매체들은 이 열배기창 발견 그리고 이러한 발견이 전반적으로 온실효과를 이용해 온난화를 설명해왔던 것을 의심하게 한다는 사실을 무시해왔다.

우리가 지구 기후에 대해 알 수 있는 것

지표면 근처의 온도계 자료들은 도시의 열기와 토지 사용의 변화로 심하게 편향되어 있다. 아마 미국의 지표면 부근의 온난화 값을 약 40% 정도 과대 추정하게 만들었는지도 모른다. 기후 모델들은 20세기의 지구 기온 상승을 대기 중 이산화탄소 상승과 함께 잘못 해석하였다. 여러 기후 모델들이 가정하고 있는 온난화를 가중시키는 힘들은 지나치게 높다. 온실이론으로는— 온난화가 초반에 그리고 가장 강하게 나타날 것으로 예측한 것과는 다른 현상들이 나타나고 있는—극지역의 기후를 제대로 설명하지 못한다. 모델들은 1940년 이후 극지역에서 몇 도 이상의 온난화가 있어야 한다고 예측했지만, 극지역의 온도는 사실 하강하고 있는 중이다. 온실이론이 가장 크게 실패한 것은 아마도 대기권일 것이다. 대기권의 기온은 지표면 근처보다 훨씬 덜 상승하였다. 모델들은 태평양 상공의 열배기창에 대해서 설명하지 못했다. IPCC는 인간이 무시무시한 온난화를 초래한다는 그들의 기본적 주장에서 벗어나는 이러한 사실들을 어떻게 설명하는가? 할 수 없을 것이다. 미국 기후학자협회(AASC)는 기후 변화에 관한 정책을 발표하며 지구의 온도 변화를 예측할 수 없다고 강조하고 있다. 다음은 미국 기후학자협회의 기후 변화에 관한 정책이다.

1. 과거 기후는 미래를 위한 유용한 안내서이다.

2. 기후 예보는 많은 불확실성을 가진 복잡한 문제이다. 미국 기후학자협회는 기후 예보가 극히 어려운 작업이라고 인정하고 있다. 10년 혹은 그 이상의 시간 규모를 가진 예측은 그 정확도를 평가하기 위해 10년 또는 그 이상 기다려야 하기 때문에 불가능하다.

3. 기후 변동과 변화에 관해 정책적으로 대응하기 위해서는 융통성과 분별이 필요하다. …… 미국 기후학자협회는 장기간 기후와 관련된 정책을 어떤 특정한 예보 결과에 근거를 두고 만들지 않

기를 권고한다.

4. 국가의 기후 정책은 대체 에너지에 관한 정책 토의 이상을 포함하여야 한다. 기후 자료는 기후 시스템과 관련된 모든 중요한 요소들(예를 들면, 기온, 강수량, 습도, 식생, 그리고 토양 수분)을 포함해야만 한다.[21]

제12장 | 근거 없는 두려움들
지구에 급격한 한랭화가 닥칠 것이다

"오늘날의 지구온난화는 북대서양의 해류를 불안정하게 하여 북반구와 세계 대부분의 지역을 빙하시대의 기후로 되돌리는 계기가 될 수 있다. 세계의 농업에 심한 타격이 있을 것이다. 식량이 남은 곳의 분포가 크게 혼란스러워질 것이다. 도시의 사람들은 굶을 수 있고, 대재앙에 가까운 인구 감소가 있고 난 다음이면 소규모의 독재 정부가 난무하게 될 것이다. …… 유고슬로비아 같은 나라들이 가득한 세계가 될지도 모른다."[1]

"내가 '극적인' 기후 변화라고 말할 때는 다음과 같은 때이다. 미국 전역의 겨울 평균기온이 화씨 5도 정도 떨어진다. …… 이는 알프스의 빙산들이 더욱 커지게 할 만큼 충분한 것이다. 강과 항구들은 얼어서 북대서양의 선착장은 얼음에 묶이고, 에너지 비용은 엄청나게 상승하며, 농업과 어업에서 대대적인 변화가 일어난다. 이쯤 되면 온실효과로 인한 지구온난화가 거대한 폭우의 가능성을 높이고, 지역적 혹은 지구적으로 급작스런 기후 변동을 야기할 것이라고 여기는 것은 당연하다. 우리가 위험천만한 한계점에 도달하고 있다는― 북대서양을 계속 자극하는― 증거들은 많다.[2]

"약 12,800년 전, 지구의 마지막 빙하기(빙하시대) 이후 날씨가 따뜻해질 무렵 추운 기후로 급격한 전환이 일어났는데, 그동안 북반구의 표면 온도는 십년에 걸쳐 일어날 법한 단위로 가파르고 엄청나게(예를 들어 그린란드의 경우는 거의 화씨 27도나) 떨어졌다. …… 이 급작스런 기후의 한랭화를 "영거 드라이아스기 사건"이라고 부른다. …… 북반구, 특히 유럽과 그린란드는 1,300년 이상 지속된 극심한 추위가 찾아왔다. …… 이 추위는 대략 11,500년 전 1년 혹은 5년 단위로 있었던 (한랭화보다 더 급작스럽게 나타났던) 온난화로 인해 끝이 났다.⁴"

피할 수 없는 기후의 역습?

첫째, 5,000년 전에 이미 녹아버려 이제는 사라져버린 수조 톤의 빙하를 생각해보라.

12,000년 전, 멕시코 만류는 지구의 기후 최적기를 맞아 거대 빙상(氷床)과 빙하의 얼음이 녹아내린 물로 가득했었다. 그러나 빙하시대는 유럽과 북미의 북쪽에 9,000피트 두께의 빙산을 만들었다. 북미의 로렌시아(Laurentian) 빙산은 오대호와 서부 아이오와 그리고 남부 인디애나와 오하이오까지 뻗쳤다. 따라서 계산하면 그 당시 전 세계에는 40,000조 톤의 빙산과 빙하가 있었다는 것이다. 최근 시카고에서 시청을 덮어버린 1마일 두께의 빙산이 있었다는 말을 들은 적이 있는가?

둘째, 대서양 컨베이어가 차단되고 있다는 것과는 달리, 최근의 온난화 기간 동안 대서양 심해 해류의 흐름이 급속하고 규칙적으로 증가하였다.⁴

셋째, 우즈홀(Woods Hole) 해양연구소의 소장인 가고시안 박사는 과학계에서 지금 흔히 행해지는 연구기금 조성 붐에 확실히 참여하고 있다. 그는 바다가 전체 지구의 기후에 대략 2분의 1가량의 역할을 하고 있는데, 기후 온난화 연구기금의 대부분이 사실상 대기과학자들에게 몰리고 있다고 밝혔다.

'급작스러운 기후 변동을 연구하는 국립연구위원회'의 의장인 리처드 앨리는 "급작스러운 기후 변동: 피할 수 없는 기후의 역습"이라는 제목의 논문을 통해 인간에 의한 온난화로 거대하고 급격한 전환 가능성이 고조되고 있다고 말했다. 최근 녹색지구협회에서는 그 위원회에 속한 사람의 말을 인용해 "그 보고서의 저의는 대다수의 이목을 끌어 기금 조성의 계기를 마련하는 것이다"라고 지적했다.[5]

그러나 지금까지의 역사와 실질적 증거에 따르면 기후 사이클에서 온난기는 한랭기에 비해 훨씬 안정적이고 쾌적했던 것으로 보인다.

넷째, 컴퓨터로 돌리는 지구 대순환 모델에 따르면 그런 일은 일어나지 않는다!

컴퓨터 모델은 검증된 요인들을 사용하고, 모델을 실제 세계의 데이터에 근거해서 돌릴 경우 유용하다.

"피할 수 없는 기후의 역습"의 발표 이후에 라몬트-도허티 지구관측소의 연구원들은 지구온난화로 멕시코 만류가 붕괴했다는 이론의 다양한 가능성들을 고다드 우주연구소의 기후 모델로 실험하였다. 그 연구팀은 지구가 현재 겪고 있는 온난기에서 한랭기로 급전환될 가능성을 발견하지 못하였다. 대신 빙하가 녹은 물이 직접적으로 영향을 끼친다는 것을 알게 되었다. 그들은 온난화로 녹을 것으로 예상되는 물의 증가가 실제 담수 유입보다 빠르지는 않을 것이라고 말했다.[6] 다

말해 온난화가 남은 40,000조 톤의 빙하를 녹이지 않는 한, 대서양 컨베이어를—1850~1870년 혹은 1920~1940년의 온난화 기간 동안 그렇지 않았던 것처럼—막지 않을 것이다.

"급작스러운 기후 변동: 피할 수 없는 기후의 역습"은 '아주 급작스러운 기후 변동'이 일어난다고, 즉 "10년 안에 10도가량 상승할 것"이라고 경고하면서, 그런 변동이 가능할 뿐만 아니라 미래에는 그럴 가망성이 농후하다고 말하고 있다.[7]

라몬트-도허티 팀은 그런 극적인 '한계점'들은 없다고 지적했다. 데이비드 린드 연구팀은 실험을 통해 대서양 컨베이어가 세인트로렌스의 담수가 증가하는 부피에 비례하여 감소하며, 그 한계점은 없는 것으로 보았다.[8]

강우량이 상대적으로 증가함에도 불구하고, 온난화로 예상되는 민물 유입이 크게 증가했다는 증거는 없다. 물론 하나의 이유는, 즉 눈이 한랭기보다 온난기에 4배가량 빠르게 빙산 위로 쌓일 수 있는 것이다.[9] 다른 이유로는 얼음이 천천히 녹아 많은 태양열을 그 중심으로부터 멀리 비껴가게 하기 때문이다. 결론적으로 린드 연구팀은 온난화가 북대서양 심해의 대류 시스템에 끼치는 영향이 가속화되지는 않을 것이라고 주장한다.[10]

영국에 있는 '기후 예보와 연구를 위한 해들리 연구센터'의 한 연구팀과 페일리 우는 해들리 기후 모델을 이용하여 같은 가정—녹은 물이 증가해 해양의 순환을 막을 수 있다는 가정—을 시험했으나 가정이 틀린 것으로 나타났다.[11]

반대로 해들리 모델은 "신선화의 경향으로 열연(Thermohaline)의 순환은 예상 밖으로, 감소가 아닌 증가의 경향을 보였다"고 지적했다. 그 모델은 실제 세계와 부합하는 것이었다. 심해의 조류는 온난화와 강수량의 증가로 더욱 활발해진다.

제13장
태양 그리고 지구의 기후

"수백 년 넘게 태양활동과 지구의 기후 사이에 명확한 상관관계가 있다는 연구결과들이 있었다. 런던의 유명한 과학자인 윌리엄 허쉘은 1801년 호밀 값이 태양흑점 수에 따라 바뀐다고 발표하였는데, 그의 관측에 따르면 태양흑점 수가 아주 적은 기간에는 강수량이 줄어들었다. 은하의 우주광선(cosmic rays)에 의해 생성된 대기의 동위원소들을 보면 아주 먼 과거의 태양활동에 대해 알 수 있다. 그런 자료들은 지난 만 년 동안 온난하고 한랭한 기후들과 태양활동 정도의 고저가 놀랄 만큼 정량적으로 일치함을 보여주고 있다."[1]

"독일 과학자들은 태양광선이 기후 변화에 어떤 영향을 주는지를 보여주는 중요한 자료들을 발견하였다. 그들은 대기권의 하층에서 태양광선에 의해 충전된 입자 덩어리를 탐지하였다. 그들은 입자 덩어리들이 두꺼운 구름층들을 만드는 응결핵이 될 수 있다고 보고했다. 지구에 도달하는 태양광선의 양은 태양활동에 의해 영향을 받는데, 많은 과학자들은 태양이 간접적으로 지구의 기후에 미치는 영향이 과소평가되어왔다고 지적했다."[2]

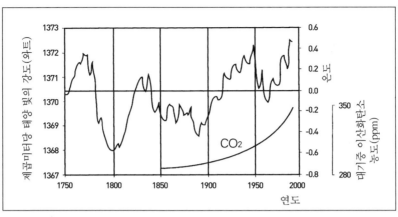

그림 13.1 태양활동 주기와 연관 있는 지구 기온 변화. 지구에 도달하는 태양광선의 강도가 지구의 기후와 밀접한 상관관계가 있음을 보여준다.

50년 전 과학자들은 "태양 상수"(solar constant)에 대해 이야기했다. 태양은 거대하고 변하지 않는 지구 에너지의 보급원이었다. 그러나 최근 수년간 빙하 코어의 동위원소 변화, 나무 나이테, 해저 침전물 자료들은 1,500년 주기의 지구 기후 변동과 태양활동의 미미한 변동 사이에 연관성이 있음을 알려주고 있다.

〈그림 13.1〉은 태양 사이클의 길이와 지난 300년 동안 북반구에서 관측된 지구 온도 사이의 연관성을 보여주고 있는데, 그 연관성은 놀랄 만큼 크다(남반구의 온도자료 역시 이러한 연관성을 보여줄 것이라 가정하는데, 남반구에서는 온도계로 관측한 온도자료가 북반구에서처럼 많이 존재하지 않는다).

나사와 컬럼비아 대학 소속인 리처드 윌슨은 나사 ACRIM 위성들 세 개에서 관측한 태양 관련 자료들을 모아서 1978~2003년 사이 전체 태양복사와 관계된 25년치 자료를 만들었다. 그는 1970년대 말 이후 태양복사량이 거의 10년에 0.05% 정도 증가했다고 밝혔는데, 이 0.05% 태양복사 변동량은 전체 인류가 사용하는 에너지의 양에 상당한다. 윌슨은 또한 이러한 태양복사량의 증가 경향이 1978년보다 훨씬 이전부터 있었는지에 대해서는 알 수 없지만, 만약 이러한 경향이 20세기 내내 계속되었던 것이라면 우리가 관측하고 있는 온난화에 크게 기여하는 요소가 된다고 보고했다.[3]

이것이 태양과 기후 사이의 상관성에 관한 가정이다. 즉, 최소한 두 가지 요인에 의해 태양복사의 작은 변동이 지구에서는 심각한 기후 변동으로 이어진다는 것인데, 그 하나는 우주광선이 지구 대기 중 저층 구름의 구름양에 영향을 미친다는 것이고, 또 다른 요인으로는 태양 변동에 의한 오존량 변화가 대기 하층의 가열 정도에 영향을 미친다는 것이다.

구름이 변하면 지구의 기후도 변한다

"만약 태양활동에 변화가 있다면—사실 그러하다—지구에 도달하는 우주광선의 양이 비슷한 시간 규모로 달라지며, 지구 전체 구름의 양도 달라질 것이다. 위성 자료들은 지구상의 저층 구름들이 지구에 도달하는 우주광선의 양이 변하는 추세를 그대로 따르고 있음을 보여준다."[4]

인공위성이 자외선의 양을 측정함으로써 태양의 변동 양상을 정확하게 파악할 수 있게 된 것은 1960년대 이후이다. 1961년 워싱턴 주립

대학 민츠 스튜버 교수(지구물리학계에서는 두 번째로 가장 많이 인용되는 학자이다)는 태양활동과 과거 1,000년에 걸쳐 나무 나이테에서 나온 탄소-14 변동량 사이의 상관관계에 관해 연구 논문을 발표했는데, 그는 태양의 활동이 활발해지면 더 많은 태양풍이 우주광선으로부터 지구를 감싸고 막음으로써 나무들에 흡수되는 탄소-14의 양이 줄어든다고 결론지었다.[5]

　미국 지리조사소의 찰스 페리와 케네스 휴는 태양과 연관된 동위원소들을 이용한 태양광도(luminosity) 모델을 이용하여 과거 9만 년 동안의 빙하기 사이클 동안 태양과 나무 나이테 사이의 연관성에 관해서 조사하였다. 그들은 태양과 나무 나이테에서 나온 탄소-14와의 상관관계가 중세 온난기까지 조심스럽게 거슬러 올라간다는 것을 보여주었다. 이들은 "현대의 기온 상승이 단지 이산화탄소 농도의 증가에 의해 나타나는 현상이라는 설은 의심해 볼 만하다"고 결론짓고 있다.[6] 나사 고다드 우주연구소의 드루 쉰델은 고다드 연구소의 기후 모델을 사용하여 마운더 태양흑점 극소기(the Maunder Solar Minimum, 1645~1710) 동안의 지구의 기후를 이후 태양흑점 수가 상대적으로 많았던 수십 년간의 기후 자료들과 비교하였다. 쉰델은 태양활동이 활발해짐에 따라서 지구에 0.35도 정도의 온난화가 있었다는 것을 알 수 있었다. 그러나 이러한 미미한 온난화가 북반구의 겨울철에 다섯 배가량 증폭되었다는 사실도 발견했다. 즉 북반구 유럽의 기온이 1~2도 정도 상승한 것이다. 이들 과학자들은 그들의 모델 결과가 마운더 태양흑점 극소기와 그 100년 뒤 태양활동이 활발했던 기간에 나온 여러 가지 관측 자료들과 일치하는 것이라고 밝혔다.[7]

우주광선과 구름양의 증폭 효과

"1997년 스벤스마크(Svensmark)는 …… 지구상 전체 구름양과 우주광선의 입사강도 사이에 상관관계가 있음을 증명하였다. …… [8] 그 우주광선들은 대기상의 입자나 분자들과 충돌하면서 방전된 전하를 남기는데, 이렇게 '이온화' 된 입자들은 구름물방울의 성장을 촉진하게 된다. …… 대기 하부에 그렇게 형성된 구름들은 그 온도가 상대적으로 높고, 아주 작은 물방울들로 구성되어 있다. 이 구름들은 태양빛을 우주로 다시 반사시키는 역할을 함으로써 지구를 한랭화시킨다. …… 1980년 이후 위성으로 관측한 구름 자료들을 분석한 결과 스벤스마크와 마쉬는 이들 저층 구름의 양이 …… 우주광선 입사강도의 높낮음에 따라서 함께 바뀐다는 사실을 확인했다. 이들은 태양 자기장이 과거 100년 동안 증가했다고 주장하면서, 강해진 태양풍이 우주광선으로부터 지구를 보호하는 정도가 늘어나, 저층 구름의 형성도 줄어들고, 지구를 한랭하게 하는 정도도 약해졌으며 현재 관측되고 있는 지구온난화에 기여하고 있다고 주장하고 있다."[9]

태양은 태양풍을 통해 꾸준히 방전된 입자들을 쏟아내고 있는데, 이 태양풍이 지구를 둘러쌈으로써 우주광선을 차단시킨다. 이 태양풍은 태양복사량에 따라 달라지는데 태양의 활동이 약할 때는 태양풍도 약하게 불고, 이에 따라 더 많은 우주광선이 대기를 통해 들어와 더 많은 저층 구름들을 형성시켜 태양 가시광선 영역의 에너지를 더 많이 지구 밖으로 반사시키게 된다. 이것이 이른바 한랭화 효과이다(그래서 소빙하기 시대에 그려진 풍경화들을 보면 구름 낀 하늘이 많다).

태양활동이 더 강할 때 태양풍이 더 강하게 불어 우주광선으로부터 지구를 더 효과적으로 막게 되고 저층 구름이 줄어들어 온난화 효과를 만든다.

스벤스마크는 콜로라도 클라이맥스(Climax)에서 나온 우주광선 자료들을 1970~1990년 사이 위성으로 관측한 태양복사량 자료들과 비교한 결과 1975~1989년 사이 연간 지구에 입사된 우주광선의 양이 1.2%나 증가했음을 알 수 있었다. 그는 "태양복사량의 변화에 의해 나타난 기온 변화는 0.1도 정도일 뿐이다. 하지만 위에서 설명한 것과 같은 과정에 의해서 나타나는 것처럼 구름이 기온에 미치는 영향을 고려한다면 기온 변화는 0.3~0.5도 이상인데, 이는 이 기간 동안 지구상에 나타난 기온 변화 전체를 설명할 수 있는 값이다. 현재로써는 태양활동과 지구의 구름양 변화를 연결시킬 수 있는 미시물리이론 자체에 대한 이해 정도가 미약하다"고 인정한다.[10] 하지만 다른 한편으로 따지자면 디젤엔진이 어떻게 작동하는지 설명할 수 없지만 버스에 의해 치이는 것을 방지할 수 있다는 점을 명심해야 한다고 덧붙였다.

오존의 증폭 효과

런던 임페리얼 대학의 조아나 하이는 1998년 미국 과학진흥협회가 주최한 학회에서 "태양 자외선 방출량의 변화가 지구 기후에 미치는 영향"이라는 제목의 연구논문을 발표하였다. 하이는 태양으로부터 방출되는 "원자외선"이 많아지면 더 많은 오존이 대기 중에 만들어지고, 이들 오존은 더 많은 근자외선을 흡수하게 된다. 그녀의 컴퓨터 모델을 이용한 연구에 따르면 0.1%의 태양복사량 변동은 지구 대기 중의

오존 농도에 2%의 변화를 초래한다.[11]

　오존은 대부분 성층권 상부에서 높은 에너지를 가진 원자외선에 부딪치면 산소분자들로 쪼개어진다. 이들 산소분자들 중 일부는 성층권에 다시 오존을 재형성시켜 근자외선으로부터 지구를 보호하는 얇은 보호막을 만들게 되는 것이다. 근자외선으로부터의 에너지를 흡수한 오존은 성층권을 가열시킨다. 나사의 쉰델 박사 연구팀도 오존이 태양복사량의 변동 효과를 증폭시키는 중요한 요소 중 하나라고 강조했다. 그들은 지구를 모사하는 비슷한 두 가지의 실험을 하였는데, 한 실험에서는 오존의 반응을 포함시키고 다른 실험에서는 포함시키지 않았다. 그들은 오존 효과를 고려하지 않았을 때 복사량의 변화가 약했음을 볼 수 있었다.[12]

　이는 단지 태양에만 국한된 이야기가 아니라 전체 은하계에 관한 이야기이다.

　오타와 대학의 지리학자 얀 바이저는 화석화된 조개껍질에서 나온 칼슘과 마그네슘 동위원소를 이용하여 과거 5억만 년 동안의 지구 온도자료를 재정리하였다(지구의 바다는 과거 50억 년 동안 조개껍질들을 만들어왔다). 그는 매 1억 3천 5백만 년마다 주요한 지구온난화와 한랭화 사이클들이 있었음을 발견하고 놀랐다. 그런 뒤 예루살렘 헤브루 대학의 천문물리학자 닐 샤비브가 토론토를 방문해서 바이저에게 우주광선이 지구를 덮치는 정도의 높낮음이 태양계가 은하수의 밝은 팔들(bright arms)을 통과함으로써 1억 3천 5백만 년 주기로 나타난다고 말했다. 이들 은하수의 밝은 팔들은 저층 구름 형성을 통해 지구를 한랭화시킬 수 있는 아주 강한 강도의 우주광선을 가지고 있다. 미국 지질학회에서 최근 출판된 한 논문에서 바이저와 샤비브는 과거 5억 년간 지구 기온 변동의 75%가 태양계가 은하수의 나선형 팔을 통과하면서 접하게 되는 우주광선의 변동에 기인한다고 결론짓고 있다.[13]

"천문학과 지리학 두 가지 다른 학문에서 접근한 연구 결과들에 근거해 볼 때 우리들의 연구 결과는 기후의 진화에 관한 관측결과들과 놀랄 만큼 들어맞는 것을 알 수 있다. 지구 기후는 다시 안정화되고자 하는 음의 되먹임(negative feedback)의 성향 역시 가지고 있다. 이러한 피드백의 한 예가 아마도 구름양일 것이다."[14]

바이저와 샤비브는 과거 5억 년 동안 지구 기후와 이산화탄소 사이에 상관관계가 거의 없음을 발견했다. 바이저의 온도자료에서 나타난 과거 농도치를 보면 현재보다 18배나 더 높을 때도 있었으며, 더욱이 약 4억 4천 년 이전에 있었던 오르도비스 빙하기(Ordovician glacial period) 동안에는 오늘날보다 약 10배나 더 이산화탄소의 농도가 높았음을 알 수 있다. 이와 같은 사실은 이산화탄소가 지구 기후를 좌지우지하는 주요한 요소가 아니라는 것을 우리들에게 암시하는 것이다.[15]

이 두 과학자들은 이산화탄소 때문에 지구가 온난화되고 있다고 예측하는 수백억 달러짜리 컴퓨터 기후 모델들이 사실 구름—구름은 어쩌면 가장 중요한 지구의 온도 조절기 역할을 하는 것일지도 모른다—을 잘 모사하지 못한다는 점을 경고하고 있다.

바이저는 2005년 연구 논문에서 "대기 중 이산화탄소도, 태양활동의 변화량도 단독으로는 과거 100년간 관측되고 있는 0.6도의 기온 증가를 설명하지 못한다." 즉, 다른 요인이 필요한 것이다. "지구 기후 모델에서 계산된 기온 증가는 수증기와 양의 되먹임 관계가 있다고 가정해왔다. 태양활동의 관점에서 보면 우주광선이 대기 중 구름 응결핵을 증가시키고, 이렇게 해서 늘어난 구름이 태양광선을 반사시킴으로써 지구를 한랭화시킨다고 볼 수 있다."[16]

온실효과 이론과 태양활동에 의해 나타나는 기후 변화 사이에서 우리는 어떤 결론을 내려야 하는 걸까? 바이저는 "우주광선은 베릴륨-10, 탄소-14, 클로라인-36과 같은 태양 동위원소들을 생성시킨다. 이들 동위원소들은 태양활동을 이야기할 수 있는 간접적인 자료가 되는데, 고대 침전물, 나무, 화석들에서 찾을 수 있다. 한편, 산소와 수소 동위원소와 같은 다른 자료는 우리에게 과거 기온에 관해 알려준다."[17] 바이저는 이러한 관측 자료들은 천문학적인 현상들이 지구의 기후 변동을 좌우하는 주요한 요소라는 것을 보여주는데, 미세한 규모의 탄소 순환은 사실 구름을 포함한 거대한 물의 순환을 등에 업고 있다고 지적하면서 "모델과 실제 관측 모두 과학의 중요한 수단이 되는 것이 사실이지만 둘 사이에 불일치가 있을 때는 관측 값이 이론보다 더 의미를 가진다고 봐야 한다"고 주장한다.[18]

바이저와 샤비브는 오늘의 이산화탄소량을 2배로 증가시키면 지구의 기온이 약 0.75도 증가할 것이라고 결론짓고 있다. 반면 UN의 IPCC는 이 추정치의 7배나 되는 1.5~5.8도의 기온 상승을 추정하고 있다. 바이저-샤비브의 이론으로 계산한 상승률은 1979년 이후 기상 위성이 실제 하층 대기에서 관측한 기온 상승률과 일치하고 있다.[19]

해양-철 되먹임 고리

대부분 해양의 해수는 바다의 먹이사슬에서 가장 말단에 있는 플랑크톤이 필요로 하는 영양분인 철(iron)이 부족하다. 과학자들은 최근 철이 부족한 해수에 철을 집어넣어서 플랑크톤의 양을 증가시키는 작업을 했다. 한랭하고 건조한 빙하기 동안에는 거대한 숲들이 사막으로 변했다. 파타고니아(Patagonia)로부터 불어온 철 먼지들이 남반구의 해수에 유입되자, 급격히 증가한 플랑크톤들이 대기로부터 많은 양의 이산화탄소를 해수로 끌어당겼다. 이러한 되먹임 고리는 지구의 한랭화 경향을 증폭시킨다. 이러한 과정들은 1,500년 기후 사이클 동안 눈에 띄는 차이를 만들 만큼 빠르게 나타나는 것은 아니다. 하지만, 어떤 과학자들은 해양-철 되먹임 고리가 빙하기 끝 무렵 해양으로부터 대기 중으로 방출된 이산화탄소 양의 절반을 설명할 수 있을지도 모른다고 주장한다. 해양-철의 되먹임 고리는 다시 태양활동으로 유발되는 온난화를 증폭시키게 된다. 해양-철 되먹임 고리는 어마어마하게 장기적인 과정들이 지구의 역사 동안 계속해서 나타나고 있는 기후 변동에 영향을 미치고 있다는 현실을 뒷받침하고 있다.

급격한 온난화는 없다

북아일랜드 아마 관측소(Armagh Observatory)의 날씨 관측 자료는 1795년까지 거슬러 올라가는데, 관측소 소장인 리처드 버틀러는 이 자료들을 보면 태양 주기가 길 때 기온이 내려갔고, 주기가 짧을 때 기온이 상승했음을 알 수 있다고 말한다.[20] 컬럼비아 대학 리처드 윌슨은 태양복사량이 위성자료가 산출되기 시작한 1970년대부터 10년에 약 0.05% 정도로 증가한다고 밝혔다.

스벤스마크의 우주광선 관측치는 저층 구름의 형성과 태양 사이클 사이를 연결시키는 고리를 잘 설명하고 있으며, 이러한 구름 형성이 태양복사량 그 자체가 직접적으로 야기하는 것보다 4배나 큰 강도로 기후 변화를 야기한다는 것을 발견하였다.

바이저와 샤비브는 동위원소를 분석함으로써 은하수로부터 오는 우주광선이 과거 지구 기후 변동에 미치는 영향을 측정할 수 있었으며, 이러한 태양활동과 관계된 동위원소의 측정치가 증명되지 않은 컴퓨터 모델들의 예측치보다 훨씬 더 신빙성이 있음을 강조했다.

이렇게 사실적인 관측 자료가 나타내는 결과들과는 달리 온실이론은 단지 급격히 시작되는 온난화 경향만을 설명할 뿐이다. 사실 그것은 태양활동의 변화에 의해 야기되어 과거 1,500년간 나타난 자연적인 현상일 뿐인 것이다. 인간들이 만들어내는 이산화탄소가 기후 변동을 주도하는 요인이 되기에는 실제 온난화가 지나치게 먼 과거부터 있었고, 또 너무 갑작스럽게 나타났다. 온실이론이 예측하는 것과 같은 극지방 온난화는 북극에서도 남극에서도 실제 나타나고 있지 않다. 온실이론이 훨씬 더 빠른 온난화를 겪을 것이라 예측했던 대기 하층은 실제 거의 온난화 경향을 보이지 않고 있다.

온실이론을 강력히 지지하는 협력자들을 적어보면 다음과 같을 것이다.

- 컴퓨터 모델 : 과거 기온 변동을 모사하지 못함에도 불구하고 미

래 기후를 정확히 예측한다고 주장해왔다. 이들은 대중들로 하여
금 온난화 현상에 대해 두려움을 가지도록 만듦으로써 연구자금
들을 계속해서 받고 있는 것이다.

● 인간들의 산업 활동이 온난화를 야기하고 있다고 주장하는 환경
  운동가들 : 이들은 인구수가 증가하는 것도, 제3세계의 가난과
  궁핍을 완화시킬 수 있는 값싼 에너지의 사용도 반대한다.
● 유럽의 정치가들
● 무시무시한 신문 머리기사 감을 찾아다니는 언론인들
● 국내 또는 국제 관료들과 유엔 IPCC 멤버들과 스텝들

써 놓고 보니 그렇게 놀랄 만한 새로운 사실도 아니다.

제14장 | 근거 없는 두려움들
지구온난화가 대참사를 부른다?

"세계보건기구(WHO)는 2000년 한 해 동안 지구온난화 때문에 150,000명
의 사람들이 사망했으며, 지금의 추세가 계속된다면 총 사망자 수는 다음 30
년간 다시 배로 증가할 것으로 예상된다고 지난 목요일 발표하였다. …… 세
계보건기구의 과학자 디아르미드 캠벨-랜드럼 씨는 2030년까지 '사망자 수
가 두 배가 되고, 사람들의 생명을 지키는 것이 부담스러운 일이 될 것으로
예상하고 있다'고 말하였다."[1]

"지구온난화 문제를 이끌어 가고 있는 IPCC는 지구온난화가 극심한 날씨 현
상과 전염성 질병을 야기함으로써 사망자 수가 늘어날 것이라고 결론지었
다. 어떠한 국가에서도, 심지어 산업화가 잘 되어 있는 미국 같은 나라 역시
이러한 영향에서 벗어나지 못할 것으로 예상된다. …… 지구온난화가 심해
지면서 미국에서 말라리아가 훨씬 더 흔하게 나타날 것이다. IPCC 과학자들
은 더 따뜻한 기온이 적도로부터 북쪽과 남쪽으로, 그리고 더 높은 고도로
확산됨에 따라 말라리아를 옮기는 모기들 역시 퍼질 것이라 보고 있다. 그들
은 지구온난화가 지구 전체 인구의 65% 이상을 전염병의 위험에 빠뜨릴 것

으로 예상하고 있다."[2]

이상고온현상과 혹한

물론 이상고온현상이 질병을 야기하기도 하고, 사망을 초래하기도 한다. 예를 들면 열사병, 심장마비, 천식 등이 열파(熱波)에 의한 대표적인 사망 요인이다. 그러한 열파가 어떤 지역을 강타하면, 사람들이 병원에 입원하고 사망하는 기사들이 신문의 첫 페이지를 장식하게 된다. 하지만 극심한 한파가 있을 때 역시 우리는 그런 비슷한 신문기사들을 마주하게 된다! 노인들이 난방이 잘 안 되는 집에서 사망하고, 강이나 호수의 얼음이 깨지면서 사람들이 죽기도 한다. 어떤 사람들은 거리의 눈을 쓸다가 심장마비로 죽기도 하고, 어떤 사람들은 감기, 독감, 폐렴, 호흡기 질환으로 고생하게 된다. 전염성 질병이 만연하게 되고 병원의 출입이 잦아지게 된다.

지구온난화를 주장하는 사람들은 상승한 기온이 비정상적인 날씨 현상을 야기하고, 이에 의해 사람들의 사망률이 증가한다는 간단한 이론을 제시하지만, 한파가 열파보다 훨씬 더 사람들의 목숨을 위태롭게 할 수 있다.

미국 내무부 통계자료에 의하면 1979~1997년 사이 미국에서 극심한 추위 때문에 죽은 사망자 수는 열파로 사망한 사망자 수의 두 배에 달한다.[3] 즉, 추운 날씨가 무더운 날씨보다 우리들의 생명에 두 배나 더 위험한 것이라고 할 수 있겠다.

더위는 에어컨이 널리 보급되면서 사람들의 생명에 덜 영향을 미칠 것이다. 미국의 28개 주요 도시에서 더위 때문에 사망한 사망자 수는 1964년부터 1998년까지 감소했다. 1960년 하루에 41명이던 사망자 비율이 1990년대에는 하루에 10.5명이다.[4] 1980년 초 에어컨이 설치된 집과 그렇지 못한 집들을 비교한 결과 더위가 닥쳤을 때 에어컨이 설치된 가구들의 사망자 수가 41% 더 낮은 것으로 나타났다. 독일에서는 열파가 있을 때는 전체 사망자 수가 줄어들었으며 한파가 닥쳤을 때는 사망자 수가 엄청나게 증가하는 것으로 알려졌다.[5] 한파가 지속되면 될수록 사망자 수는 더욱 뚜렷하게 증가하였다. 그리고 그러한 높은 사망률은 몇 주 동안이나 지속되는 것이었다. 이와 반대로 더위가 닥치면 사망자 수가 짧은 기간 동안 급격히 증가했다가, 2주가 넘게 지속되면 평소보다 사망률이 더 낮아진다는 것을 통계자료는 보여준다. 지구온난화는 여름 최고 기온을 약간 증가시키지만, 겨울 최저 기온을 크게 상승시키는 효과가 있는데, 이러한 요소들이 결과적으로 사망률을 줄이게 되는 것이다.

심혈관계 질환

현대의 사망 요인 중 높은 비율을 차지하는 것으로 심혈관계 질환들이 많은데, 이러한 관점에서 추운 날씨가 무더운 날씨보다 훨씬 더 위험하다. 추운 날씨에는 신체가 체온을 유지하기 위하여 자연적으로 혈관을 수축시키는데, 이 때문에 혈압이 상승하여 혈압이 높은 사람들이 심장마비에 걸릴 확률이 2배로 높아지게 되는 것이다. 이렇게 기온이 갑자기 떨어지면 고혈압 환자들은 보통 사람보다 더욱 위험하게 된다.

심장마비에 의한 사망률이 세계 최고를 기록한 1982년에서 1993년 사이 시베리아 사람들의 보건 자료들을 분석한 한 연구에 따르면 심장마비가 무더운 날씨보다 추운 날씨에 32% 더 높게 발생한 것으로 나타났다.[6] 한국의 보건 자료 역시 비슷한 통계 결과를 보여준다. 한랭기가 심장마비의 증가율과 연관이 있으며, 추운 날씨에 노출된 그 다음 날 심장마비의 발생률이 가장 높은 것으로 나타났다.[7]

호흡기 질환

세계 수많은 연구 자료들이 추운 날씨와 호흡기 질환의 연관성에 대해서 보여준다. 노르웨이의 한 연구 결과에 따르면 여름철보다 겨울철에 호흡기 질환에 의한 사망률이 47%나 더 높다.[8] 런던에서는 5도 이하의 평균기온에서 온도가 1도 떨어질 때마다 호흡기 질환을 호소하는 사람이 10.5% 증가하는 것으로 나타났다.[9] 브라질에서는 온도가 1도 떨어짐에 따라 성인의 사망률이 두 배 이상 증가했으며, 노인들의 경우에는 2.8배 이상 증가하는 것으로 나타났다.[10] 미국에서는 기온 변동이 호흡기 질환에 의한 사망에 가장 크게 영향을 미치는 요소로 알려져 있다.[11] 천 군데 이상의 날씨 관측소에서 나온 자료를 5년간 연구한 한 연구 결과는 기온 변동이 온난화가 진행됨에 따라 줄어들고 있다고 말한다.[12] 이것은 온난화가 미치는 긍정적인 영향이 사계절에 걸쳐 존재한다는 것을 암시하고 있는 것일지도 모른다.

열파와 관련한 사망률

런던에서 사망률을 크게 높이는 유일한 날씨 현상은 한파라고 할 수 있다.[13] 핀란드, 남서 독일, 네덜란드, 영국, 이탈리아 북부, 그리스 아테네 등지의 65세 이상 노인들의 사망률을 조사한 연구 결과들은 한파와 관련된 연 사망자 수가 열파에 관련하여 생긴 연 사망자 수의 10배

에 달한다고 발표했다.[14]

말라리아가 만연할 것인가

인간이 지구온난화를 야기한다고 주장하는 환경운동가들은 말라리아가 더 만연할 것이라고 위협한다.

"기온이 올라가고 폭우에 의해 수위가 높아진 고인 물들이 많아지면서 말라리아가 만연하게 되었다. 아프리카에서는 말라리아에 의한 사망자수가 최고를 기록하고 있고, 이 병을 옮기는 모기들이 이전에는 기온이 낮아서 살지 않던 산악지역에까지 퍼져 있다."[15]

"1930년대 초반 남부 주민들의 36%가 구충에 감염되었으며, 주민들의 3분의 1 이상이 말라리아에 걸렸다. 거기에다가 영양실조까지 겹쳐서 25%의 주민들이 니코틴산의 결핍에 의하여 일어나는 펠라그라 병에 걸렸다. 남아프리카 주민들의 주요 식량은 옥수수 빵과 산돼지 기름이다. 록펠러 재단과 보건국의 도움으로 원주민들을 위한 교육 프로그램이 집중적으로 이루어졌고, 그 결과 남부지역은 위에서 언급된 세 가지 질병이 거의 사라지게 되었다. 살충제를 살포함으로써 모기들을 없애고, 집집마다 창문을 달아 말라리아가 사라지게 되었고, 식단에 살코기를 꼭 포함시키고, 비타민을 섭취하도록 교육함으로써 펠라그라 병이 줄어들었으며, 신발을 꼭 신도록 만듦으로써 구충 감염률도 크게 줄어들게 되었다. 넓은 지역에 만연해 있던 질병들을 이보다 극적이고 성공적으로 없앤 사례가 또 있을까 싶을 정도다."[16]

왜 워싱턴의 정치인들은 모기장이 필요 없을까?

지구온난화를 주장하는 사람들은 말라리아가 만연하고, 지구 온도가 올라감으로써 사망자 수가 증가하고 있다고 경고하고 있다. 그렇지만 말라리아는 북극만큼 높은 위도에서도 나타나는 질병이라는 것을 무시하고 있는 것이다. 가장 악명 높은 말라리아에 의한 집단 사망은 1920년대 러시아에서 발생하였는데, 약 1,600만 명이 병에 감염되었고, 60만 명이 사망했다.

기온이 유일한 요소라면, 말라리아나 황열과 같이 모기에 의해 생기는 질병은 미국을 진즉 강타했어야 했다. 대신 현대 의학기술이 진보함에 따라서 사람들은 해안가나 강둑, 습지 근처에 위치한 주거 단지에서조차 이러한 질병에 대해 걱정하지 않고 지내고 있다. 질병예방센터의 폴 라이터(Paul Reiter) 박사는 다음과 같이 말한다.

"날씨가 잠재적으로 사람들에게 미칠 수 있는 영향에 대한 토론을 보면 말라리아가 적도로부터 나타나서 유럽과 북아메리카에 만연할 것이라는 예측도 포함되어 있다는 것을 알 수 있다. 질병과 관련한 복잡한 생태학이나 전염 과정들을 고려한다면 그러한 예측은 옳지 않다. 20세기 후반까지 말라리아는 북극을 포함하는 여러 기온대에 걸쳐 나타나고 있다. 1564년부터 1730년 사이 가장 추웠던 소빙하기 동안에 말라리아는 영국의 많은 도시들에서의 사망률을 높였던 중요한 요인이었다. 이렇게 증가한 사망률은 온난화가 찾아들기 시작한 19세기가 되어서야 줄어들기 시작했다."[17]

라이터 박사는 제프리 초서(Jeoffrey Chaucer)가 14세기 말라리아에 대해서 썼고, 셰익스피어가 그의 작품 중 — 소빙하기 동안 적도가 아닌 곳을 배경으로 한— 여덟 개의 작품들에서 말라리아를 언급했음을 지적했다. 중세에는 알코올과 아편이 말라리아의 유일한 치료제였다. 16세기 스페인 탐험대들이 안데스 인디언들 사이에서 퀴닌(quinine)을 발견한 후인 17세기 후반에서야 유럽 사람들은 퀴닌이 그 병을 효과적으로 치료할 수 있다는 것을 알게 되었다. 말라리아의 예방은 20세기 후반에서야 가능하게 되었다. 사람들이 마침내 말라리아를 옮기는 모기들을 죽일 수 있는 살충제를 개발하고, 방충망과 창문을 더 값싸게 달 수 있게 되었기 때문이다. 라이터 박사는 다음과 같이 말한다.

> "사람들이 전체 유럽 대륙으로부터 말라리아를 완전히 박멸하려고 노력한 것은 2차 세계대전 이후 DDT 살충제가 개발되고 나서부터이다. 이와 동시에 그 당시 미국에서도 36개 주에서 나타나고 있던 말라리아 질병을 없애기 위해 전염성질병센터가 애틀랜타에 세워졌다."

DDT 덕분에 1950년대 영국은 말라리아로부터 벗어날 수 있었고, 유럽은 1975년 말라리아가 완전히 사라졌음을 선포했다. 1977년까지 세계 인구의 83%가 말라리아가 만연해 있거나 말라리아를 퇴치하기 위해 계속 노력하고 있던 지역에 거주했다.

2050년 이후 더 뜨거워진 지구 위 인간들의 수명

록펠러 대학의 인구통계학자인 시로 호리우치(Shiro Horiuchi)는 21세기의 기대 수명에 대한 주목할 만한 보고서를 발표했는데, 원시시대 인간들의 평균 수명은 약 20년 정도였지만, 오늘날 부유한 나라들의 평균 수명은 약 80년이라고 지적하고 있다. 이렇게 수명을 연장시키게 된 첫 번째 요인은 19세기 후반과 20세기 초반 현대 의학의 발전으로 전염병과 기생충성 질병, 영양 부족과 임신 출산에 의한 질병들이 급격히 줄어들었기 때문이다. 20세기 후반 심장병, 심장마비 등과 같은 퇴행성 질병에 의한 사망률이 줄어들기 시작했다.[18]

물론 심장병과 심장마비에 의한 사망률이 줄어든 것은 노인들에게서 더 뚜렷하게 나타났다고 호리우치는 말하고 있다. 몇몇 논평가들은 이렇게 인간 수명이 연장된 것이 심한 질병을 알고 있는 사람들의 죽음을 연장시킬 수 있게 됨에 따라 나타났다고 주장하지만, 미국의 자료들을 보면 노인들의 건강이 1980~1990년대에 크게 향상되었음을 알 수 있고, 평균수명이 길어진 것은 병자들의 수명을 더 오래 연장시켜서 그렇다기보다는 더 나아진 건강 상태 때문인 것을 알 수 있다. 요즘은 인간이 장수할 수 있는 한계가 있는지조차 의심스럽다.[19]

지구온난화 시나리오 중 어느 것도 현대 의학이 예상하고 있는 결과들—21세기 사람들의 나아진 보건 상태와 더 길어지는 인간 수명—을 바꾸지는 못할 것이다. 그것이 사람이 만들어내는 온난화가 되었든 자연적 주기에 의해 나타나는 온난화가 되었든 말이다. 사실 세계의 더 많은 사람들이 더 오래, 더 건강하게 살 것으로 예상된다. 만약 인간이 만들어낸다는 지구온난화에 겁먹고, 풍부하고 저렴하며 과학기술적으로 더 진보된 에너지를 통해서 얻을 수 있는 경제적 수익을 절감시키지 않는다면 말이다.

제15장
지구를 위한 미래 에너지

"맑은 날이면 케이프 코드(Cape Cod, 미 동부 매사추세츠 해안관광지)의 수평선으로, 요트를 타는 사람들이 강한 바람에 맞서 돛을 조이고 가는 배들을 볼 수 있다. …… 개발자 짐 고든과 케이프 풍력농장(Cape Wind Farm)이라는 그의 회사가 이용하려는 것은 바로 이 매사추세츠의 바람이다. 그들은 U자형 해안가에 130대의 대형 터빈들을 설치하여 미국 최초의 거대한 근해 상업용 풍력농장 건설을 꿈꾸고 있는 것이다. 24마일에 달하는 거리에 6개에서 9개가량의 축구장 정도의 거리를 두고 426피트짜리 터빈을 설치하는 이 7억 달러의 프로젝트로 케이프 코드 전 지역의 전기를 충분히 공급하려 한다. …… 그러나 바람과 경관, 물고기 떼, 조류, 관광산업, 그리고 그 수중 파라다이스를 건설하는 권리를 둘러싸고 벌어진 분쟁으로 인해 협력관계가 형성되지 않고 있다. 집 소유자들과 사업자들은 자신들과 수천의 관광객들은 터빈들을 보고 싶은 게 아니라, 바다의 풍광을 바라보고 요트를 타고 싶다고 언성을 높였다."[1]

"연료세를 둘러싼 분노가 국경을 넘고 있다. …… 이 문제는 프랑스에서 시작되었다. …… 그러나 곧 폭등하는 기름 값에 격분한 사람들의 분노가 사방에서 터져 나왔다. 그들은 유럽연합의 수도인 브뤼셀(Brussels)을 봉쇄했다. 영국은 거의 마비 상태이고 스페인과 독일로 그 여세가 옮겨가고 있다. 이번 주 스페인에서는 어부들이 배로 항구를 봉쇄하였고 농부들은 연료 보급소를 봉쇄하였다. 유럽의 반대주의자들이 단결하는 이유는 원유가를 10년간이나 올리고 있는 원유 생산국들에 대한 분노가 아니라 정부가 매긴 기름값의 76%까지 달하는 세금 때문이었다."[2]

스웨덴 핵발전을 다시 생각하다

"2004년 4월 4일, 스웨덴의 자유당(Folkpartiet)은 새로운 핵 정책을 발표하였다. 그들은 지금 1980년 투표로 원자로들을 없애기로 했던 결정을 뒤엎으려 하고 있다. 자유당의 부대표인 얀 비요크룬드는 '1980년에 투표자들은 태양에너지와 풍력에너지로 핵 발전을 대체할 수 있을 것으로 생각했다. 지금 우리는 원유와 가스가 그 현실적인 대안이라고 여기고 있다. 우리는 원자로를 없애기로 한 방안을 수용할 수 없다'고 말했다. 핵발전을 다시 재개하려는 정책을 만든 주된 이유는 스웨덴이 새로운 화석연료 발전소를 가동하면서 이산화탄소 배출이 증가함에 따라 생기는 지구온난화에 대한 우려 때문이다. 자유당은 지금 스웨덴 인구의 50% 이상이 1980년에는 나이가 어려서 그 투표에 참여할 수 없었음을 또한 지적하고 있다."[3]

풍력발전기는 그 크기에 비해 너무 적은 량의 전기를 생산한다. 또한 적정 풍속의 바람이 있어야 전기를 생산할 수 있다. 500메가와트급 천연가스 화력발전소 하나가 생산하는 만큼의 전기를 750킬로와트급 풍력 터빈으로 생산하려면 터빈이 2,000대 정도 필요하다.

풍력발전으로 생산된 전기가 석탄과 다른 화석연료로 생산되는 전력발전소가 방출하는 가스 배출을 줄일 수 없을 것이다. 풍력터빈에 의한 발전은 간헐적이어서 바람이 감소할 때를 대비하여 전기를 생산할 수 있는 최대 용량에 미치지 않아도 작동하는 저장 역할을 수행하는 다른 발전소가 필요하다. 그 백업 발전소들은 보조 역할을 하기 위해서 계속 작동되어야 하기 때문에 가스를 배출하고 있는 것이다.

노스다코타(North Dakota)와 그 인근 주들은 상당량의 풍력자원을 소유하고 있지만, 풍력으로 생산하는 전기의 양이 건물에 새로운 전송 선로를 설치하는 비용도 감당하지 못하는 실정이다.

풍력에너지가 퍼센트로 보아서 급격히 상승한 것으로 보이는 유일한 이유는 초기의 수치가 워낙 적었기 때문이다. EIA는 풍력발전이 2020년까지 미국 전기 생산의 0.0025%를 공급할 것으로 보고 있다.

풍력발전에 드는 비용은 높아서 경쟁력이 없고, 그 시설을 짓는 데에는 대규모 부지가 불가피하다. 개발자들이 풍력 발전지대를 세우는 데는 4가지 이유가 있는데, 그 모두가 비용을 풍력 개발자들이 내는 것이 아니라 슬그머니 미국 국민들의 세금과 월 전기세로 부담케 하는 것이다.

1. 수지에 맞는 조세 감면 혜택
2. 주 정부의 요구
3. 공공의 목적을 위한 "녹색" 이미지 유지
4. 녹색 가격 프로그램

에너지국과 그 전임기구들은 수억 달러의 세금을 풍력에너지 연구와 개발에 써왔다. 그러나 미국 지역에 사용되고 있는 대부분의 풍력 발전기들은 덴마크에서 온 것들이다.

풍력발전기들은 전기가 전혀 들어올 수 없는 곳이나 건물의 전기 배송선 설치비용이 너무 비싼 외딴 지역에서는 경제적인 전기 자원일 수 있다. 그렇다 하더라도 전기 생산은 바람이 불어야만 있을 수 있고 그 전기를 배터리로 저장하려는 방법은 실효성에서 제한적이고 비용이 많이 든다. 풍차는 물을 길어 올리는 데 효과적이고, 이것은 저장이 가능하다. 바로 그 때문에 미국은 오래전부터 풍차들을 세우고, 사용하고, 또 풍차로 유명해지게 되었다.

태양열 발전

"유럽의 메이저 칩 제조업자가 현재의 태양전지판보다 20배는 더 싸게 전기를 생산할 수 있는 태양전지를 개발할 새로운 방법을 발견했다고 이번 주에 발표했다. 현재 태양 빛을 전기로 바꾸는 대부분의 태양전지는 비싼 실리콘으로 생산된다. …… 태양전지를 만든 프랑스-이탈리아 합작회사는 더 값싼 플라스틱과 같은 유기 화학물질로 에너지 생산에 따른 비용을 절감할 수 있을 것으로 기대하고 있다. 대체로 태양전지의 수명이 20년이라고 볼 때, 1와트에 20센트의 비용이 드는데, 지금의 4달러와는 비교되는 것이다. 그 새로운 태양전지는 원유나 가스를 사용하여 생산되는 전기의 비용이 40센트임을 볼 때 경쟁력이 있다."[5]

"덧붙여, 적어도 15개 주에서 제활용에너지를 보조하기 위해 '공공 이익기금'을 사용하고 있다. 게일 스톡의 남편인 이언은 2.5킬로와트의 태양전지판을 설치하는 데 21,000달러가 들었지만 실제 나간 비용은 9,000달러라고 말했다. 그것으로 전기요금이 3분의 1가량 줄었다."[6]

"그러나 에너지 자원으로서 태양광선은 상대적으로 약하다. 화석연료를 대체하기 위해서는 상당한 크기의 사막 지역이 필요하다. 미국에서 화석연료를 완벽하게 대체하기 위해서는 미국 전 국토의 약 1%에 달하는 50,000제곱마일의 지역이 그 집열지로 필요하게 된다. 에너지 농장에서 생산된 생물자원으로 같은 양의 전력을 생산하려면 그 지역의 10배에 달하는 땅이 필요하다."[7]

캘리포니아의 정전사태

교토조약에 의한 에너지 감축의 심각성을 판단하려면, 2001년 캘리포니아 주 전 지역을 마비시켰던 대규모 정전사태를 보면 된다. 캘리포니아의 전력 생산은 그 수요 증가에 미치지 못하고 있었다. 석탄, 원유, 천연가스 그리고 핵발전에 대한 반대로 그 주는 12년 이상이나 새 발전소 건설을 하지 못했기 때문이다. 그리고 2000년에는 가뭄으로 인해 서부 수력발전소로부터 전기 공급이 끊겼다. 석탄과 석유를 천연가스로 대체하라는 강한 압박에 시달려온 서구국가들이 '깨끗한 공기'에 대한 사람들의 요구에 정치적으로 타협했고, 이는 마침내 천연가스 가격의 급등으로 이어졌다.

전력 부족은 캘리포니아 주를 강타하였다. 우선 만만한 소비자들에게 전기가 중단되었다. 잇따라 발생하는 정전으로 인해 이번에는 150만의 일반 소비자들에게 전기가 중단되면서 학교의 전기가 나가고, 교통신호등이 꺼지고, 컴퓨터가 나가고 엘리베이터가 멈추게 된 것이다. 그 경제적 손실은 어마어마하였다. 관개시설이 멈추면서 작물들이 죽어갔고, 산업 부분에서는 정전으로 주의 경제를 주도하고 있던 하이테크 전자부품을 생산하는 "클린 룸"이 구실을 못하게 되었다. 대다수의 고용주들은 그 황금 주(캘리포니아 주)를 떠나겠다고 말했다. 샌프란시스코 시는 전기회사들이 부당하게 이득을 취하며 규제 철폐 법규를 이용하고 있다고 그들을 고소하였다.

사람들은 전기회사들이 자신들의 발전소들을 팔고 현물시장에서 전력을 사도록 만든 캘리포니아 주의 한심스런 규제 철폐를 손가락질 하였다. 마침내 이들 전기 회사들은 장기간 공급 계약을 체결하지 못하도록 규제를 받았고, 그러면서도 전력은 "소비자를 보호하기 위해" 낮은 가격으로 공급하도록 압력을 받았다. 그것은 파산선고와 같은 것이다. 당연하게 캘리포니아 전기회사들은 단기간에 파산하게 되었다. 그러자 주 정부가 개입하였다. 8억 달러 이상의 초과 잉여금을 투여하여 전기를 공급하게 했다.

정전 사태가 해결된 후 몇 년 안에 캘리포니아 주는 급하게 고가로 계약해서 얻고 있는 전력의 잉여분을 처치해야 하는 상황이 되었다. 2004년 한해만 하더라도 고가로 계약해서 얻는 전기량의 25%를 7억 7천 2백만 달러에 달하는 손해를 무릅쓰고 되팔아야 할 상황이 되었고, 소비자 전기비용은 15%에서 50%까지 인상되었다.

만약 주택과 학교, 사업체들에 전기 공급이 중단되었던 캘리포니아에서와 같은 사태가 미국 전역과 제1세계에서 벌어진다면 어떻게 되겠는가?

인간에 의한 온난화를 옹호하는 생물학자 스티븐 슈나이더는 과학의 발달이 인류가 환경을 지키며 품격 있는 생활을 할 수 있게 만든다는 주장에 대하여 공공연하게 비난하였다. 슈나이더는 그런 연구들을 "무책임한 변명"이라고 표현한다. 그는 "그러한 주장들은 상류층의 소비량과 빈곤층의 인구 증가를 억제해야만 하는 필요성과 지구 대기를 공짜 하수도로 여기는 환경오염자들을 규제해야 하는 현실을 회피하는 것이다"라고 말한다. 슈나이더는 지구 공동재산의 책임 있는 사용을 강제하게 될 수도 있는 "세계정부"를 위해 일하고 있다.[7]

빈곤층의 인구 증가는 그러나 이미 빠른 속도로 감소 추세에 있다. 제3세계의 여성 출산율은 1960년의 6.2%에서 지금의 2.8%로 떨어졌고, 2.1%로 안정 수준이다. 즉, 빈곤국의 인구는 세계 인구 안정의 75%에 이미 맞춰오고 있는 것이다. 경제 부국들의 여성들은 일인당 1.7명의 아이들은 가진 것으로 나타났다. 유엔의 인구 부서는 세계 인구가 2035~2040년에 80~90억으로 최고에 이를 것으로 보고 그 이후로는 점차적으로 감소할 것으로 예상하고 있다.

슈나이더는 "부유층들이 소비량을 억제"하는 부분에서 얼마나 진척을 보이고 있는지에 대해서는 염려스럽다고 말한다.[8] 하지만 그는 부유층일수록 자녀수가 더 적고, 먹고사는 데 필요한 일인당 토지 사용이 더 적으며, 공업화로 인한 환경오염을 줄이고, 훨씬 더 많은 양의 나무를 심으며, 환경보존에 대한 대부분의 연구를 하고 있으며, 실제로 자연을 보존하는 데 필요한 투자의 대부분을 하고 있다는 사실을 깨닫지 못하고 있는 것 같다. 인구 한 사람당 수입이 8천 달러가 넘는 나라들은 환경 보존에 긍정적인 역할을 하고 있지, 지구를 파괴하는 역할을 하고 있는 것이 아니라는 말이다.

원시인들은 우리가 믿고 있는 것만큼 결코 "자연과 조화롭게 살았던 적"이 없다. 그들은 자연을 훼손하였는데, 부족민의 수가 그들이 먹고사는 것을 해결할 자원의 절대적 한계를 항상 넘었기 때문이었다.[9] 더 많은 부족민 수는 전쟁에서의 승리를 보장하고, 그 부족의 자원을 증대시킬 수 있었기 때문이었다.

오늘날, 빈곤층은 화전식 농사를 하고 다시 심지도 않을 나무들을 베어 요리하고 연료로 사용하고 있으며, 정력제로 사용하기 위해 멸종 위기에 처한 동물들을 사냥하고 있다.

자원을 둘러싼 부족 간 전쟁의 가장 생생한 사례는 1994년 르완다에서 있었다. 후투(hutu) 족은 그들과 가장 가까운 이웃으로 살고 있던 투치(tutsis) 족을 거의 백만 명 가까이 살상하였다. 후투족은 아프리카의 고지대에 두 부족을 먹여 살릴 충분한 자원이 없으리란 생각으로 두려웠던 것이다. 르완다는 농업 시험장이 있으나 두 부족 공동체의 미래를 보장할 수 있을 만큼 옥수수와 감자 농업에서 산출량이 충분하지 않았다.

지구의 미래를 위한 에너지 기술

현재 지구에서 가능한 미래 에너지가 무엇인지 알아보기 위해 실제 전문가들의 의견에 귀를 기울여보자. 우선 2002년 11월 1일자 《사이언스》의 특집기사로 나온 "지구 기후 안정을 향한 선진 기술"이란 글을 보자. 이 글의 저자들은 캘리포니아에 있는 미 정부 로렌스 리버모어 연구소, 캘리포니아 얼바인 대학 물리학과, 휴스턴 대학의 공간 시스템연구소, MIT 에너지환경연구소, 엑슨모빌연구소와 공학회사, 미국 네이블 연구소의 플라즈마 물리학 연구부서와 나사 등지에서 일하는 과학자들이다. 주요 저자는 뉴욕 대학의 물리학자인 마틴 호퍼트이다. 이 연구팀의 연구 핵심은 이산화탄소의 수준을 낮추는 일은 초인적 힘이 필요하다는 점이다. 그들은 이산화탄소는 현대사회에서 규제될 수 없는 핵심 요소라고 보고 있다.[10]

IPCC는 제3차 사정을 통해 "현재 수준의 기술로 향후 100년 동안 지구 이산화탄소의 안정화 수준을 대략 550ppm에서, 450ppm이나 어쩌면 더 낮게 잡을 수도 있다. …… 현재 수준의 기술이라 함은 지금 실험 중이거나 실제 작용되고 있는 것으로 과다한 기술적 혁신을 필요로 하는 새 기술들은 포함되지 않았다"고 한다.[11]

호퍼트 연구팀은 근본적으로 의견을 달리했다. 그들은 "이 주장은 이산화탄소를 배출하지 않는 동력이 필요하다고 IPCC 보고서에 언급된 내용을 인식하지 못하고 있는 것이다. 자체 사정에서도 맞지 않는다는 것을 보지 못하고 있다"고 말했다. 이 말은 과학저널이 말할 수 있는 최대한의 선에서 강하게 "부정"하는 것을 의미한다.[12]

오늘날 지구의 동력 소비는 1년에 12조 와트에 달하고 화석연료가 그 85%를 충당한다. 2052년까지 세계는 1년에 10조에서 30조 와트를 소비할 것으로 본다. 이것은 우리가 현재의 시스템에서 이산화탄소를 거의 배출하지 않는 시스템으로 전환해 이산화탄소를 전혀 배출하지 않는 청정에너지를 그만큼 더 생산해야 한다는 말이 된다. 사실, 우리가 오늘날 생산하고 있는 적은 양의 청정에너지가 수력발전이나 핵발전소를 통해 생산되는데, 이들 발전소 역시 지구온난화가 인위적인 것으로 보는 녹색운동가들에게는 반대 요소가 되고 있다. 달리 말하면, IPCC가 현실적으로 전혀 실현 가능성이 없는 청정에너지 자원에 대해 정치적 발언을 한 것이다.

재활용 에너지와 그 한계

호퍼트 연구팀은 재활용 가능한 에너지 자원의 효율성이 매우 낮고 "동력 밀도" 또한 낮다고 말한다.[13] 다시 말하면, 녹색 단체들이 권장하는 모든 에너지 자원들이 사실상 광대한 땅과 매우 희소한 자원들을 필요로 한다. 예를 들면, 노스다코타에 설치하도록 제안된 1,300대의 풍력 터빈들을 보면 용량이 불과 2,000와트임에도 불구하고 설치하는 데 터빈 한 대당 50~100에이커의 부지가 필요해 전체적으로 100~200평방마일의 부지가 필요하게 된다. 여기서는 날씨가 좋아도 미국에서 생산되는 용량의 2%만을 생산할 뿐이다. 이 양은 커다란 핵발전소 하나에서 생산되는 용량의 반에 불과하다. 그 말 많은 케이프 코드의 풍력발전소는 상대적으로 인구가 적은 그 우아한 리조트 지역의 전기량도 공급하기 어려울 것이다.

생물연료 33%, 태양열 33%, 풍력 33%로, 2050년까지 요구될 것으로 예상되는 1년간 시간당 30조 와트의 전기를 재활용 자원으로 생산한다고 생각해보자. 호퍼트 연구팀은 1년간 시간당 10조 와트를 생물연료로 생산하기 위해서는 1,500만 평방미터의 땅이 야생지대에서 작물 재배지로 개조되어야 한다고 한다. 생물연료 재배지는 보통의 작물 재배지보다 질이 떨어지고 유기농법으로 실행되어야 하기 때문에, 3,000만 제곱킬로미터에 달하는 부지가 필요하게 된다. 10조 와트의 전력을 태양열로 생산하려면 22만 제곱킬로미터의 부지가 필요하고 태양광발전에 따른 부지, 전송선과 전송도로, 유지를 위한 부지 등을 감안해야 할 것이다. 10조 와트를 풍력을 이용하여 생산하려면 60만 제곱킬로미터의 부지가 필요하다. 풍력발전기 아래의 대부분 지역에서는 작물 재배가 가능하긴 하지만 밀림지역일 경우라면 작물을 재배할 수 없을 것이다. 논리적으로 보면 풍력발전은 해안지대에서도 가능하지만 해안 경관을 그르친다는 논쟁으로 그 실현은 쉽지 않을 것이다.

이것으로 보면, "녹색 동력"에 드는 부지를 감당하려면 남미의 평지지대에 맞먹는 2,200만 제곱킬로미터의 녹지가 정리되고, 거기에 중국의 1,000만 제곱킬로미터의 평지지대와 인도의 300만 제곱킬로미터의 평지지대가 추가로 필요하다. 이것이 자연을 보호하는 것이라 할 수 있을까? 게다가 바람이 없거나 흐린 지역 혹은 바람이 너무 지나친 지역을 위해서 추가로 수천 개의 발전소를 지어야 한다. 생물연료의 수확이 병충이나 질병, 날씨 변화로 인해 달라질 경우를 대비해서도 그럴 필요가 있다.

가만히 보면, 녹색운동의 핵심에는 선진국 국민들이 지나치게 부유하므로 더 간소하게 살아야 한다는 생각이 있다. 녹색 운동가들은 그들이 재활용 자원에 대해서는 잘못 알고 있을지 몰라도 최소한 우리들을 올바른 방향으로 이끌고 있다고 믿고 있다. 그들은 아마도 저 기술의 생활방식으로 돌아감으로써 수명과 삶의 질에 미칠 영향에 대해 생각해보지 않았을 것이다.

하이브리드카와 무공해 에너지

《사이언스》의 특집 기사를 쓴 저자들은 현재 세계의 자동차들—스포츠 유틸리티 차량에 상관없이—의 연료 효율을 두 배로 증가시키는 것이 가능하다고 말한다. 이것은 활동가들이 캘리포니아에 필요하다고 주장하고 있는— 캘리포니아 사람들은 거의 확실히 사지 않을 것이지만— 전기자동차와는 별 관련이 없다. 전기자동차의 성능과 수용 용량은 매우 좋지 않고 다시 충전되기 전까지의 그 작동 한계는 매우 짧다.

반면 도요타의 하이브리드 자동차 프리우스(Prius)는 성능 위주의 《카 앤드 드라이버》(Car and Driver)가 선정한 2004년의 차로 선정되었다. 편집자들은 놀라운 성능과 월등한 연비와 실용적인 크기를 모두 겸비했다고 평가했다. 이것을 보면 하이브리드 차량이 그 연비 절감에 있어서 앞으로 경트럭과 스포츠 유틸리티 차량에서도 중요한 역할을 할 수 있을 것으로 보인다.

"불행하게도" 호퍼트 연구팀은 "그런 효율성은 중국이나 인도가 미국처럼 자전거나 대중교통 수단에서 자가 운전으로 전환하게 되면 아무 소용이 없을 것"으로 경고하고 있다(아시아는 이미 세계의 석유 소비 증가의 80%를 차지하고 있다). 그 결과로, 탄소 중화연료(carbon neutral fuel)나 이산화탄소를 포집하는 시스템은 차량을 개발하는 데 최고의 차선책일 수도 있다. …… 가장 단순한 공중 포집 방안은 녹지대의 조성이다. 그러나 …… 나무가 이산화탄소를 흡수하는 것에는 한계가 있다.[14]

수소는 도움이 되지 않을 수 있다. 호퍼트 연구팀은 "단위 열 발생으로 보면 화석 연료를 직접 태우는 것보다 화석연료에서 수소분자를 만드는 데 더 많은 이산화탄소가 생긴다"고 경고한다.[15] 재활용이나 화석 원료를 동력으로 사용하여 물을 전기분해시켜 수소분자를 생성하는 것은 아직 가격대비 효과 면에서 떨어진다. 지금 시점에서 수소는 동력 자원이라기보다는 에너지 생산에 쓰이는 매개체 정도로 봐야 할 것이다.

호퍼트 팀은 "청정" 석탄 기술이 더 중요할 것이라고 본다. 이것은 상대적으로 저렴한 가격으로 많은 석탄을 사용할 수 있기 때문이다. "석탄, 바이오매스(biomass), 쓰레기 등은 산소가 공급되는 가스실에서 가스로 만들어지고 이 생산물은 황으로 정화되어 수소와 일산화탄소 증기와 반응한다. 열 추출을 거친 후, 일산화탄소는 이산화탄소로 바뀌면서 분류되고 수소는 운송이나 전기 생산에 이용될 수 있다."[16] 여기서의 주요 관건은 역시 이산화탄소를 어떻게 제거하느냐는 것이다.

호퍼트 팀은 슈나이더가 제시했던 아이디어, 즉 이산화탄소를 다시 거두어 땅이나 해양으로 가라앉게 하는 아이디어를 그리 낙관적으로 생각하지 않는다. 현세기 중반까지 다른 무 배출 1차 동력자원이 개발되지 않는 한 "대기 중 이산화탄소를 안정시키기 위해서는 탄소포집 비용이 어마어마할 것이다."[17] 바다 위의 고농도 이산화탄소는 산성비를 뿌리며 해양생태계를 변화시킬 수 있다.

핵발전은 매우 현실적인 몇 가지 문제를 갖고 있다. 지금 발굴할 수 있는 우라늄으로 1년에 시간당 10조 와트의 에너지를 공급하면 30년 이내에 우라늄이 바닥이 나므로, 호퍼트 팀은 장기간으로 보아 우라늄 연료 부족이 있을 것으로 본다.

호퍼트 팀의 에너지 전문가들은 희망은 아직도 기술력에 있다며 스티븐 슈나이더와 그의 녹색운동가들을 그다지 달갑지 않게 말한다. 특히나 그들은 핵반응에 이어 핵분열이나 핵융합을 원한다.

"상업용 증식형 원자로(breeder reactor)는 폐기물과 증식 때문에 미국에서 불법이다(프랑스, 독일, 일본 등도 상업용 증식형 원자로 프로그램을 중단하였다). 증식은 더 안전한 연료 사이클과 고준위 방사성 폐기물을 무해한 산물로 바꾸는 기술이 있어야 수용될 수 있을 것이다. 핵분열이나 핵융합에 대한 더 적극적인 연구 없이는 대기 안정화에 유의미한 역할을 할 수 없을 것으로 보인다. 핵분열의 경우라도 고준위 방사성 폐기물과 핵무기 확산에 대한 획기적인 해결책 없이는 어렵다."[18]

하지만 호퍼트 연구팀은 "많은 장애에도 불구하고 장기적인 핵 동력의 희망은 핵분열에 있다"라고 말한다.[19] 핵 동력이 최선책이라는 그들의 발언은 인간에 의해 만들어지는 이산화탄소 방출을 막는 것은 거의 불가능한 일이고, 가능하다 하더라도 사람들의 삶의 질을 크게 떨어뜨리는 일이 될 것이라는 그들의 주장을 배경에 깔고 있는 것이다.

오늘날의 대부분의 핵 반응기들은 1950년대 잠수정에서 사용했던 경수발전형이다. 쓰리마일 아일랜드(Three Mile Island)의 "냉각기 손실"과 같은 사고는 발동기를 쓰지 않는 반응기를 디자인함으로써 피할 수 있을 것이다.

호퍼트 연구팀은 핵분열에 대해 지나치게 비관적이다. 많은 양의 토륨은 우라늄이 더 비싸졌을 때 핵분열의 재료가 될 수 있다. 다른 전문가들은 사용된 연료를 다시 쓰는 비용과 증식로의 사용 면에서 보면 수천 년간은 우라늄을 분열시키는 것이 더 효과적일 것으로 본다.

핵폐기물의 처리에 대한 정치적 규제는 더 많은 핵발전소가 건설되면서 반드시 해결되어야 할 것이다. 지금껏 환경단체들이 네바다의 유카(Yucca) 산에 핵폐기물 시설 설치를 반대해 왔는데, 이는 어쩌면 이산화탄소를 배출하지 않는 에너지 자원을 막고 있는 것일지도 모른다.

이런 것을 보면 환경주의자들은 지구온난화가 지구가 당면한 다른 문제들보다 훨씬 더 위험한 것이라고 주장하는 것을 심각하게 여기지 않는다는 것을 알 수 있다.

수소 경제에 대한 환상

가장 활발하게 지구온난화 운동을 하고 있는 아모리 로빈스와 제레미 리프킨은 수소로 가는 "하이퍼카"(Hypercars)를 국가적인 차원에서 보급해야 한다고 제안한다. 그들에 따르면 하이퍼카는 운송수단이 될 뿐 아니라, 주차 시간 중 96%는 국가 전기망에 접속해 수소차 한 대당 2킬로와트의 전기를 생산할 수 있다고 했다. 그러나 로빈스와 리프킨이 그렇게 주장하는 "분포형 에너지 생산망"은 그 자체로는 에너지를 생산할 수 없고 실제로 동력을 수소로 변화시키고 다시 그것을 전기로 바꾸는 과정에서 원래 발전소에서 생산된 전기의 3분의 2를 도리어 낭비한다. 이것이 바로 "수소 경제"의 허상이다.

녹색주의자들이 허용할 만한 에너지 자원이 있을까?

한 미국인에게 20세기의 가장 위대한 발명을 묻자 "단열재"라고 대답하였다. 그는 19세기에 지어져 단열이 거의 되지 않는 목장형 주택에서 자랐다. 가족들을 위해 땔감을 베는 것이 그의 일이었다. 단열재는 값싸고, 안전하고, 유지하기 쉬우며, 기후가 더워지든 서늘해지든 필요한 에너지 요구량을 줄이는 데 도움이 된다. 단열재는 "설치하고 뒷걱정 없는" 식의 후회 없는 좋은 기술이다. 날씨가 변화가 심하든 그렇지 않든 더 잘된 단열 시설은 좋은 것이다.

핵발전소는 인간에 의한 기후 변동이나 자연적 기후 변동으로 있을 화석연료의 부족을 대비할 수 있는 가격 효과적인 전략이다. 핵에너지는 세계에서 가장 큰 (화석연료가 아닌) 에너지 자원이고 이산화탄소의 배출도 없다. 선진국에서는 규제 비용을 올려야 한다는 활동가의 고소 소송들로 인해 점차로 핵발전이 줄어들고 있다.

소련은 핵반응기 격납 용기를 만들지 않고 체르노빌 발전소를 짓겠다는 납득하기 어려운 결정을 함으로써 수년간 전 세계의 핵발전 산업에 찬물을 끼었었다. 그럼에도 지금은 체르노빌이 관광명소로 되었고, 실제 사망자 수는 50명 미만이며, 확연한 유행성 질병의 대두는 없다.

그럼에도 불구하고 세계의 핵발전에 의한 전기 공급은 16%에 이르고 있으며, 프랑스는 4분의 3의 전기를 경제적이고 규격화된 핵반응에 의존하고 있다. 지금 시점에서 핀란드가 유일하게 유럽에서 핵발전소를 건설 중이고 중국, 인도, 일본, 한국은 16개의 새로운 반응기를 건설 중이다. 중국과 인도 두 나라 모두 앞으로 핵발전을 4배 늘릴 것이라고 말한다.

활동가들의 반대에 밀린 에너지 자원들은 매우 많다. 그 대부분이 풍력발전보다 낫다. 과연 생태활동가들이 찬성할 만한 그런 주요 에너지 자원이라는 것이 있을 수 있을까?

"환경단체들은 인디언들에게는 성스러운 지역으로 여겨지는 어느 한적한 메디슨레이크 하이랜드(Medicine Lake Highland) 지역에 시행하려고 하는 지열 프로젝트를 놓고 연방정부를 고소하였다. 그 소송은 화요일에 접수되어 수요일에 발표되었는데, 칼파인(Calpine) 사가 제안한 최초의 지열발전소 인가를 위협하고 있다. 두 공장 모두 캘리포니아 북동쪽 샤스타(Shasta) 산에서 30마일 떨어진 고대 화산지역인 메디슨레이크 칼데라 지역 안에 세워질 예정이었다. 4개 단체들로 구성된 환경연합은 새크라멘토 연방법원에 고소를 하면서, 좋은 경치를 흉물스럽고 시끄럽고 냄새나는 산업 쓰레기 단지로 바꿀 발전 프로젝트를 반대한다고 표명하였다."

지열발전소는 어떤 가스도 내뿜지 않을 것이고 방사능 물질도 배출하지 않는다. 새로운 전송선을 추가적으로 설치하지 않고도 기존의 보네빌(Bonneville)에 있는 전기 시설망을 통해 전송 또한 가능하다. 이런 이유 정도로는 아무도 쳐다보지도 않을 한적한 땅에 9층짜리 공장을 세운다는 계획을 환경단체들은 받아들이지 않는 것이다.[20]

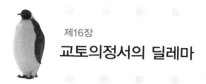

제16장
교토의정서의 딜레마

7년이 넘는 협의 끝에 교토의정서는 2005년 2월 16일로 발효되었다. 언뜻 보아서 이것은 환경운동과 유엔의 기후변화정부간위원회의 승리로 보였다. 7년 동안 불확실한 상태로 있다가, 인간 활동에 의한 이산화탄소 배출 규제를 목표로 하고 있는 국제조약이 강제성을 갖게 된 것이다.

그러나 2004년 말 실효를 앞두고 부에노스아이레스에서 열린 제10회 관계회의(COP10)에서 모든 것이 시들해져버렸다.

"교토의정서는 끝났다. 교토의정서의 실효가 끝나는 2012년 이후로는 온실효과를 야기하는 가스 배출을 제한하는 더 이상의 국제협약은 없을 것이다. …… 미국이 세계의 나머지 국가들과 기후 변동에 관한 정책에서 대립하고 있던 것은 과거의 일이 되었다. 현재 고립된 것은 유럽 국가들이다. 중국과 인도를 비롯한 대부분의 개발도상국들이 미국에 합세하면서 온실효과를 야기하는 가스 배출을 제한하려는 앞으로의 규제 정책에 완전히 반대하게 된 것이다. 이곳 부에노스아이레스에서 열린 회의에서 이탈리아는 2012년에 교토의정서를 파기하자고 제청해 동맹 유럽연합 국가들을 충격에 빠뜨렸다. 이들 국가들은 엄중한 배출 규제가 그들의 경제 성장과 미래 발전에 커다란 걸림돌이 될 수 있다는 점을 인식하게 된 것이다."[1]

실제로 교토의정서는 2012년 이후에도 계속될 것이다. 하지만 온실 기체 배출량을 1990년 농도 수준에서 5.2% 감축하기로 회원들 간에 합의한 협약은 그 시효기간이 끝나게 될 것이다.

미국은 왜 교토의정서를 반대하나

미국이 교토의정서에 대해 서유럽의 국가들보다 열의가 없는 데는 최소한 네 가지의 이유들이 있다.

첫째는 미국에서 환경운동은 미국의 양당제도와 승자 전권의 대통령 선거제로 인해 미 정부 권력구조에서 가장자리로 밀려나 있기 때문이다. 대부분의 서유럽 정부들에서 환경운동기구들은 선거에서 괄목할 만한 유권자 세력을 형성해 연합이나 소정당의 형태로 중요한 정치적 영향력을 행사하고 있다.

둘째는 미국은 전통적으로 커다란 영토와 광범위하게 분산된 경제 발전으로 인해 상당히 낮은 연료세를 부과해 왔다는 것이다.

셋째는 미국은 낮은 연료가격이 경제 성장에 도움이 되며, 그로 인해 더 많고 더 좋은 일자리가 창출되어 여유로운 교외 생활을 할 수 있으리라 믿고 있다. 유럽은 스스로를 도시사회로 간주하고 역사적으로도 도시 내의 생활을 선호해왔으며 고속도로 개발보다는 도시철도에 더 많은 비용을 지출하고 있다. 유럽 정치가들은 미국 기업들에게 유럽과 같은 수준의 높은 에너지세를 부과하려고 한다. 이로부터, 대량 실업의 고통과 제3세계로부터의 수입 증대 그리고 미국의 최근 높은 경제 성장으로 인해 유럽 복지국가 모델이 받고 있는 정치적 압박을 완화하고자 하는 것이다. 서유럽은 클린턴과 엘 고어 정부가 미국 경제를 교토 에너지 규제에 편입시켰을 때 매우 들떴으며, 조지 부시가 미국의 가입을 철회하자 매우 실망하였다.

넷째로 교토의정서가 1990년을 가스 배출 제한의 기점으로 삼은 것은 몇몇 유럽 국가에게 편향적으로 유리하게 작용했다. 영국은 오래되고 이윤이 더 이상 나지 않는 탄광을 폐기하고, 북해에서 나는 무공해 천연가스로 전환함으로써 교토의 신뢰를 얻었다. 독일은 오염을 일으키고 에너지 비효율적인 구동독의 산업들을 정리하면서 교토의 신뢰를 얻었다. 또한 프랑스는 표준화된 원자력에 많이 의존하기 때문에 교토에 관해 무관심할 수 있었다.

부시 행정부가 들어서자 부시 대통령은 교토의정서를 근본적인 면에서 치명적인 결함을 가졌다고 규정하고 지지를 철회하고 나섰다. 부시 대통령은 그의 행정부가 들어서고 불과 몇 개월이 지난 2001년 6월 11일 교토의정서와 지구 기후 변동에 대한 주요한 현안들에 관해 공개적으로 언급하였다. 그는 지구온난화에 대한 대통령자문활동 그룹에서 권위 있는 국립과학학회(NAS)에 기후 변동에 관해 밝혀지거나 혹은 밝혀지지 않은 가장 최신의 과학 정보들을 제공해 달라고 요청했다고 말했다.[2]

이어서 그는 다음과 같이 말했다.

"첫째, 지구의 표면온도가 상승하고 있다는 것은 사실이다. 지난

100년간 0.6도가 올랐다. 그리고 1890년대부터 1940년대까지는 더워지는 경향이었고, 1940년대부터 1970년대까지는 서늘해지는 경향이었다. 그리고 1970년대부터 지금까지 기온이 높게 상승하고 있다. 지구온난화에 기여하고 있는 것에는 자연 온실효과가 있다. 온실기체의 농도, 특히 이산화탄소의 농도는 산업혁명 이후로 확실히 증가해왔다. 그리고 국립과학학회는 그 증가가 주로 인간 활동에서 기인하였음을 시사하였다.

"그러나 학회 보고에 따르면 우리는 자연적인 기후 변동이 온난화에 미친 영향이 얼마나 되는지 아직 알지 못한다. 우린 아직 앞으로 기후가 얼마나 변할 수 있고 변할지 알지 못한다. 기후가 얼마나 빨리 변할지도 모르고 우리의 활동이 얼마만큼의 영향을 미칠 것인지도 모른다. 예를 들면 황산염 에어로졸이 태양빛을 반사시켜 우주 공간으로 다시 돌려보내기 때문에, 우리의 황산가스를 줄이려는 노력이 실제로는 온난화를 부추기고 있을 수도 있다. 그리고 아무도 무엇이 온난화의 원인이 되는지 정확히 말하지 못하고 있다. 따라서 어느 수준에서 조치가 취해져야 할지도 모른다. 정책에 대한 이의는 우리의 제한된 지식을 인정하고 신중하고 지각 있게 행해져야 한다는 것이다."[3]

정치가로서 부시 대통령은 다음과 같은 이유를 들어 미국이 전체적인 신에너지시스템을 구축할 의지가 없다고 말했다. ① 기존의 에너지시스템이 아직 작동하고 있고 ② 환경친화적인 에너지 시스템은 비싸고, 비안정적이며 ③ 지구온난화에 대한 과학은 아직 불확실하다.

또한 정치가로서 부시는 많은 유권자들이 온난화가 나라와 지구에 실제로 위험 요소임을 믿고 있는 마당에, 인간이 초래한 지구온난화설을 하나의 신화적 이야기로 규정하며 반대할 의지도 똑같이 없음을 밝혔다.

러시아의 교토 미뉴에트

교토의정서의 조항들에 따르면 교토조약이 효과를 발휘하기에 앞서 온실가스의 55% 이상을 내는 나라들이 가입할 것은 약정하고 있다. 따라서 교토조약의 지지자들에게 미국을 비준할 유일한 대안은 러시아를 가입하게 하는 것이었다.

2003년 12월 2일, 러시아 대통령 블라디미르 푸틴은 교토조약에 러시아가 비준하지 않을 것임을 발표했다. 그는 조약이 과학적으로 결함이 있고 교토조약을 100% 따른다 해도 기후 변동을 거스를 수는 없다고 말했다.[4]

《뉴욕타임스》는 "푸틴 대통령이 조약에 대해 공개적으로 논의하지는 않았다. 하지만 러시아의 입장은 확실하다. '우리는 비준하지 않는다'라고 푸틴의 수석고문 안드레이 일라리오노프는 말했다. 일라리오노프는 조약의 지지자들이 조약의 과학적 근거에 대한 질문에 대답을 하지 못했고, 조약으로 인해 야기될 러시아 경제의 잠재적인 악화는 푸틴 대통령의 향후 10년간 상황을 두 배로 악화시키는 것이라고 말했다"고 썼다.[5]

또한 《뉴욕타임스》는 교토조약에 가입한 국가들조차도 교토조약의 내용을 이행하기 어렵다는 것을 깨닫게 될 거라고 하면서, "러시아의 성명이 조약 회담을 뒤흔들어 놓은 것과 더불어 유럽위원회(EC)는 온실가스를 제한하는 새로운 기준이 시행되지 않는 한, 유럽연합의 대부분의 국가들, 즉 15개의 가입국들 중 13개국은 교토조약의 목표를 달성하는 데 실패할 것이라 경고하였다"고 썼다.[6]

러시아과학아카데미는 이듬해인 2004년 7월 5일에서 8일까지 모스크바에서 열린 기후 변동에 대한 국제세미나에서 러시아가 교토에 가입하지 말 것을 권유하였다. 러시아과학아카데미는 교토를 반대하는 첫 번째 이유로 지구의 온도는 이산화탄소의 영향을 받지 않는다는 것을 들었다. 지난 2000년 동안 가장 더웠던 지구 기후는 로마제국 때와 중세시대였고 그때는 지금보다 이산화탄소 농도가 낮았음에도 지금보다 더 더웠던 것으로 나타났다. 둘째로 러시아과학아카데미는 지구 온도는 이산화탄소의 수준보다는 태양활동과 더욱 연관이 있는 것으로 보인다고 말했다. 셋째로 러시아 과학자들은 세계의 해수면이 온난화론을 지지하는 사람들의 예상보다 빠르게 상승하고 있지 않다고 했다. 해수면은 1850년 소빙하기 이후로 100년에 약 6인치 수준으로 꾸준히 오르고 있다. 넷째로 러시아 과학자들은 기후 온난화의 가장 중대한 위험 요소로 여겨지는 높은 기온으로 인한 열대성 질환의 전염을 폄하하였다. 러시아 과학자들은 말라리아는 햇빛을 받는 물웅덩이에서 모기가 서식하면서 생긴 것이지, 기후 온난화에 따른 것은 아니라고 주장하였다. 끝으로 그들은 기후 온난화와 이상 기후와의 연관은 희박하다고 지적했다. 실제로 세미나에서 영국정부 대표단은 기후 온난화 때문에 폭풍이 증가했다고 주장할 수는 없다고 인정하였다.

그러나 푸틴 대통령은 그의 생각을 바꾸었고 러시아 국회는 즉각 교토에 비준하였다. 아무도 그 이유가 무엇이었는지 모르지만, 그 당시 푸틴은 세계무역기구(WTO)에서 러시아의 유리한 입지를 마련하기 위해 유럽의 정부들과 협상 중이었다. 러시아는 서둘러 WTO에 가입해

야 했고 선진국으로 등록되기보다는 개발도상국으로 대우받는 것이
더 이로울 수 있는 상황이었다.

딜레마에 빠진 교토의정서

무엇이 교토조약의 추진력에 기운을 빼버렸을까? 우선은 교토조약
이 발효되기 전 7년 동안 IPCC와 다양한 과학 환경단체에서 예상했던
무시무시한 시나리오들 중 어떤 일도 일어나지 않았던 것이었다. 경고
했던 어떤 야생생물의 멸종도 일어나지 않았으며, 해수면이 빠르게 상
승한 것도 아니었고, 온난화에 연관된 사망률도 늘지 않았다.

그 7년 동안 세계는 회원국들이 온실가스 배출을 안정화할 주된 단
계인 제2차 공약기간이 시작되는 2012년에 점점 더 가까워져가는 것
밖에는 아무 일도 일어나지 않았다. 제2차 규정기간은 그 목표치가
2012년까지 1990년 온실기체 배출량의 5.2%를 감량하려했던 제1차
규정기간보다 훨씬 강화될 것이 분명하다.

아마도 주요 관건은 제3세계의 산업 성장과 부흥 그리고 유럽 경제
의 상대적으로 느린 성장이었다. 최근 중국의 거대 경제는 해마다 8%
이상으로 성장하고 있고 인도의 경우도 5% 이상 성장하고 있다. 미국
경제는 매년 3~4% 성장해왔다. 유럽연합은 2배가 넘는 실업률의 증
가와 훨씬 낮은 성장률로—교토조약에 따른 엄중한 가스 배출 규제가
아니어도—이미 절룩거려 왔다.

교토조약의 규정을 지키면 회원국 내에서 새로운 일자리가 창출될
수도 있겠으나, 그보다는 에너지 사용 할당제로 인한 높은 세금 부담

그리고 경기침체 때문에 잃는 손실이 더 클 것이다. 회원국들에 존재하던 많은 일자리들이 저렴한 에너지 비용을 쫓아 비회원국들로 이전될 것이다. 광산업과 금속업, 농업과 같은 에너지 집약적인 산업들의 일자리가 주요 이전 대상이 될 것이다. 아시아와 미국은 유럽의 지출로 인해 이득을 보게 될 것이다.

전 세계는 캘리포니아가 겪었던 일들, 즉 전력 부족사태의 빈발, 순환 정전, 다른 주로 회사와 일자리를 이전하겠다는 회사들의 위협, 그리고 종국적으로 지구온난화에도 불구하고 발전소를 추가적으로 설비하라는 정치적 요구들이 대두하는 것을 이미 지켜보았다.

탄소배출권의 거래

그 누구도 교토조약의 실패가 어떤 식으로 전개될지는 모르겠지만 그 실패는 확실한 것처럼 보인다. 러시아의 동의로 교토조약은 효과를 발휘하게 되었다. 하지만 러시아는 1990년 구소련의 붕괴를 근거로 온실가스 배출권(Emission Credit)이라는 대어를 낚았다. 이것으로 유럽 국가들은 러시아의 배출권을 살 것이고, 조약이 의도했던 것처럼 이산화탄소 배출 규제에 대한 실제적인 노력은 사라질 것이다.

유럽의 이산화탄소 배출은 1990년에 42억 4천 5백만 미터톤이었고 2002년에는 영국과 동독의 석탄 연소의 감소로 인해 41억 2천 3백만 미터톤으로 줄었다. 그래도 교토조약은 유럽이 2012년까지 39억 6백만 미터톤으로 감축시키도록 하고 있다. 그러나 유럽경제는 최근 들어 더 많은 온실가스를 배출하고 있다. 그 결과 2003년 12월에 만들어진 유엔보고서에서 유럽은 2012년까지 조약에서 기준한 목표 배출량을 3억 천백만 미터톤 정도 초과할 것이라고 예상했다.[7]

러시아의 이산화탄소 배출은 1990년에 24억 5백만 미터톤이었고 2001년에는 16억 1천 4백만 미터톤으로 줄었다. 따라서 러시아는 8억 톤 정도의 배출권을 경매를 통하여 팔 수 있게 되겠지만 그 경매가는 유럽이 화력발전소를 닫고 트럭들을 고속도로에서 밀어내면서 들인 비용과 비교하면 터무니없이 적은 가격이 될 것이다.

유럽 정부들은 실질적으로 이산화탄소 배출을 줄이거나 이미 높은 휘발류세를 더 높이지 않고도 돈을 지불함으로써 그들이 교토 규약과 맺은 사항을 준수할 수 있게 되는 것이다. 그 돈의 대가로 유럽은 러시아로부터 이산화탄소의 배출이 줄어들었음을 증명해주는 서류를 갖게 되는 것이다.

유럽국가들 중에 스웨덴과 영국만이 교토 제1차 기간 동안의 목표량에 맞춰왔다. 더욱이 태양열과 풍력의 가동성이 너무 낮아 핵발전에 대한 재고 요구가 두 나라 모두에서 심각하게 대두되고 있다. 캐나다는 교토 배출 제한에 반이 조금 넘는 가스를 배출함으로 그 목표량에 맞췄다.[8] 일본 또한 러시아의 배출권을 사게 될 수도 있다. 교토조약은 1990년부터 6% 감축을 의무로 하고 있는데, 최근의 배출 규모는 1990년 수준의 거의 8%가 넘는다. 일본 경제는 10여 년간 계속된 경제 침체로부터 막 벗어나고 있는데, 지금 상황에서 14%의 감소는 그들을 총체적 경제 불황으로까지 몰고 갈 수도 있다.

교토조약의 최종 결과는 실제 이산화탄소 배출의 감축이 없이도 몇 십억 달러가 고스란히 러시아에게 가게 되는 것이다.

부에노스아이레스에서 이탈리아 환경부 장관인 알테로 마테올리는 다음과 같이 말했다. "제1차 조약 기간은 2012년에 끝난다. 그 이후 미국과 중국, 인도 없이 진행시켜 나간다는 것은 생각하기 어렵다. 이들 국가들이 동의안을 내올 대화조차도 원하지 않을 것을 인정하면서 우리는 자발적인 일치, 양자 협정 그리고 상업적 파트너십으로 함께 진행시켜야 한다."[9]

개발도상국의 정부들은 에너지 규제를 수용할 의사가 전혀 없다. 그들은 국민들의 생활수준을 높여 자신들의 자리를 보전하는 데에만 급급하다. 텔레비전과 인터넷은 그들의 국민들에게 풍요를 안겨주었다. 교토조약의 에너지 규제는 그 풍요의 희망을 파괴하는 것이다.

"나는 모든 사람들이 교토조약이 지구에 필요한 일을 하지 못할 것이라는 데 동의하고 있다고 생각한다"고 지구의 벗 국제 본부(Friends of Earth International)의 피터 로드릭은 부에노스아이레스에서 〈CNN 뉴스〉에 나와 말했다. "교토조약은 너무나도 미흡하다. 정말 너무 부적절하다." 로드릭은 교토조약의 잠재적 영향에 대하여 회의적이지만 조약이 어떤 상징적인 의미는 여전히 가진다고 말했다.[10]

교토조약을 통해 우리는 부유한 나라들이 인간 활동에 의해 초래되었다고 주장하는 지구온난화에 대한 정확한 증거가 없음에도 불구하고 에너지 배급제에 대해 논의할 의사가 있음을 보았다. 또 한편으로 교토의정서를 통해 그 부유한 나라들이 지구온난화에 관한 확실한 증거 없이는 국민들에게 에너지 배급제를 실제로 부과시킬 의사가 없다는 것도 알 수 있었다.

지구온난화, 기회가 될 수도 있다

교토의정서를 옹호하는 사람들은 인간이 만들어낸 온난화에 때문에 지구가 받는 타격으로 엄청난 비용이 들 것이라고 예상한다. 하지만 이 비용을 추산하는 것에는 몇 가지의 심각한 오류들이 나타난다.

첫째, 그 예상 비용은 모두 급격한 온난화라는 것을 기반으로 해서 산출된 것이다. 극소수의 사람들만이 섭씨 2도 정도의 온도 상승이 가져올 경제적 효과에 대해 말하고 있을 뿐이다. 많은 사람들이 이에 대해 말하지 않는 이유는 온도 상승이 온난화로 인해 소요되는 주요 손실에 거의 영향을 끼치지 않을 뿐 아니라 심지어는 이익이 될 수도 있기 때문이다.

둘째, 우리가 이미 살펴보았듯이 거의 일어나지 않는 일들이고 또 불가능한 이야기들로 이루어진 '지구온난화의 충격'이라는 가정 아래 온난화의 비용을 산출하는 여러 예상 수치들이 부풀려졌다. 예를 들어 지구상에 존재하는 빙하의 양이 그렇게 많지 않아서 빙하들이 점진적인 온난화에 빠르게 녹는다고 해도 급격한 해수면 상승은 불가능하다고 볼 수 있다. 말라리아나 다른 열대성 질병들은 살충제나 방충망 혹은 용이한 다른 기술에 의해 예방이 가능하고, 일어나지 않을 수도 있는 열대지역의 식량 고갈의 문제는, 혹시라도 일어난다면, 러시아나 캐나다 같은 북쪽지역의 높은 식량생산성으로 해결할 수 있다.

셋째, 온난화를 두려워하는 사람들은 온난화로 인한 이익들을 무시하고 있는데, 예를 들면 대기의 이산화탄소 농도가 높아지면 식량생산량이 높아진다거나, 추운 날씨보다 더운 날씨에 사망률이 더 낮은 것 등이다.

온난화로 인해 거대한 비용이 소요될 것이라는 예측은 사실 역사를 모르고 하는 말이다. 로마와 중국, 중세 유럽은 1,500년 기후 주기에서 마지막 2번의 온난기가 전반적으로 인류의 부흥기였음을 말해준다. 로마와 중국 제국 둘 다 로마 온난기였던 2000년 전에 번성하였다. 중세 온난기의 번영은 그 당시에 지어진 것으로 보이는 유럽의 아름다운 성이나 성전들을 보면 확연해진다. 온난화론을 지지하는 사람들의 예상대로 온난화가 홍수와 말라리아 전염, 대기근, 폭풍 등이 계속된다면, 어떻게 그렇게 아름다운 건물들이 지어질 수 있었겠는가?

교토조약을 옹호하는 사람들은 화석연료를 포기함으로써 드는 비용을 자세히 보려고 하지 않는다. 런던의 경제자문회사인 롬바르드 스트리트 연구소는 최근 화석연료에서 저탄소배출 에너지로 전환하는 데 최소한 18조 달러 정도 또는 그 이상이 소요될 것으로 보고했다.[11] 롬바르드 스트리트 연구소는 그렇게 에너지를 전환하는 데에 5년 정도가 소요될 것이고, 세계 경제성장률의 0.5%에 달하는 희생이 따를 것이라고 내다봤다. 완전히 다른 에너지시스템으로 전환하는 데는 훨씬 더 오랜 시간이 걸릴 것이고 비용 또한 훨씬 많이 들 것이 분명하다.

더불어 롬바르드 스트리트 연구소의 주요 연구자인 찰스 듀마스는 온난화 예방 전략에 드는 비용은 거기서 발생할 수 있는 그 어떤 이익보다 크다고 지적했다. "이 비용은 해수면 상승이나 이상 기후 현상으로 인한 피해 보험에 드는 비용의 몇 십 갑절은 된다."[12]

지구온난화로 드는 비용과 이익에 대한 좀 더 균형 잡인 연구 중의 하나가 예일대 임학과의 로버트 멘델손과 인더스트리얼라이즈드 이코노믹스 주식회사의 제임스 노이만이 쓴 『기후 변동이 미국 경제에 미치는 영향』이라는 책이다. 멘델손과 노이만은 대기 중 이산화탄소가 2

배 상승하면 온도는 2.5도 상승하게 되고 강수량은 7% 정도 증가할 것이라고 가정했다. 그들은 이것이 농업에서는 큰 이익이 되고 목재업과 여가산업에서는 이익이 좀 작을 것이라 예상했다. 그리고 다른 경제 분야는 약간의 손실이 있을 것이라고 말했다. 전반적으로 그들은 미국 경제가 온난화로 인하여 총 국내생산의 약 0.2%가량 이익이 될 것이라고 결론을 내렸다.[13]

이는 이전에 발표된 다섯 편의 경제논문들을 모아 1995년에 IPCC가 내놓은 "기후 변동의 경제 사회적인 측면"이라는 보고서와는 완전히 대조적이다. 그 연구들은 모두 지구온난화로 인해 생길 상당 규모의 피해들을 예측하였는데, 예상 수치의 범위가 너무 넓어서 IPCC 보고서 저자들 사이에도 확실하지 않다는 것을 보여준다. 예를 들면 농업 비용은 110억~1750억 달러이고 목재업에서의 손실은 7억~430억 달러라는 식이다.

멘델손과 노이만은 농업은 더 길어진 성장 기간, 적은 눈서리, 더 많은 강우 그리고 증가된 이산화탄소 비료로 인해 400억 달러 이상 이익이 있다고 보았다. 실제로 농업 분야에서는 지구온난화로 인해 이익을 얻었다. 목재업에서도 비슷한 이유로 이익을 얻었다. 여가산업은 지구온난화로 인해 점차적으로 이익을 내고 있다. 따라서 멘델손과 노이만의 주장은 논리적으로 일리가 있다. 그 보고서는 또한 저자들의 적응 전략, 에너지 소비와 기후 변화를 겪고 있는 지역의 여가활동에 대한 실제 관찰 등이 포함되어 있어 더욱 유용하다.

지구온난화라는 유령

　인간사회는 인간이 지구온난화를 일으킨다는 지구온난화론을 옹호하는 사람들이 다음과 같은 세 가지 사항을 증명할 때만 온실가스 방출을 규제해야 한다.

1. 온실기체가 자연적인 기후 온난화 주기 동안 일어날 수 있는 기온 상승보다 더 현저하게 기온 상승을 일으키고 있음이 확실할 때
2. 온난화가 인간 복지와 생태에 심각한 해를 입히고 있을 때
3. 합리적인 인간 행위가 실제로 온난화를 계속하고 있을 때

　지금까지도 인간에 의한 지구온난화를 옹호하는 사람들은 위에서 제시한 최소한의 기본 조건들을 충족시키지 못하고 있다. 현대의 온난화라는 사건에서 "사람들의 지문"이 발견되었다는 IPCC의 주장은 벤 산터가 1996년 IPCC 보고서의 과학 파트를 수정했을 때부터 거짓임이 입증되었고 지금도 거짓으로 남아 있다.

　아무도 자연적인 온난화와 인간에 의한 온난화를 구별해내지 못하고 있다. 온난화를 겪고 있는 곳이 대부분 산업화된 지역들인 것을 볼 때 어쩌면 우리는 도시 열섬현상과 국토 이용 변화로 인해 생긴 지엽적이고 표면적인 열을 상대하고 있는지도 모른다.

모든 게 다 지구온난화 때문이다?

오늘날 우리는 빙하 코어와 고대 수목의 나이테, 석순 분석자료 등으로 1,500년 기후 주기를 증명할 수 있게 되었다. 태양의 변이성을 측정한 인공위성 자료 또한 있다. 대기의 열이 태평양의 따뜻한 물 위로 배출되고 있다는 것도 알고 있다.

만약 우리가 객관적으로 두 가지의 서로 다른 관점들이 가진 장단점을 종이 한 장 위에 써내려갈 수 있다면, 온실효과 이론이 형편없이 허약함을 알 수 있을 것이다. 1,500년 기후 주기가 훨씬 믿을 만한 것으로 보일 것이다. 그러나 인간이 만든 지구온난화론은 이미 많이 알려졌지만, 1,500년 기후 주기론은 아직 생소하다. 게다가 영향력이 막강한 많은 사람들이 온실효과 이론에 중점을 두고 투자하고 있다.

환경운동은 그 영향력에서는 한풀 꺾였지만 아직도 여론 형성에서는 막대한 영향을 미치고 있다. 그래도 환경운동은 아직 우리들이 부와 물질주의에 대해 죄책감을 느끼게 하고, 우리 사회가 더 거품 없는 사회로 바뀌는 데 일조하고 있다.

주류 언론인들은 오랫동안 환경문제를 열성적으로 다뤄왔다. 환경문제는 언론인들에게 우월감을 느끼게 했고, 신문 머리기사를 장식하거나 TV 볼륨을 높이게 할 만한 무시무시한 뉴스거리들을 줄 수 있었다. 그러지 않고서야 어떻게 그들이 인간 수명도 연장되고 기근도 해결되었으며, 냉전 시대의 상호 파괴도 사라진 세상에서 신문 1면의 머리기사가 될 만한 뉴스거리를 찾을 수 있겠는가? 근래의 전쟁에서—테러와의 전쟁을 포함해도—사망자 수는 수백만이 아니라 수천 정도이다.

기후 연구기관들은 그들의 연구자금을 지구온난화 캠페인에 의해 마련된 정부 연구기금에서 해마다 수십억 원씩 지원받고 있다. 해마다 수천 명이 박사학위를 받고, 수백 개의 새로운 연구들이 이루어지고 있으며, 수십 개의 새로운 과학잡지들이 이들의 연구 결과를 발표하기 위해 창간되고 있다.

만약 대중들이 자연적이고 완만한 1,500년 기후 주기 이론에 설득된다면 생태환경단체들의 기부금이나 기금에 막대한 손실이 있을 뿐 아니라, 그동안 무시무시한 지구온난화라는 시나리오를 써왔던 언론인들의 명망은 많은 대학부처들과 정부 연구기관, 나사와 EPA의 전 부서들과 함께 짓밟히게 될 것이다.

앞으로도 이런저런 사건들과 날씨로 인한 재난들로 방송이 떠들썩할 때마다 지구온난화 때문이라는 비난을 듣게 될 것이다. 뿐만 아니라 지구 기온이 갑작스레 상승해 성난 대중들을 부추겨 무슨 일이든 벌이도록 만들 것이다. 그 뜨거운 열기 속에서 그 무언가는 "교토의 아들" 격이 될 수도 있지 않을까?

교토의 아들?

현재로써는 풍족한 나라의 사람들이 에너지를 과다하게 소비하는 생활방식을 바꿀 수 있으리라는 가능성은 희박하다. 우리는 집과 일터의 실내온도를 조절하기 위해 더욱 더 화석연료를 사용하고 있다. 지역 사회나 상가들 역시 자동차(향후 상용화될 휘발유-전기 하이브리드 자동차를 포함해서)로 인해 가능하게 된 개개인의 기동성을 등에 업고 발달했다.

우리는 냉방이 잘 되는 건물에서 운동을 하고 있다. 자전거나, 등산 혹은 암벽타기 같은 운동에 도전하기보다는 좀 더 편리하게 땀 흘릴 수 있는 체육시설을 사용하고, 땀을 흘린 후에는 바로 에너지를 집중적으로 소비하는 난방온수를 이용해 샤워를 한다.

2000년 캘리포니아에서 일어났던 전기 과다사용으로 인한 정전을 보면, 민주적으로 선출된 정부라면 이산화탄소 가스 배출을 안정화시키기 위해 필요한 제2단계 교토 규정들을 강제하기는 어려울 것이다. 어떤 미국 대통령이나 상원의원도 자신의 당이나 재선에 위험이 되는 것을 무릅쓰면서 온실가스 배출과 같은 장기간의 대책이 필요한 문제를 성급하게 처리하지 않을 것이다. 유럽의 경제위원회들은 이산화탄소 문제를 놓고 이미 환경위원회들과 불화를 계속하고 있다.

따라서 교토의정서 이후 어떤 안이 나오든 간에, 첫 번째 교토의정서보다 이행하기가 훨씬 힘들 것으로 보인다. 교토의정서의 첫 번째 단계에서는 1990년대 배출량 수준에서 5% 정도 줄이는 것이었지만, 이후에는 아마도 1990년 수준의 25% 정도 감축을 요구할 것으로 보인다. 그러나 목표 시한을 2012년으로 잡는 것 대신, 다음 세대 교토회담을 2030년이나 2040년까지 유보할 수 있다면, 현재 집권하고 있는 정치가들은 무사히 집권기간을 유지할 수 있을 것이다.

기후 변동에 관한 새로운 조약은 개발도상국들에 온실기체 배출을 제한하도록 요구하지 않으면서도 그들의 기분을 맞춰주려 할 것이다. 즉 새로운 교토 조약은 지금 유럽의 환경주의자들에게 유행하는 축소와 수렴방식(contraction and convergence)이라는 개념으로 모양을 갖출 수도 있다.

이론적으로는 이 지구상에 사는 모든 사람들은 똑같은 양의 이산화탄소를 방출할 권리가 있다. 따라서 개발도상국의 국민들은 선진국의 국민들과 똑같은 규제를 받아야 할 것이다. 후자의 경우는 그들의 주어진 규제량도 다 쓰지 못한 이들로부터 사용하지 않은 배출권을 살수 있다. 다시 말하면, 세계는 선진국에서 후진국으로 넘어가는 막대한 자금 이체를 보게 되는 것이다.

유엔은 무아지경에 빠질 것이다. 이라크 석유식량 프로그램과 같은 수십억 달러의 프로젝트들은 시시해지고, 세계 각국에 쓸 수 있는 에너지의 양을 할당해주는 거래소의 역할을 하게 될 것이다. "교토의 아들"이 지구의 온실가스 배출을 줄이는 데 교토보다 실질적으로 더 효과가 있을 것인가? 그렇지 않을 것이다. 그러나 최소한 온실효과를 옹호하는 사람들의 밥그릇은 빼앗지 않을 것이다.

새로운 에너지 자원들

'교토조약을 연장하려는' 노력으로 지구온난화 전문가들은 계속해서 연구를 진행하며 공포를 조장하고 그 대가로 해마다 수십억 원의 기금을 받을 것이다. 환경주의자들과—높은 수의 패를 가졌으나 카드를 펴 보일 의사가 별로 없는—인간이 만든 온난화를 믿지 않는 사람들 사이의 싸움은 종결되지 않을 것이다. 교토의정서를 연장하려는 정책은 비현실적 기후 모델에 막대한 자금이 허비되는 것 이상으로 상당한 손실을 가져올 것이다.

교토조약을 연장하려는 전략은 세계 경제성장이 방대한 양의 석탄과 탄화수소를 석탄가스화 공정 시스템과 같은 고기술, 고효율의 무공해 시스템으로 연소시킴으로써 이룩된다는 것을 부인하고 있다. 석탄은 가장 풍부한 자원으로 미국 전기의 거의 반을 공급하고 있다. 에너지정보기구에 따르면 세계에 밝혀진 매장량만도 약 1조 톤이다. 그것은 지금의 소비 형태로 볼 때 200년 정도 사용할 수 있는 양이다. 미국과 소련 그리고 우크라이나가 가장 많은 매장량을 보유하고 있고 중국과 오스트레일리아, 독일, 남아프리카 또한 많은 양을 보유하고 있는데 그들 모두가 중동지역 이외의 나라들이다.

역청(bitumen)—석유와 탄화수소가 섞인 아스팔트—또한 방대하게 매장되어 있는데 이것에 물과 유화제를 섞으면 발전소 연료로 쓸 수 있다. 베네수엘라는 2천 7백억 배럴에 달하는 역청이 매장되어 있는데 이는 사우디아라비아의 원유 보유량(2천 4백억)을 넘는 양이다. 중국은 이미 베네수엘라의 역청을 사들이고 있다.

캐나다의 앨버타는 타르샌드(tar sands)의 매장량이 2조 5천억 배럴이 넘는데, 아직 원유로 바꿀 수 있는 기술이 발견되지 않았다. 최근의 세계 원유 소비는 연간 3백억 배럴이다.

함유셰일(Oil shale)은 수십조 배럴의 석유를 제공할 수 있다. 고열과 암석을 부수는 작업이 요하기 때문에 석유를 뽑아내는 비용은 비싸다. 만약 미래에 원유를 뽑아낼 수 있도록 유전적으로 조작된 박테리아를 이용하는 방법을 개발해낸다면 싼 값으로 원유를 뽑아낼 수 있지 않을까? 이러한 노력들이 이산화탄소를 줄이자는 전 세계적 노력의 일환으로 활성화되지 않을까?

이산화탄소가 지구온난화를 일으키는 것이 아니라면 석탄이나 타르샌드를 연료로 사용하지 않을 이유가 없다. 물론 깨끗하게 연소시키려는 등 대기 오염을 줄이기 위한 노력이 함께 이루어져야 하겠지만, 땅 속에 묻어두고 다음 세대를 위해 남겨둔다는 것은 아무 소용없는 일이 될 수도 있다. 우리가 옛날 사람들이 썼던 고래 기름을 더 이상 사용하지 않듯이 우리 후손들에게 어쩌면 석탄은 필요 없는 자원이 될 수도 있다. 아직까지 화석연료를 대체할 효과적인 에너지가 없는 상황에서 3백년 정도 쓸 수 있는 저급 화석연료들은 우리에게 매우 중요할 수 있다.

한 달에 이틀만 당신의 차를 운전할 수 있는 미국을 상상해보라. 에어컨이 집과 사무실에서 금지되었다고, 냉장고가 없어서 얼음장수가 매일 온다고, 선벨트 지역에서 사람을 이주시켰다고 상상해보라. 얼마나 많은 산업과 상업적 투자들이 무용지물이 되겠는가? 냉장고 부족으로 인한 식중독으로 얼마나 많은 인명피해가 있겠는가? 얼마나 많은 사람들이 첨단기술이 집약된 진단장비 부족으로 죽어가겠는가?

생물다양성 "집중지역"(biodiversity hotspot)에서 대체 얼마나 많은 사람들이 멸종위기에 처한 동물을 먹을거리로 사냥하고, 수확량이 얼마 되지도 않는 농작을 위해 옥토를 없애며 난방과 요리를 위하여 다시 심지도 않을 수백만의 나무들을 태우게 될까? 얼마나 많은 가난한 여성들이 실내 공기오염으로 죽을 것인가?

진정으로 지구와 인간을 위하는 환경주의

1,500년 기후 변동 주기에서 온난화가 진행되는 기간에는 지구 온도가 미미하게 상승한다. 여름철 기온은 상승하겠지만 평균적으로 볼

때 아주 미미한 상승일 것이다. 하지만 지금과 마찬가지로 고통스러운 이상고온현상이 있을 것이다.

수백만의 미국인들이 에어컨이 설치되어 있는 남부와 남서부로 이주하는 등 지구온난화에 적응하고 있다. 그들이 즐기고 있는 이 온난화는 다음 수세기 동안 지구에 사는 대부분의 사람들이 겪을 기후 변동과 비슷한 강도일 것이다.

온대지방의 겨울밤은 덜 추워지겠지만 대부분의 사람들은 그래도 난로를 찾을 것이다. 적도로 가까워지면서 강우와 가뭄이 다소 변화할 가능성이 있다. 21세기부터 23세기까지 가뭄이 있을 것이고 몇몇은 장기화될 것이다. 하지만 물리학적 증거로 보면, 가뭄은 온난화였든 한랭화였든 늘 있어왔던 것이고 정도 또한 다양했다.

모든 지역을 기후 변동의 피해로부터 보호할 수는 없다. 그러나 우리는 그린란드에서 얼어 죽거나 굶어 죽었던 불쌍한 노르웨이인들이나, 자신들의 도시를 버리고 가뭄이 지나간 정글에서 살았던 마야 사람들과는 다르게 그리 급격하지 않은 기후 변동에 대해 우리들이 보유한 테크놀로지를 이용하여 적응할 수 있다. 농사짓는 것 외에는 별다른 할 일이 없었던 소빙하기 동안 수확이 좋던 땅을 잃고 방황하던 슬라브인들이나 스코트랜드인들보다 훨씬 잘할 수 있다.

식량생산은 기후가 변동하는 동안 변할 것이고 고수확의 농업만으로 충분한 식량을 확보할 수 있다. 우리는 식량을 보급 받지 않으면 살 수 없는 곳으로 식량을 쉽게 운반할 수 있을 것이고 또 이미 그렇게 해오고 있다. 우리는 로스앤젤레스나 샌디에이고와 같은 해안도시에서 바닷물을 담수하는 데 투자할 수도 있고, 전 도시의 폐수재활용을 향상시킬 수 있다.

극심한 가뭄이 발생한 지역에서는 결국 마야인들이 했던 방식대로 할 수밖에 없을지도 모른다. 다시 말해 사람들이 이주하는 것이다. 오늘날 이사는 별로 어려운 일이 아니고 특히 정부의 긴급 보조금이 있다면 더욱 그러하다. 가뭄에도 별다른 영향을 받지 않을 사람들은 2005년 미국 멕시코 만을 휩쓸었던 허리케인 카트리나에서 보았듯이 부자들일 것이다.

빙하 코어가 전하는 메시지는 분명하다. 그 메시지는 지구온난화는 자연적인 것이고 멈출 수 있는 것이 아니며 대중의 신경강박증적인 반응만큼이나 위험한 것도 아니라는 것이다.

세월이 흐른 뒤 국제 테러리즘이나 대량살상무기의 위협으로부터 살아남은 미래의 후손들은 지구온난화로 떠들썩한 지금 이 당시를 되돌아보며 대부분의 서구사회가 일시적인 히스테리쯤을 겪은 것으로 생각할 것이다. 그때는 화석연료들이 대부분 고갈되었고 에너지 비용은 핵발전이나 아직 우리로서는 예견할 수 없는 어떤 에너지 기술에 막대하게 투자되고 있을 것이다.

그렇다면 우리들이 고민해야 할 것은 우리들이 간빙기가 거의 끝나는 시기에 살고 있으며 빙하기가 다가오고 있다는 사실이 될 것이고, 우리들의 슬로건은 "단열하기"나 "기후에 적응하기" 혹은 늘어난 빙하 때문에 적도로 밀려난 야생생물에게 필요한 공간을 남겨주기 위해 "적은 땅에서 더 많은 작물 재배하기" 등이 되어야 할 것이다.

용어 해설

간빙기(Interglacial period) 빙하기 사이의 기간으로 보통 만 년 정도 지속된다. 현대 간빙기는 약 12,000년 전에 시작된 것으로 보인다. 언제 끝날지 예측할 수 없다.

강털 소나무(Bristlecone pines) 세계에서 생장 기간이 가장 긴 소나무로, 5,000년가량 살아 있는 것으로 추정되는 이 키가 작은 소나무는 미국 서부 건조하고 바위가 있는 토양에서 서식한다.

계절풍(Monsoon) 아시아에서 여름철 남쪽이나 남서쪽으로부터 많은 양의 강수를 동반하는 바람.

고기후(Paleoclimate) 지구가 형성된 이후부터 있었던 기후 변동에 관한 연구.

고층 기상 관측기구(High-altitude weather balloons) 1960년대 이후 세계 기상 관측소들은 라디오존데라고 불리는 기상관측 기계를 부착한 풍선을 대기 상층으로 띄어 보내고 있다. 이 기계들은 원격으로 조종되며 여러 고도에서의 대기압력, 기온, 습도 등에 관한 자료들을 보내준다. 이들 관측기구의 움직임을 레이더로 쫓아 바람에 관한 자료도 얻을 수 있다.

고층대기(Upper atmosphere) 3만 피트에서 5만 5천 피트 사이의 성층권은 오존층을 포함하고 있다. 이 층에서는 고도가 높아짐에 따라 기온이 상승한다.

교토의정서(Kyoto Protocol) 1997년 일본 교토에서 타협된 정부간 조약으로 그

회원 국가들은 온실기체 방출을 줄여야만 한다. 미 상원은 이 조약을 비준하지 않았다.

구름 상자(Cloud chamber) 과포화된 수증기들을 채운 상자. 광선이 수증기들을 통과할 때 이 수증기 입자들이 안개의 형태로 흔적을 보여준다.

규조류(Diatoms) 단세포 조류. 플랑크톤의 가장 흔한 형태. 이들의 잔해는 규조토로 해저 퇴적물에 잘 보존되기 때문에 기후 변화에 관한 연구 자료로 많이 이용된다.

극진동(Arctic Oscillation) 북대서양 진동 참조.

근일점(Perihelion) 지구가 궤도상에서 태양에 가장 근접하는 점. 현재는 1월에 나타난다.

기상 위성(Weather satellites) 1979년 이후 극궤도 위성들과 정지궤도 위성들이 구름, 수증기 분포, 지표면 온도, 해수면 온도, 바람, 태양 에너지 등을 포함하는 어마어마한 양의 기후 관측 자료들을 만들어내고 있다.

기후 대리 자료(Climate proxy) 과거 기후 조건들을 간접적으로 알려주는 물리적 증거 자료들. 빙하 코어, 화석, 나무 나이테, 산호, 그리고 화석화된 조개껍질 속의 산소 동위원소 등이 그 예들이다.

기후 변화의 지문('Fingerprinting' climate change) 기후변화정부간위원회(IPCC)의 1995년과 2001년 보고서들은 인위적으로 야기된 기후 온난화 정도를 온난화 관련 변수들의 관측치와 컴퓨터 모델 계산치의 상관관계 지수를 통해 계산할 수 있다고 말하고 있다. 하지만 이 방법이 타당한가는 과학자들 사이에서 여전히 논쟁중이다.

기후변화정부간위원회(IPCC) 유엔의 세계 기상 기구와 환경 프로그램에 의해 설립된 고문단체.

기후변화협약 1992년 리우데자네이루에서 열린 지구정상회담에서 150여개 나라가 서명한 기후변화에 관한 유엔 조약. 이 조약에 명시된 목표는 온실기체의 배출을 위험할 정도의 기후변화를 야기하지 않는 수준으로 낮추는 것이다. 교토의정서는 이

조약의 부산물이라고 할 수 있다.

꽃가루(Pollen) 나무나 식물들이 만드는 미세한 가루로 수정 작용에 쓰인다. 꽃가루는 과거 생태학을 연구하는 데 가장 정확한 자료들 중 하나로 꼽히는데, 이것은 각종 꽃가루들마다 독특한 모양이 있고, 또 그 식물이 서식하는 곳에서 1마일도 떨어지지 않은 곳에서 발견되며, 물 속이나, 침전물, 늪 지역, 바위 틈새 등에서 수백만 년 동안 변하지 않고 살아남을 수 있는 특성 때문이다. 예를 들면, 이 꽃가루를 분석해 5천만 년 이전에는 와이오밍과 몬태나 지역에서 야자수 나무와 양치류들이 서식했다는 것이 밝혀졌다.

나무 나이테(Tree ring) 나무줄기에 매년 성장하면서 만들어지는 띠로 성장 환경이 매해 어떻게 바뀌었는지를 알려준다. 성장하기에 좋은 환경, 즉 따뜻하고 습한 기후에서는 나이테의 폭이 넓다. 나이테들은 가뭄이 있었던 시기, 그리고 그런 가뭄을 일으킨 화산활동이 있었던 시기를 추정하는 데 좋은 자료가 된다.

단스고르-외슈거 주기(Dansgaard–Oeschger cycle) 덴마크의 단스고르와 스위스의 한스 외슈거가 1983년 그린란드 빙하 코어에서 발견한 1500년 주기의 기후 변동.

대기권(troposphere, lower atmosphere) 약 16킬로미터 고도에 존재하는 대류권계면 하부의 대기층. 이 대기층에서는 고도가 높아짐에 따라 기온이 낮아진다. 반대로 대류권계면 바로 위에 존재하는 대기층에서는 고도가 높아짐에 따라 기온이 상승한다.

대기 대순환 모델(General Circulation Model, GCMs) 지구의 기후 변화를 실험하기 위한 컴퓨터 모델. 주로 온실기체가 기후에 미치는 영향을 연구하는 데 많이 이용된다. 아직 이들 모델은 과거 지구상의 기온 변화를 설명하지 못하고 있고, 지상 관측 자료들에 의해 그 타당성을 증명 받지도 못했다.

대서양 컨베이어(Atlantic Conveyor) 바람, 온도, 염도 등에 의해 생기는 해류의 거대한 3차원적 움직임. 대서양은 이를 통해서 열에너지를 남반구와 적도로부터 북쪽으로 보낸다.

도시 열섬(Urban heat island) 도로, 건물 등이 숲보다 태양열을 더 많이 흡수하는 경향 때문에 도시의 기온이 상대적으로 더 높아지는 현상.

동굴석순(Stalgamites) 미네랄이 풍부한 물이 떨어짐에 따라 동굴 바닥에 원뿔 모양으로 형성된 퇴적물. 이 석순들에 포함된 미네랄 함량은 기후 조건에 따라 달라지고, 이들이 포함하는 산소의 동위원소들 역시 기온에 따라 달라진다.

동물 기록(Faunal record) 주로 화석을 통해 밝혀진 지구상의 동물들에 관한 기록

동물플랑크톤(Zooplankton) 태양빛을 받을 수 있는 표층수에 살고 있는 미세한 동물들로 식물플랑크톤을 먹고 산다. 그 중 가장 작은 유공충은 해저 퇴적물에서 자주 발견되는데 지구의 기후 변동을 분석하는 데 유용한 자료가 되고 있다.

로렌타이드 빙판(Laurentide ice sheet) 가장 최근에 있었던 빙하기 동안 캐나다와 아이오와, 일리노이, 인디애나, 오하이오 주를 포함하는 북미의 약 5백만 제곱마일에 걸친 지역을 덮었던 거대한 빙판.

로마 온난기(Roman Warming) 기후 변동의 한 사이클로 기원전 200년부터 기원 후 600년경까지 지속되었다.

림프절형 페스트(Bubonic plague) 중세기 유럽을 강타했던 흑사병. 주로 쥐와 벼룩에 의해 감염되는 병. 쥐들이 병에 걸리거나 식량이 부족하게 되어 벼룩들이 기생할 수 있는 건강한 쥐들이 부족하게 되면서 발병하는 경우가 많다.

메탄(Methane) 온실기체의 한 종류인 메탄은 지난 150년 동안 대기 중 농도가 2배로 증가했다. 동물들의 배설물과 벼에서 방출되는 천연 가스의 주성분이다.

멸종(Extinction) 어떤 종이 완전히 사라지는 것. 그 종들의 마지막 무리들이 죽는 것. 지질연대에 수백만의 종들이 멸종했는데, 이러한 멸종 현상은 대부분이 소행성들이 태양을 수년간 가로막음으로써 급격한 지구의 기후 변화를 초래하는 것과 같은 어마어마한 경우들이 있을 때 나타났다.

반사도(Albedo) 얼마만큼의 빛이 표면에서 반사되는지를 나타내는 지수. 눈과 얼음은 반사도 값이 큰 반면, 숲이나 해표면은 반사도가 낮다.

방사성 탄소 연대측정법(Radiocarbon dating) 유기물 속 탄소-14의 방사성 붕괴율에

근거하여 연대를 추정하는 방법. 탄소-14는 지구 상층대기에 도달하는 우주 광선에 의하여 생성된다.

배출권(Emission credits) 교토 의정서에 따라 허용된 배출량보다 온난화 가스를 적게 배출하는 나라들은 배출권을 받게 되는데, 이 배출권은 허용치를 초과한 나라에 팔 수 있다.

북대서양 진동(North Atlantic Oscillation, NAO) 또는 극 진동 (Arctic Oscillation) 북대서양 지역 겨울철 기온과 강수량에 크게 영향을 미치는 대기와 해수 분포의 변화 현상. 북대서양 근처 해수면의 기압이 낮을 때 대서양 중부 아조레스 군도에서는 기압이 높게 나타나면서 폭풍이 잦은 지역이 대서양을 가로질러 서쪽에서 동쪽으로 옮겨간다. 북대서양 진동의 양상이 이와 반대일 경우를 보면 북유럽에서는 혹독한 겨울을 맞게 되고, 중남부 유럽에서는 날씨가 흐린 경우가 많다. 20세기 내내 북대서양 진동은 이런 두 양상을 반복하며 나타났다. 하지만 1970년대 이후 북대서양 진동은 첫 양상을 지속적으로 보이면서 미국과 북유럽에 상대적으로 기온을 높이는 결과를 초래했다.

북유럽 전설(Sagas) 고대 스칸디나비아 인들을 통해 구두로 전해져 내려오는 전설.

비정부조직(NGOs) 최근 수년간 그 규모가 커진 비영리 단체들로 그 중 몇몇 단체들은 환경 규제에도 관련하고 있다. 회원들과 여러 재단들로부터 매년 수십억 달러의 기부금을 받아 운영된다.

빙권(Crystophere) 지구에서 눈, 빙판, 빙하, 영구동토층, 유빙등과 같이 얼음들로 이루어진 부분을 가리킨다.

빙퇴석(Moraines) 빙하가 후퇴하면서 남기는 바위나 빙하 부스러기의 퇴적물.

빙판(Ice sheet) 그린란드나 남극같이 넓은 지역을 덮고 있는 얼음판으로 수천 수백만 년 내린 강수가 쌓이면서 만들어졌다.

빙하 쐐기(Ice wedges) 기온이 최소한 영하 40도일 때 영구동토층 틈 사이에서 형성되는 수직 얼음판. 이들 빙하 쐐기는 물이 영구동토층 틈 사이로 스며들고 얼게 됨에 따라 오랜 기간에 걸쳐 성장한다.

빙하기(Ice ages) 거의 매 10만 년마다 지구상에 나타나서 약 9만 년 동안 지속된다. 빙하기 동안 북반구는 거대한 얼음판으로 덮이고 해수면 높이가 수백 피트 낮아지고, 기온은 간빙기 때보다 약 7~12도 정도 낮다. 밀란코비치 이론은 빙하기는 지구 공전궤도의 주기적 변화에 의해 생긴다고 설명한다.

빙하의 도래와 후퇴(Glacier advances and retreats) 수십 년 이상의 평균 기후 조건을 나타내는 좋은 지표. 빙하가 후퇴하면서 남겨진 빙역토 더미는 빙하의 높이가 얼마였는지 잘 나타내고 빙역토 속의 유기물질들은 탄소 연대 측정이 가능하다.

새양토끼(Pikas) 털이 많으며 꼬리가 없는 작은 토끼로 북미와 유라시아 산악지역에서 서식한다. 녹색 식물들을 먹으며, 겨울철을 대비하여 이 식물들을 잘라서 말리고, 저장하기도 한다.

새털구름(Cirrus Clouds) 20,000피트 이상의 높은 고도에 걸려있는 얇은 구름. 주로 얼음 결정으로 구성되어 있고 대기 중의 열 방출을 막는 역할을 한다.

생물성 단백석(Biogenic opal) 규조식물의 유리질 잔여물.

생물펌프(Biological pump) 행성의 이산화탄소 사이클을 형성하는 중요한 요소. 예를 들면 바다에 사는 수조의 플랑크톤들이 이 대기로부터 이산화탄소를 제거하는 역할을 한다. 플랑크톤이나 플랑크톤을 먹은 물고기들이 죽고, (수십억 톤의 탄소를 포함한) 유기퇴적물들이 해저에 가라앉게 된다.

생연료(Biofuels) 유기물로부터 나온 연료. 사탕수수와 옥수수로부터 추출한 에탄올과 콩 또는 식물성 기름으로부터 추출한 바이오디젤 등이 그 예이다. 메탄올은 원래 나무로부터 추출되지만 지금은 거의 대부분 천연가스에서 생산한다.

석탄가스화(Coal gasification) 석탄은 증기와 산소에 의해 부분적으로 산화되고 그 결과로 형성된 기체는 증기 터빈에서 태워지기 전에 황이나 다른 입자들에 의해 제거될 수 있다.

성층권(Stratosphere) 고층대기 참조.

세계기상기구(World Meteorological Organization, WMO) 기상 자료들을 관리하는

유엔의 한 부서.

세차운동(Precession) 태양과 달이 지구에 미치는 중력의 영향으로 지구 자전축이 26,000년의 주기를 가지고 원추형을 그리며 천천히 움직이는 것.

소빙하기(Little ice age) 1300년에서 1850년 사이의 중세 온난기 다음에 나타났던 한랭하고 불안정한 기후기. 농작물이 성장하는 계절이 짧아지고, 흐린 날이 계속됨에 따라 기아 현상이 자주 나타났다.

시추공(Boreholes) 시추공 탐사를 시행함으로써 암석이나 토양의 심층에 남아있는 과거 온도자료들을 얻을 수 있다. 하지만 1,000년 이전의 온도 변화는 이 방법으로 알아내기 힘들다.

식물성 플랑크톤(Phytoplankton) 물에 떠다니는 미세 식물로 주로 조류에 속한다. 태양빛이 통과하는 해표면 근처에서 서식하며, 해양 생물들의 먹이 사슬에서 가장 기본이 된다.

아프리카 사헬(African Sahel) 사하라 사막의 남쪽 수백만 제곱마일을 차지하는 사막의 경계.

암흑기(Dark ages) 로마 온난기 다음에 있었던 기후기. 지구의 기후는 한랭하고 불안정했으며, 동부 유럽, 중동, 아시아에 걸쳐 가뭄이 있었다.

엘니뇨-남방 진동(El Nino-Southern Oscillation, ENSO) 동태평양과 서태평양/인도양 사이 해류와 대기 패턴의 주기적 변화. 엘니뇨 남방 진동 지수는 타히티와 오스트레일리아 다윈 사이의 기압 차이로 계산되는데, 엘니뇨-남방 진동은 3년에서 5년마다 나타나고 12개월에서 18개월가량 지속된다.

연안 평원(Strandplains) 해안선을 따라 길게 뻗은 높은 지대로 고대 해안선과 바다 물의 수위에 대해 알려준다. 또한 이 평원에서 발견되는 유기물질들은 탄소 연대추정에도 사용된다.

열대성 저기압(Tropical Cylone) 인도양과 서태평양에 나타나는 폭풍. 대서양에서는 허리케인이라고 불리고, 북서 태평양에서는 태풍이라고 불린다. 풍속이 최소 시속 60마일에 달하며, 24시간 안에 3피트의 비를 뿌리며, 30피트 높이의 파도를 일으킨다.

열염(熱鹽) 순환(Thermohaline circulation) 대서양 컨베이어 참조.

영거 드라이아스 사건(Younger Dryas Event) 12800년 전 마지막 빙하기로부터 기후가 회복되고 있던 당시 갑작스레 나타났던 한랭기. 이 사건이 있기 전에는 기온이 상승하여 북미와 북유럽을 덮고 있던 두꺼운 얼음층을 녹이고, 거대한 양의 담수가 북대서양 컨베이어의 해수에 유입되면서 남쪽으로부터 뜨거운 기단 올라오는 것을 저지시켰다. 이 사건은 50년도 채 되지 않아 끝났지만, 이 지역의 기온을 다음 1300년 동안 5~6도 정도 낮추는 역할을 하였다. 지구상의 다른 지역은 여전히 온난화가 계속되고 있었다.

영구동토층(Permafrost) 극지역, 아극지역 그리고 아주 높은 산맥의 경사면에서 발견되며, 450미터 정도의 두께를 가지기도 한다.

오르도비스기(Ordovician Period) 4억9천만 년 전에 시작해서 5천만 년에서 8천만 년 동안 지속되었다고 알려진 이 시기에는 곤드와나라는 하나의 대륙만이 존재하였고, 다양한 해양 생물들이 번성했다. 그 당시의 기온은 현재와 유사하였고, 이산화탄소 농도치는 지금보다 18배나 더 높았던 것으로 알려져 있다. 높은 이산화탄소 농도에도 불구하고 이 오르도비스기가 끝날 즈음에 빙하기가 시작되었다.

오존(ozone) 오존은 산소 원자로 구성되어 있으며, 성층권에서 자연적으로 생성되어 인체에 유해한 자외선을 차단하는 역할을 한다. 대기 하층에서는 온실기체의 역할을 하고 스모그를 만드는 데 중요한 역할을 한다.

온실기체(Greenhouse gases) 대기상의 복사 에너지를 가둘 수 있는 기체들로 수증기가 대기에 의한 온실효과 중 36~70%를 기여하고, 이산화탄소가 9~26%, 그 다음으로 오존이 3~7% 기여한다. 그 외 메탄, 아산화질소, 염화불화탄소 등이 있다.

온실효과 이론(Greenhouse Theory) 인위적인 온실기체 방출, 특히 이산화탄소의 방출이 과거 기후 변동의 수준을 넘어 지구를 온난화시키므로 생태계에 큰 위험을 초래하고 있다는 이론.

와편모조류 포자(Dinoflagellate cysts) 해저 퇴적물에서 흔히 발견되는 원생동물의 골격 잔해물.

외래종(Alien species) 본토가 아닌 곳에 우연히 또는 고의적으로 유입된 종.

용승(upwellings) 바람이 해표면 근처의 따뜻한 물을 밀어냄에 따라, 아래에서 차고, 영양분이 풍부한 바닷물이 상승하는 지역을 가리킨다. 용승현상 때문에 페루의 서쪽 해안에서는 풍부한 어장이 형성되기도 한다.

우주광선(Cosmic Ray) 지구 너머 은하수에서 형성된 고에너지 입자들로 지구 생명체들의 자연적 진화와 변종에 중요한 역할을 한다. 이 광선은 주로 원자핵들로 구성되어 있고 대기 상층에서 빛에 가까운 속도로 서로 충돌한다.

융합반응기 태양은 거대한 핵융합로인데 과학자들은 21세기 후반 에너지 자원을 생산하는 방법으로 이 핵융합로의 축소형을 만들려고 애쓰고 있다. 이 융합 과정에서는 여러 원자핵들이 더 큰 하나의 핵으로 재형성되는데, 이 핵의 질량은 원래 원자핵들의 질량의 합보다 작고, 그 차이만큼의 질량이 어마어마한 양의 에너지로 바뀌게 되는 것이다.

은하수(Milky Way) 지구와 태양을 포함하는 소우주. 폭은 10만 광년, 두께는 만 광년이나 되는 것으로 추정된다. 거대한 바람개비처럼 6개의 나선형 팔들이 뻗친 구조를 가지고 있다.

이끼(Lichens) 바위나 나무줄기에 껍질처럼 자라며 녹조류와 공생하는 곰팡이들에 의해 형성된다.

이분석(Metanalysis) 어떤 한 주제에 관해 이루어진 모든 연구 결과들을 총합적으로 분석하는 것.

이산화탄소 비옥화(Carbon dioxide fertilization) 거의 모든 식생들의 성장은 대기 중 이산화탄소의 양이 높아짐에 따라 활성화된다. 수분의 이용도 역시 향상된다. 비옥화 효과는 다양한 식생에 관한 연구에 의해 증명 되었다.

이산화탄소(Carbon Dioxide) 대기 중 네 번째로 풍부한 기체. 전체 기체 양의 0.038

퍼센트를 차지한다.(산업혁명 이전에는 0.028퍼센트를 차지했다.) 이산화탄소는 유기물의 부패 과정이나 연소 과정을 통해서 만들어진다. 동물들은 이산화탄소를 내쉬고 식물들은 그것을 취해서 성장한다.

자외선(Ultraviolet) 태양에 의해서 방출되는 짧은 파장의 전자기파. 맨눈으로는 관측하기 어렵다. UV-A광선은 인체 피부를 태우고, UVU-B 광선은 피부암을 초래하기도 한다.

작은 벌레(Midges) 미미한 기온 변화에도 잘 적응하지 못하는 작은 벌레들로 침적물들에서 자주 발견되어 과거 기온 변화를 1도 이내의 정확도로 추정하는 데 좋은 자료가 된다.

재생 가능한 자원(renewable) 태양, 바람, 나무, 물과 같이 우리들이 에너지를 얻기 위해 이용해도 없어지지 않는 자원.

적도 수렴대(Intertropical Convergence Zone, ITCZ) 무역풍이 만나는 지역으로 구름이 띄엄띄엄 지구를 띠 모양으로 둘러싸고 있다. 이 수렴대를 따라서 뜨거운 태양과 따뜻한 해수가 기류를 상승시키고, 많은 양의 수분이 증발함에 따라 천둥 번개를 동반하는 폭풍이 늘 존재한다. 이 수렴대의 장기간에 걸친 위치 변화는 적도 지역의 강수, 가뭄 패턴을 완전히 바꿔놓을 수 있다.

적외선(Infrared light/heat) 가시광선 영역보다 훨씬 긴 파장을 가지며, 이 때문에 맨눈으로는 관측할 수 없다.

적운(Cumulus clouds) 많은 물방울을 포함하고 있으며 몽실몽실하게 낮게 떠있는 구름. 이 구름은 태양열을 반사함으로써 지구를 냉각시키는 역할을 한다.

조류 피낭(Algae cyst) 마찰로부터 스스로를 보호하기 위해 특별한 종류의 플랑크톤에 의해 만들어진 작은 보따리 모양의 피막. 이 피낭의 화석들은 침전물의 형성 당시 이러한 플랑크톤이 많이 존재했음을 나타낸다.

종(Species) 같은 계끼리 교배에 의하여 자손들을 생산하거나, 해부학상 같은 구조를 가지는 동물들이나 식물들은 같은 종으로 구분된다.

중세 온난기(Medieval Warming) 가장 최근에 있었던 1,500년 주기의 변동성을 가진 기후 변화기로 날씨가 온난하고 좋았던 것으로 알려져 있다. 900년경에 유럽에서 기후 변화의 신호가 나타났고, 1300년경 이후까지 계속되었다.

지질학적 기록(Geological record) 지구가 형성된 이후 수백만 년에 걸쳐 바위, 화석, 지형 등에 남은 기후 변화의 흔적

질량 분광계(Mass spectrometer) 분자량을 통해 화학성분이나 동위원소를 알아내는 데 사용하는 기계. 고온에서 샘플을 기체화시켜서 분자량을 분석하기도 한다.

질소 비료(Nitrogen fertilizer) 질소는 농작물이 자라면서 토양으로부터 섭취하는 가장 중요한 영양소가 된다. 질소 화학비료는 대기 중에 풍부한 질소를 열과 압력을 통한 공업과정을 통해 생산된다.

축기울기(Axial tilt) 지구의 자전축은 공전축과 경사각을 형성하는데, 이 때문에 여름과 겨울이 있다.

카리아코 해분(Cariaco Basin) 카리브해저에 있는 넓고 깊으며 지형적으로 안정된 해분. 많은 양의 자연적 침전물들이 쌓여 있어서 과거 기후 변화 과정에 대해 많은 자료들을 제공하고 있다.

탄소순환(Carbon Cycle) 동물들은 호흡할 때 산소를 들이마시고 이산화탄소를 내쉰다. 식물들은 이산화탄소를 흡수하고 산소를 내놓는다. 거대한 양의 탄소가 조류, 산호와 같은 유기물들에 의해 형성된 석회암이나 백운암의 형태로 저장된다. 그 외의 탄소들은 해수와 토양 속에 저장된다.

태양 빛의 강도(Solar irradiance) 어떤 특정한 기간 동안 지구에 도달하는 전자기 에너지의 양. 지구는 제곱미터당 평균 1,367와트의 에너지를 받는데, 이 평균치는 태양 활동의 주기적 변동에 따라 약 0.1퍼센트씩 변하는 것으로 알려져 있다.

태양력(Solar power) 화석 에너지를 대체할 수 있다고 알려진 에너지 자원. 창문들을 남향으로 설치해서 겨울철 태양열을 광전지에 가두어 전력을 생산하는 것이다.

태양풍(Solar wind) 화씨 수백만 도에 이르는, 이온화된 가스들이 시속 2백만 마일

의 속도로 태양으로부터 뿜어져 나오는 것. 태양풍이 강해질수록 지구는 유해한 우주 광선으로부터 보호받게 된다.

태양흑점 극소기(Sunspot Minimum) 사람들은 2000년 이전부터 태양의 흑점을 관측해왔다. 태양 흑점수가 적을 때에는 지구가 한랭해진다는 것을 알 수 있다. 1460년에서 1550년 사이, 소빙하기 중 가장 추운 시기가 시작되기 바로 전에 태양 흑점수가 아주 적었다. 영국의 천문학자의 이름을 딴 마운더 극소기(Maunder Minimum)는 소빙하기에서 두 번째로 한랭한 기간이었던 1645년과 1710년 사이에 나타났다. 8년에서 14년으로 추정되는 태양흑점 변동은 태양에 의해 초래되는 지구의 온난화를 설명하는 데 좋은 자료가 된다.

태양흑점과 흰 반점(Sunspots and faculae) 태양흑점은 태양 표면에서 다른 곳보다 온도가 낮은 곳으로, 행성 크기의 어두운 점으로 관측되기 때문에 흑점이라는 이름을 얻었다. 태양 표면의 흰 반점은 이와 반대로 다른 지역보다 상대적으로 온도가 높은 지역으로 흑점보다 관측하기가 더 어렵다. 흑점이 많을수록 태양 활동은 왕성하다.

태평양 10년 주기 기후 변동(Pacific decadal oscillation, PDO) 북태평양에서 나타나는 주기적 기후 변동. 이 기후 변동 현상은 20년에서 30년 정도의 지속성을 보이는데, 이것은 엘니뇨-남방 진동 현상보다 훨씬 긴 것이다. 이 기후 변동은 알래스카, 오리건-워싱턴 근처 연어 어획량을 통하여 태평양 북서쪽 연안에서 가장 두드러지게 나타난다. 이 기후 변동 현상으로 인하여 한랭한 기간에는 컬럼비아 강에서 연어의 어획량이 느는 반면, 온난한 기간에는 알래스카 만 근처에서 연어의 어획량이 많아진다. 이보다 남쪽 지역에서는 한랭한 기간 동안 멸치가 많이 잡히고, 온난한 기간 동안에는 정어리가 많이 잡힌다.

태평양 웜풀(Warm pool of the Pacific) 서태평양 상의 섭씨 29도를 유지하는 지역으로 북미 정도의 규모를 가진다. 무역풍이 따뜻한 해수를 이곳에 공급하기 때문에 만들어지며, 이 따뜻한 열기가 대기를 가열시켜 이곳을 통과하는 폭풍의 강도를 강화시키는 역할을 한다. 이 지역의 주기적 변화가 엘니뇨-남방 진동을 만든다.

토네이도(Tornado) 깔때기 모양으로 육상에서 강한 바람을 동반하여 나타나는 폭풍.

토양 침식(Soil erosion) 바람이나 물에 의하여 토양의 형태가 바뀌는 것. 표토의 침식 때문에 농작물의 수확량을 줄어든다.

토지 사용 변화(Land use change) 수목림이나 야생적인 초원을 바꾸어 다른 목적으로 이용하는 것.

퇴적물(sediments) 꽃가루, 미네랄, 단세포 생물들, 미소 식물들의 외피들이 바다나 호수 밑바닥에 오랜 세월에 걸쳐 층층이 쌓인 것. 이 퇴적물들은 탄소 연대추정법이나 과거 강수지역을 식별하는 데 사용된다.

툰드라(Tundra) 극과 아극 지역의 동토지대. 이 지대의 식생을 보면 이끼들과 관목들로 이루어져 있다.

티타늄(Titanium) 부식되지 않는 금속성의 성분. 퇴적물 속에서 티타늄의 농도가 상대적으로 낮다는 것은 그 당시 강수량이 낮았다는 것을 알려준다.

폭풍에 의한 높은 파도(Storm surge) 태풍의 눈 주변에서 나타나는 강한 바람과 낮은 저기압 때문에 만들어지는 거대한 파도.

피복림(Closed forest) 나무들의 꼭대기 부분이 직사광선을 차단할 정도의 울창한 숲.

혜성(Comet) 태양 주위에서 궤도를 그리며 도는 작은 얼음이나 바위 조각들. 태양으로부터 나온 열은 수백만 마일이 넘는 긴 "꼬리"를 만든다. 은하계에 무수한 혜성들이 존재하지만 지구 가까이까지 오는 것은 얼마 되지 않는다.

홀로세 기후 최적기(Holocene Climate Optimum) 현 간빙기에서 가장 길고 가장 따뜻했던 온난기로 9,000년에서 5,000년 전 사이에 나타났다. 그린란드 빙하 코어 자료들은 이 당시의 기온이 지금보다 3.5도 더 높았고 이 온난기가 약 3,000년간 지속되었음을 보여준다.

홀로세(Holocene) 11,000년 전 마지막 빙하기가 끝난 이후 있었던 따뜻한 간빙기.

황산염 에어로졸(Sulfate aerosols) 화석 연료들을 태울 때 대기에 만들어지는 입자들. 기후 온난화에 의한 기온 상승 정도가 컴퓨터 모형들이 예측했던 만큼 빠르게 나타나지 않자, IPCC는 황산염 에어로졸로 인해 입사되는 태양빛이 줄어들기 때문이라며 이산화탄소에 의한 효과를 감쇄하였다고 설명했다. 하지만 연구 결과들에 따르면 황산염 에어로졸들이 많이 생성되는 지역이 그렇지 않은 지역들보다 온난화 경향이 더 뚜렷하게 나타나는 것을 증명되었다.

휴온 소나무(Huon Pines) 세계에서 가장 느리게 성장하고, 가장 장수하는 수목으로 3,000년 이상 생존한다. 이들은 태즈메이니아의 서쪽 해안과 휴온 계곡에서 서식한다.

미주

제1장 기후 전쟁

1 W. Dansgaard et al., "North Atlantic Climatic Oscillations Revealed by Deep
   Greenland Ice Cores," in Climate Proceses and Climates Sensitivity, ed. F. E.
   Hansen and T. Takahashi(Washington, D.C.: American Geophysical Union,
   1984), Geophysical Monograph 29, 288~98.

2 John C. Ryan, "Greenhouse Gases on the Rise in the Northwest," Northwest
   Environment Watch, 1995, 〈www.northwestwatch.org〉(12 February 2004).

3 Art Bell and Whitley Strieber, The Coming Global Superstorm(New York:
   Pocket Books, 2000), 10~11.

4 Former U.S. Senate Majority Leader George Mitchell(D-Maine), World on
   Fire: Saving an Endangered Earth(New York: Scribner, 1991), 70~71.

5 Natural Resources Defense Council, www.nrdc.org/globalWarming/(27 May
   2003).

6 Sir John Houghton, Chairman, Scientific Assessment Working Group, United
   Nations Intergovernmental Panel on Climate Change, letter to the World
   Council of Churches, 1996.

7 Christine Stewart, then Canadian Minister of the Environment, before the

editors and reporters of the Calgary Herald, 1998, and quoted by Terence Corcoran, "Global Warming: The Real Agenda," Financial Post, 26 December 1998, from the Calgary Herald, 14 December 1998.

8 Paul Recer, "Study of Tree Rings Shows Earth Has Normal Cycles of Warmth, Cooling," Associated Press, 22 March 2002.

9 헌츠빌에 있는 앨라배마 대학의 대기과학 교수이자 UN IPCC의 주도적인 저술가인 존 크리스티의 2003년 5월 13일 연설 내용 중.

10 William H. Hooke, policy director, American Meteorological Society, "Avoiding a Catastrophe of Human Error," Washington Post, 5 January 2005.

11 Thomas Gale Moore, "Why Global Warming Would Be Good for You," The Public Interest(Winter 1995): 83~99.

12 Gerard Bond et al., "Persistent Solar Influence on North Atlantic Climate during the Holocene," Science 294(16 November 2001): 2130~136.

13 Richard Kerr, "A Variable Sun Paces Millennial Climate," Science 294(16 November 2001): 1431~433.

14 Frederick Seitz, former president, National Academy of Science, "A Major Deception on Global Warming," Wall Street Journal, 12 June 1996, editorial page. S. Fred Singer, Climate Policy from Rio to Kyoto: A Political Issue for 2000 and Beyond(Palo Alto, CA: Hoover Institution, Stanford University, 2000), 19.

15 D. H. Douglass, B. Pearson, and S. F. Singer, "Disparity of Tropospheric and Surface Temperature Trends: New Evidence," Geophysical Research Letters 31: L13207.doi:10.1029/2004/GL020212(2004).

16 Richard Lindzen, Ming-Dah Chou, and Arthur Hou, "Does the Earth Have an Adaptive Infrared Iris?" Bulletin of the American Meteorological Society 82(2001): 417~32.

17 "Natural 'Heat Vent' in Pacific Cloud Cover Cloud Diminish Greenhouse Warming," press release, NASA Goddard Space Flight Center, 28 Feburary

2001.

18 John Christy, climatologist, University of Alabama-Huntsville.

19 Bjorn Lomborg, The Skeptical Environmentalist(London: Cambridge University Press, 2001), 322.

20 M. I. Hoffert et al., "Science Compass: Advanced Technology Path to Global Climate Stability: Energy for Greenhouse Planet," Science 298(2002): 981~87.

21 International Trade and the Environment, World Bank Discussion Paper 159, Patrick Low, ed.(January 1992); also, G. Grossman and A. Kreuger, "Economic Growth and the Environment," The Quarterly Journal of Economics 370(1995): 353~77.

22 James Glassman, "How to Save the World," Washington Times, 9 June 2004, A 16.

제2장 대발견

1 Thomas . Crowley, "Causes of Climate Change over the Past 1000 Years," Science 289(2000): 270~77.

2 Richard Kerr, "The Little Ice Age: Only the Latest Big Chill," Science(25 June 1999): 2069.

3 Stefan Rahmstorf, Postdam Institute for Climate Impact Research, "Climate, Abrupt Change," in Encyclopedia of Ocean Science, ed. J. Steele(London: Academic Press, 2001), 1~6.

4 W. Dansgaard et al., "North Atlantic Climate Oscillations Revealed by Deep Greenland Ice Cores," in Climate Processes and Climate Sensitivity, ed. F. E. Hansen and T. Takahashi(Washington, D.C.: American Geophysical Union, 1984), Geophysical Monograph 29, 288~98.

5 N. G. Pisias et al., "Spectral Analysis of Late Pleistocene-Holocene Sediments,"

Quarternary Research(March 1973): 3~9.

6   John D. Imbrie and Katherine Palmer Imbrie, Ice Age: Solving the
    Mystery(Cambridge, MA: Harvard University Press, 1986).

7   W. Dansgaard et al., "North Atlantic Climate Oscillations Revealed by Deep
    Greenland Ice Cores," 288~98. Hans Oeschger, "Long-Term Climate
    Stability: Environmental System Studies," The Ocean in Human Affairs, ed.
    S.Fred Singer(New York: Paragon House, 1990).

8   좀 더 상세한 마운더 태양흑점 극소기에 대한 논의는 다음을 참조. Willie H.
    Soon and Steven H. Yaskell, The Maunder Minimum and the Variable Sun-
    Earth Connection(Singapore: World Scientific Publishing, 2004).

9   Dansgaard et al., "North Atlantic Climate Oscillations Revealed by Deep
    Greenland Ice Cores," 288~98.

10 C. Lorius et al., "A 150,000-Year Climate Record from Antarctic Ice," Nature
    316(1985): 591~96.

11 E. Friis-Christensen and K. Lassen, "Length of the Solar Cycle: An Indicator
    of Solar Activity Closely Associated with Climate," Science 254(1999): 698~
    700.

12 L. Keigwin, "The Little Ice Age and Medieval Warm Period in the Sargasso
    Sea," Science 278(1996): 1503~508.

13 G. Bond et al., "A Pervasive Millennial Scale Cycle in North Atlantic Holocene
    and Glacial Climates," Science 278(1997): 1257~266.

14 G. Bond, "Persistent Solar Influence on North Atlantic Climate during the
    Holocene," Science 294(2001): 2130~136.

15 U. Neff et al., "Strong Coherence between Solar Availability and the Monsoon
    in Oman between 9 and 6 kyr Ago," Nature 411(2001): 290~93.

16 L. Keigwin, "The Little Ice Age and Medieval Warm Period in the Sargasso
    Sea," Science 278(1996): 1504.

17 P. deMenocal et al., "Coherent High- and Low-Latitude Climate Variability

during the Holocene Warm Period," Science 288(2000): 2198.

18 L. Keigwin, "The Little Ice Age and Medieval Warm Period in the Sargasso Sea," Science 278(1996): 1503~508.

19 A. E. Viau et al., "Widespread Evidence of 1,500-yr Climate Variability in North America during the Past 14,000 Years," Geology 30(2002): 455~58.

20 Ibid.

21 F. S. Hu et al., "Cyclic Variation and Solar Forcing of Holocene Climate in the Alaskan Subarctic," Science 301(2003): 1890~893.

22 T. De Garidel-Thoron and L. Beaufort, "High-Frequency Dynamics of the Monsoon in the Sulu Sea during the Last 200,000 Years," paper presented at the EGS General Assembly, Nice, France, April 2000.

23 C. Andersson et al., "Late Holocene Surface Ocean Conditions of the Norwegian Sea(Voring Plateau)," Paleoceanography 18(2003): 10.1029/2001PA000654.

24 Ibid.

25 S. Niggermann et al., "A Paleoclimate Record of the Last 17,600 Years in Stalagmites from the B7 Cave, Sauerland, Germany," Quaternary Science Reviews 22(2003): 555~67.

26 McDermott et al., 1999; Niggermann et al., 2003.

27 F. McDermott et al., "Centennial-Scale Holocene Climate Variability Revealed by a High-Resolution Speleothem O-18 Record from SW Ireland," Science 294(2001): 1328~333.

28 F. Dapples et al., "New record of Holocene Landslide Activity in the Western and Eastern Swiss Alps: Implication of Climate and Vegetation Changes," Ecologae Geologicae Helvetiae 96(2003): 1~9.

29 W. H. Berger and U. von Rad, "Decadal to Millennial Cyclicity in Varves and Turbidites from the Arabian Sea: Hypothesis of Tidal Origin," Global and Planetary Change 34(2002): 313~25.

30 Ibid.

31 모린 레이모는 미국과학재단에서 수여하는 전미 젊은 탐험가 상을 받았으며, 스크립스 해양과학연구소에서 수여하는 코디 상도 받은 바 있다.

32 기후 영향 연구를 위한 포츠담 연구소에서 발간할 것이라 공표한 홀거 브라운의 연구에서.

33 A. Ganopolski and S. Rahmstorf, "Rapid Changes of Glacial Climate Simulated in a Coupled Climate Model," Nature 409(6817)(2001): 153~58.

34 G. Bond et al., "Persistent Solar Influence on North Atlantic Climate during the Holocene," Science 294(2001): 2130~136.

35 H. Braun et al., "Possible Solar Origin of the 1,470-Glacial Climate Cycle Demonstrated in a Coupled Model," Nature 438(2005)Z: 208~11.

36 Ibid.

37 Ibid.

38 S. Rahmstorf, "Timing of Abrupt Climate Change: A Precise Clock," Geophysical Research Letters 30(2003): 10.1029/2003GLo17115.

제3장 온실효과 이론의 취약성

1   세계 야생동물기금협회 웹사이트, 2004, www.worldwildlife.org/climate/index.cfm

2   Johan Olsson, "The Effects of Global Warming," 12 January 1996, 〈http://www.geocities.com/TimesSquare/1848/global.html〉(accessed April 2004).

3   John Tierney, "The Good News Bears," New York Times, 6 August 2005.

4   George Taylor, "Debate over Temperature Heats Up," 19 December, 2003, 〈www.techcentralstation.com〉(June 2004).

5   H. Fischer et al., "Ice Core Record of Atmospheric CO2 around the Last Three Glacial Terminations," Science 283(1999): 1712~714.

6 Ibid.

7 N. Caillon et al., 2003, "Timing of Atmospheric CO2 and Antarctic Temperature Changes across Termination III," Science 299(2003): 1728~731.

8 The Nansen Environment and Remote Sensing Center, University of Bergen, March 1995, 〈http://www.bestofmaui.com/ournvmag.html〉(accessed April 2004).

9 Al Gore, Earth in the Balance(New York: Houghton-Mifflin, 1992), 22~23.

10 BBC News, "Rapid Antarctic Warming Puzzle," 6 September 2001.

11 "Antarctica: To Melt or Not to Melt?" Competitive Enterprise Institute, Cooler Heads Project 5, no. 3(7 February 2001).

12 "For Land's Sake," 〈www.worldclimatereport.com〉(17 March 2004), commenting on A. T. J. de Laat and A. N. Maurellis, "Industrial CO2 Emissions as a Proxy for Anthropogenic Influence on Lower Tropospheric Temperature Trends," Geophysical Research Letters 31: 105204, doi: 10.1029/2003GL019024.

13 P. T. Doran et al., "Antarctic Climate Cooling and Terrestrial Ecosystem Response," Nature Advance 415(2002): 517~20.

14 J. C. Comiso, "Variability and Trends in Antarctic Surface Temperatures from in situ and Satellite Infrared Measurements," Journal of Climate 13(2000): 1674~696.

15 D. W. J. Thompson and S. Solomon, "Interpretation of Recent Southern Hemisphere Climate Change," Science 296(2002):895~99.

16 A. B. Watkins and I. Simmonds, "Current Trends in Antarctic Sea Ice: The 1990s Impact on a Short Climatology," Journal of Climate 13(2000): 4441~451.

17 "The Climate Domino," The Ecologist 31, no. 3(April 2001): 10.

18 "Global Warming Devastates Native Alaskans," Reuters News Service, 18

April 2004.

19 R. Przybylak, "Temporal and Spatial Variation of Surface Air Temperature over the Period of Instrumental Observations in the Arctic," International Journal of Climatology 20,(2000): 587~614; and Przybylak, "Changes in Seasonal and Annual High-Frequency Air Temperature Variability in the Arctic from 1951 to 1990," International Journal of Climatology 22,(2002): 1017~33.

20 I. V. Polyakov et al., "Variability and Trends of Air Temperature and Pressure in the Maritime Arctic, 1875~2000," Journal of Climate 16(2003): 2067~77.

21 E. Hanna and J. Capellan, "Recent Cooling in the Coastal Southern Greenland and Relation with the North Atlantic Oscillation," Geophysical Research Letters 30, (2003): 10.1029/2002GL015797.

22 BBC Weather, "Earth Gases-Water Vapour," February 2005, 〈http://www.bbc.co.uk/weather/features/gases_watervapour.shtml〉(February 2005)

23 R. S. Lindzen et al., "Does the Earth Have an Adaptive Infrared Iris?" Bulletin fo the American Meteorological Society 82(2001): 417~32.

24 "Natural Heat Vent in Pacific Cloud Cover Could Diminish Greenhouse Warming," press release, American Meteorological Society, 28 February 2001.

25 Y. C. Sud et al., "Mechanism Regulating Sea-Surface Temperatures and Deep Convection in the Tropics," Geophysical Research Letters 26(1999): 1019~22.

26 J. Chen et al., "Evidence for Strengthening of the Tropical General Circulation in the 1990s," Science 296(2002): 838~41 and B. A. Weilicki et al., "Evidence for Large Decadal Variability in the Tropical Mean Radiative Energy Budget," Science 295(2002): 841~44.

제4장 근거 없는 두려움들 : 해수면이 상승하여 범람과 아비규환을 가져올 것이다.

1 "Global Warming claims first victim," University of Wisconsin, 20 November 2001, ⟨http://whyfiles.org/update/091beach⟩(2004년 2월 접속).

2 James Titus et al., "Greenhouse Effect and Sea Level Rise: The Cost of Holding Back the Sea," Coastal Management 19(1991): 171~204.

3 John Christy, Alabama State Climatologist, before the U.S. House Committee on Resources, 13 May 2003.

4 R. A. Warwick and J. Oerlemans, "Sea Level Rise," in Climate Change, The IPCC Assessment, J. H. Houghton, G. J. Jenkins, and J. J. Ephron, eds.(Cambridge, UK: Cambridge University Press, 1990).

5 Intergovernment Panel on Climate Change, Third Assessment Report(Cambridge, UK: Cambridge University Press, 2001).

6 INQUA와는 아일랜드 더블린에 있는 트리니티 칼리지에서 지리학을 가르치고 있는 피터 콕슨 사무총장을 통해 연락할 수 있다. 이메일주소는 pcoxon@tcd.ie 이다.

7 Nils Axel Morner, letter to Cambridge Conference Network, 27 April 2001, abob.libs.uga.edu/bobk/ccc/cc042701.html.

8 Nils Axel Morner, "Estimating Future Sea Level Changes from Past Records," Global and Planetary Change 40, issues 1~2(January 2004): 49~54.

9 U. S. Environmental Protection Agency, Global Warming-Climate, Sea Level, ⟨http://yosemite.epa.gov/oar/globalwarming/nsf/content/ClimateFutureClimateSea.level.html⟩.

10 J. Stone et al., "Holocene Deglaciation of Marie Byrd Land, West Antarctica," Science 299(2003): 99~102.

11 W. Munk, "Ocean Freshening, Sea Level Rising," Science 300(2003): 2014~43.

12 O. W. Mason and J. W. Jordan, "Minimal Late Holocene Sea Level Rise in the

Chukchi Sea: Arctic Insensitivity to Global Change?" Global and Planetary Changes 32(2002): 13~23.

13 M. Ekman, "Climate Changes Detected through the World's Longest Sea Level Series," Global and Planetary Changes 21(1999): 1215~224.

14 N. Reeh, "Mass Balance of the Greenland Ice Sheet: Can Modern Observation Methods Reduce the Uncertainty?" Geografiska annaler 81A(1999): 735~42.

15 Morner et al., "New Perspectives for the Future of the Maldives," Global and Planetary Change 40(2004): 177~82.

16 Lester R. Brown, "Rising Sea Level Forcing Evacuation of Island Country," press release, Earth Policy Institute, 15 November 2001.

17 Sallie Baliunas and Willie Soon, "Lester's Brownout: Activist Exploits Poor Islanders," 10 December 2001,⟨www.techcentralstation⟩(June 2004)에서 인용.

18 S. Baliunas and W. Soon, "Is Tuvalu Really Sinking," February 2002, www.pacificislands.cc.

19 D. C. Douglas and W. R. Peltier, "The Puzzle of Global Sea-Level Rise," Physics Today 55(March 2002): 35~40.

제5장 교토조약은 지구온난화를 막을 것인가

1 "About Climate Action Network Europe," ⟨www.climnet.org/aboutcne.htm⟩.

2 "About USCAN," 30 January 2006, ⟨www.usclimatenetwork.org/about⟩.

3 Ken Green, "The 'Fatal Conceit' of Kyoto," Toronto Star, 25 April 2004.

4 1990년 4월 6일 AP통신에서 인용.

5 바이드-하겔 결의안은 1997년 7월 21일 통과되었다.

6 바이드-하겔 결의안 내용 중.

7 M. Parry et al., "Adapting to the Inevitable," Nature 395(1998): 741.

8 IPCC, First Assessment Report(Cambridge, UK: Cambridge University Press, 1990).

9 IPCC, Second Assessment Report, 1996, Summary for Policymakers.

10 IPCC, Third Assessment Report, 2001.

11 IPCC, Second Assessment Report, 1996, 8장, 412.

12 IPCC, Second Assessment Report, 1996, 8장, 439.

13 F. Seitz, "Major Deception on Global Warming," Wall Street Journal, 12 June 1996.

14 T. P. Barnett, B. D. Santer, P. D. Jones, R. S. Bradley, and I. R. Briffa, "Estimates of Low-Frequency Natural Variability in Near-Surface Air Temperatures," The Holocene 6(1996): 96.

15 S. Fred Singer, Hot Talk, Cold Science(Washington, D.C.: Independent Press, 1992), 40.

16 하이델베르크 탄원서는 1992년 리우데자네이루에서 열린 지구정상회담에서 공식 제출되었다. www.sepp.org/heidelberg_appeal.html

17 지구 기후 변화에 관한 라이프치히 선언서 전문은 www.sepp.org/leipzig.html 에서 볼 수 있다.

18 Dennis Bray and Hans von Storch, "1996 Survey of Climate Scientist on Attitudes towards Global Warming and Related Matters," Bulletin of the American Meteorological Society 80(March 1999): 439~55.

19 건강한 경제를 위한 시민들의 모임이 1997년 제출한 "Survey of State Experts Casts Doubt on Link between Human Activity and Global Warming" 참조.

20 오리건 탄원서는 www.oism.org/pproject/에서 볼 수 있다.

21 Policy Statement on Climate Variability and Change, American Association of State Climatologists, approved November 2001.

22 Scientist's Statement on Global Climatic Disruption, Ozone Action, Washington, D.C., 6 June 1997.

23 Raymond S. Bradley, "Climate in Medieval Time," Science 302(17 October

2003): 404～05. 브래들리가 마이클 만과 함께 저술해 수많은 사람들에게 인용되는 두 연구논문에서는 중세 온난기와 소빙하기가 지구적 기후 사건에 중요하다는 것을 부정하고 있다.

24 Fred Palmer, President, Greening Earth Society, 25 January 2001.

25 M. E. Mann et al., "Global-Scale Temperature Patterns and Climate Forcing over the Past Six Centuries," Nature 392(1998): 779～87.

26 IPCC, Climate Change 2001: The Scientific Basis: 2장, Section 2.3.3., "Observed Variability and Change," www.grida.no/climate/ipcc_tar/wgl/070.htm.

27 M. E. Mann et al., "Corrigendum: Global-Scale Temperature Patterns and Climate Forcing over the Past Six Centuries," Nature 430(1 July 2004): 105.

28 S. McIntyre and R. Mckitrick, "Corrections to the Mann et al., 'Proxy Data Base and Northern Hemispheric Average Temperature Series, 1998," Energy & Environment 14(2003): 751～71.

29 M. E. Mann et al., "Corrigendum," 105.

30 T. Corcoran, "The Broken Stick," Financial Post, 13 July 2004.

31 D. A. Graybill and S. B. Idso, "Detecting the Aerial Fertilization Effect of Atmospheric CO2 Enrichment in Tree Ring Chronologies," Global Biogeochemical Cycyles 7(1993): 81～95.

제6장 근거 없는 두려움들 : 대멸종이라는 공포

1 Guy Gugliotta, "Mass Extinction Looms by 2050, Climate Study Finds," Washington Post, 8 January 2004.

2 Julie Deardorff, "Studies Show Global Warming Is Affecting Plant, Animal Species," Chicago Tribune, 3 January 2003.

3 Guy Gugliotta, "Impact Crater Labeled Clue to Mass Extinction," Washington Post, 14 May 2004.

4   C. D. Thomas et al., "Extinction Risk from Climate Change," Nature 427(2004): 145~48.

5   T. Root et al., "Fingerprints of Global Warming on Wild Animals and Plants," Nature 421(2003): 57~60; C. Parmesan and G. Yohe, "A Globally Coherent Fingerprint of Climate Change Impacts across Natural Systems," Nature 421(2003): 37~42.

6   J. Levinton, "The Big Bang of Animal Evolution," Scientific American 267(1992): 84~91.

7   P. F. Schuster et al., "Chronological Refinement of an Ice Core Record at Upper Fremont Glacier in South Central North America," Journal of Geophysical Research 105(2000): 4657~666.

8   Guy Gugliotta, "Impact Crater Labeled Clue to Mass Extinction," Washington Post, 14 May 2004.

9   Jared Diamond, Guns, Germs and Steel(New York: W.W.Norton, 1997), 46~47.

10   Dennis T. Avery, Saving the Planet with Pesticides and Plastics: The Environmental Triumph of High-Yield Farming(Indianapolis, IN: Hudson Institute, 2000), 36~37.

11   C. D. Thomas et al., "Extinction Risk from Climate Change," Nature 427(2004): 145~48.

12   J. A. Pounds et al., "Biological Response to Climate Change on a Tropical Mountain," Nature 398(1999): 611~15.

13   워싱턴에서 1999년 9월 29일에 열린 U.S. Global Change Research Program 세미나에서 제출된 J. A. Pounds and S. H. Schneider, "Present and Future Consequences of Global Warming for Highland Tropical Forests Ecosystems: The Case of Costa Rica," 참조.

14   R. O. Lawton et al., "Climate Impact of Tropical Lowland Deforestation on Nearby Mountain Cloud Forests," Science 294(2001): 584~87.

15 Lawton et al., "Climate Impact of Tropical Lowland Deforestation on Nearby Mountain Cloud Forests," Science 294(2001): 584~87.

16 J. A. Neeley and S. J. Scheer, Common Ground, Common Future(Washington, D.C.: The World Conservation Union/Future Harvets, 2001), 1~23.

17 Norman Borlaug, press release, Declaration in Support of High-Yield Conservation, Washing D.C., 30 April 2002.

18 C. Loehle, "Height Growth Rate Tradeoffs Determine Northern and Southern Range Limits for Trees," Journal of Biogeography 25(1998): 735~42.

19 Ibid. See also Y. Gauslaa, "Heat Resistence and Energy Budget in Different Scandinavian Plants," Holarctic Ecology 7(1984): 1~78; J. Levitt, Responses of Plants to Environmental Stresses, Vol. 1: Chilling, Freezing and High Temperature Stresses(New York: Academic Press, 1980); L. Kappen, "Ecological Significance of Resistance to High Temperature," in Physiological Plant Ecology. I. Response to the Physical Environment, ed. O. L. Lange et al.(New York: Springer-Verlag, 1981), 439~74.

20 C. Loehle, "Height Growth Rate Tradeoffs," 735~42.

21 S. Idso, C. Idso, and K. Idso, The Specter of Species Extinction(Washington, D.C.: The Marshall Institute, 2003), 1~39.

22 Ibid. See also D. I. Axelrod, "The Oakdale Flora(California)," Carnegie Institute of Washington Publication 553(1944): 147~200; D. I. Axelrod, "Mio-Pliocene Floras from West-Central Nevada," University of California Publications in the Geological Science 33(1956): 1~316: D. I. Axelrod, "The Late Oligocene Creede Flora, Colorado," University of California Publications in the Geological Science 130(1987): 1~235.

23 S. Idso, C. Idso, and K. Idso, The Specter of Species Extinction, 1~39.

24 K. E. Idso and S. B. Idso, "Plant Responses to Atmospheric CO2 Enrichment in the Face of Environmental Constraints: A Review of the Past 10 Year's

Research," Agriculture and Forest Meteorology 69(1994): 153~203.

25 M. G. R. Cannell and H. H. M. Thornley, "Temperature and CO2 Responses of Leaf and Canopy Photosynthesis," Annals of Botany 82(1998): 883~92.

26 R. R. Nemani et., "Climate-Driven Increases in Global Terrestrial Net Primary Production from 1982 to 1999," Science 300(2003): 1560~563.

27 B. A. Kimball, "Carbon Dioxide and Agricultural Yield: An Assemblage and Analysis of 430 Prior Observations," Agronomy Journals 75(1983): 779~88;K. E. Idso and S. B. Idso, "Plant Responses to Atmospheric CO2 Enrichment in the Face of Environmental Constraints: A Review of the Past 10 Year's Research," 153~203; and H. Saxe et al., "Tree and Forest Functioning in an Enriched CO2 Atmosphere," New Phytologist 139(1998): 395~436.

28 T. Root et al., "Fingerprints of Global Warming on Wild Animals and Plants," Nature 421(2003): 57~60.

29 C. Parmesan and G. Yohe, "A Globally Coherent Fingerprint of Climate Change Impacts across Natural Systems," Nature 421(2003): 37~42.

30 P. Hersteinsson and D. W. Macdonald, "Interspecific Competition and the Geographical Distribution of Red and Arctic Foxes, Vulpes vulpes and Alopex lagopus," Oikos 64(1992): 505~15.

31 K. Taira, "Temperature Variation of the 'Kuroshio' and Crustal Movements in Eastern and Southeastern Asia 700 Years B.P.," Palaeogeography, Palaeocliatology, Palaeoecology 17(1975): 333~338; A. M. Korotky et al., Development of Natural Environment of the Southern Soviet Far East(Late Pleistocene-Holocene)(Moscow, Russia: Nauka, 1988).

32 C. D. Thomas et al., "Ecological and Evolutionary Processes at Expanding Margins," Nature 411(2001): 577~81.

33 C. D. Thomas et al., "Ecological and Evolutionary Processes at Expanding Margins," 577~81.

34 C. D. Thomas et al., "Ecological and Evolutionary Processes at Expanding Margins," 577~81.

35 C. D. Thomas et al., "Ecological and Evolutionary Processes at Expanding Margins," 577~81.

36 Jeffrey Levinton, "The Big Bang of Evolution," Scientific American 267(November 1992): 84.

37 Simon Collins, "Antarctic Fish Set to Survive Warmer Seas," New Zealand Herald, 16 April 2004.

38 Elizabeth Day, "Charities 'Spread Scare Stories on Climate Change to Boost Public Donations,'" Weekly Telegraph/UK, 24 February 2005.

39 R. J. Ladle, P. Jepson, M. B. Araujo, and R. J. Whittaker, "Dangers of Crying Wolf over Risk of Extinctions," Nature 428(22 April 2004): doi: 10.1038/428799b.

40 Parmesan and Yohe, "Globally Coherent," 37~42.

41 C. D. Thomas and J. J. Lennon, "Birds Extend Their Ranges Northwards," Nature 399(1999): 213.

42 G. Grabherr et al., "Climate Effects on Mountain Plants," Nature 369(1994): 448.

43 H. Pauli et al., "Effects of Climate Change on Mountain Ecosystems-Upward Shifting of Mountain Plants," World Resource Review 8(1996): 382~90.

44 E. S. Vesperinas et al., "The Expansion of Thermophilic Plants in the Iberian Peninsula as a Sign of Climate Change," in "Fingerprints" of Climate Change: Adapted Behavior and Shifting Species Ranges, ed. G. Walther et al.(New York: Kluwer Academic/Plenum Publishers, 2001), 163~84.

45 C. M. Van Herk et al., "Long-Term Monitoring in the Netherlands Suggests that Lichens Respond to Global Warming," Lichenologist 34(2002): 141~54.

46 E. Pollard et al., "Population Trends of Common British Butterflies at Monitored Sites," Journal of Applied Ecology 32(1995): 9~16.

47 A. J. Southward, "Seventy Years' Observations of Changes in Distribution and Abundance of Zooplankton and Intertidal Organisms in the Western English Channel in Relation to Rising Sea Temperatures," Journal of Thermal Biology 20, no. 1(February 1995): 127~55.

48 R. C. Smith et al., "Marine Ecosystem Sensitivity to Climate Change," Bio Science 49(1999): 393~404.

49 R. I. L. Smith, "Vascular Plants as Bioindicators of Regional Warming in Antarctica," Oecologia 99(1994): 322~28.

50 R. D. Sagarin et al., "Climate-Related Change in an Intertidal Community over Short and Long Time Scales," Ecological Monographs 69(1999): 465~90.

51 M. Sturm et al., "Increasing Shrub Abundance in the Arctic," Nature 411(2001): 546~47.

52 N. K. Johnson, "Pioneering and Natural Expansion of Breeding Distributions in Western North American Birds," Studies in Avian Biology 15(1994): 27~44.

53 Kevin Krajick, "All Downhill from Here," Science 303(2004): 1600~602.

54 Krajick, "All Downhill from Here," 1600~602.

55 Arkansas Game and Fish Commission, "Ivory-Billed Woodpecker Found in Arkansas," 5 August 2005.

56 Mark Schaefer of NatureServe, an Arlington, Virginia, conservation group, quoted in "When Extinct Isn' t," 8 August 2005, 〈ScientificAmerican.com〉.

57 Greenpeace, "Bleaching Corals," 1994, 〈http://archive.greenpeace.org/climate/ctb/corals.html〉(2004년 2월 26일 접속).

58 Samantha Sen, "Disappearing Coral Reefs Also a Human Loss," Interpress News Service, 13 September 2001.

59 2003년 6월 발리에서 열린 9차 국제산호초 컨퍼런스에서 발표한 글 중. www.codewan.com.ph/CyberDyarayo/features/f2000_1113_01.htm 참조.

60 Richard Black, "Coral Reefs Adapting to Rising Coral Temperatures?" Cyber Diver News Network, 〈www.cdnn.info/news/eco/e060607a.html〉(7 June 2006)

61 R. L. Jones et al., "Changes in Zooxanthellar Densities and Chlorophyll Concnetration in Corals during and after a Bleaching Event," Marine Ecology Progress Series 158(1997): 51~59.

62 D. R. Kobluk and M. A. Lysenko, "Ring Bleaching in Southern Caribbean Agaricia Agaricites during Rapid Water Cooling," Bulletin of Marine Science 54(1994): 142~50.

63 D. L. Lewis and M. A. Coffroth, "The Acquisition of Exogenous Algal Symbionts by an Octocoral after Bleaching," Science 304(2004): 1490~491.

64 Lewis and Coffroth, "The Acquisition of Exogenous Algal Symbionts by an Octocoral after Bleaching," 1490~491.

65 A. F. Little et al., "Flexibility in Algal Endosymbioses Shapes Growth in Reef Corals," Science 304(2004): 1492~494; Kobluk and Lysenko, "Ring Bleaching in Southern Caribbean Agaricia Agaricites during Rapid Water Cooling," 142~50.

제7장 인류 역사에 나타난 지구 기후 변화

1 George DeWan, "Long Island History," Newsday, 28 September 2005.

2 J. R. Dunn, "Summer's Lease," Analog Science Fiction and Fact, December 2000.

3 James S. Aber, "Lecture 19: Climatic Hisory of the Holocene", 〈http://academic.emporia.edu/aberjame/ice/lec19/lec19.htm〉 July 2004.

4 John E. Oliver, Climate and Man's Environment(New York: Wiley, 1973), 365.

5 Oliver, Climate and Man's Environment(New York: Wiley, 1973), 365.

6 H. H. Lamb, Climate, History and the Future(London: Methuen, 1977), 156.

7 H. W. Allen, History of Wine(London: Faber&Faber, 1961), 75.

8 Oliver, Climate and Man's Environment(New York: Wiley, 1973), 365.

9 H. H. Lamb, Climate, History and the Modern World(London: Routledge, 1982), 162.

10 Robert Claiborne, Climate, Man and History(New York: Norton, 1970), 344~ 47.

11 "Tree Rings Challenge History," BBC News, 8 September 2000.

12 Ibid.

13 Lamb, Climate, History and the Modern World(London: Routledge, 1982), 159.

14 David Keys, Catastrophe: An Investigation into the Origins of the Modern World(New York: Ballantine, 1999)

15 M. Maas, John Lydus and the Roman Past: Antiquarianism and Politics in the Age of Justinian(London: Routledge, 1992).

16 Oliver, Climate and Man's Environment(New York: Wiley, 1973), 365.

17 Cyril Mango, Byzantium, the Empire of New Rome(New York: Scribner, 1980).

18 Lamb, Climate, History and the Modern World, 172.

19 R. D. Tkachuck, "The Little Ice Age," Origins 10(1983): 51~65.

20 Oliver, Climate and Man's Environment(New York: Wiley, 1973), 365.

21 R. D. Tkachuck, "The Little Ice Age," Origins 10(1983): 51~65.

22 Brian Fagan, The Little Ice Age: How Climate Change Made History 1300~ 1850(New York: Basic Books, 2000), 17~18.

23 Lamb, Climate, History and the Modern World, 181.

24 Jean Gimpel, The Cathedral Builders(New York: Grove Press, 1961), 68.

25 Mark Overton, "English Agraian History 1500~1850," ⟨www.neha.nl/ publications/1998/1998_04-overton.pdf⟩.

26 Mark Overton, "English Agraian History 1500~1850."

27 R. Lacey and D. Danziger, The Year 1000: What Life Was Like at the Turn of the First Millennium(Boston: Little, Brown, 1999), 67~81.

28 Lamb, Climate, History and the Modern World, 207.

29 C. Ko Chen, "A Preliminary Study on the Climatic Fluctuations during the Last 5000 Years in China," Scientia Sinica 16(1973): 483~86; W. Shao Wu, and Z. Zong Ci, "Droughts and Floods in China," in Climate and History: Studies in Past Climates and Their Impact on Man, ed. T. M. L. Wigley et al.(London: Cambridge University Press, 1981), 271~87); and J. Zhang and T. J. Crowley, "Historical Climate Records in China and Reconstruction of Past Climates," Journal of Climate 2(1989): 830~49.

30 Z. De' er, "Evidence for the Existence of the Medieval Warm Period in China," Climate Change 26(1994): 289~97.

31 Z. Feng et al., "Temporal and Spatial Variations of Climate in China during the Last 10,000 Yrs," The Holocene 3(1993): 174~80.

32 Kang Chao, Man and Land in China: An Economic Analysis(Palo Alto, CA: Stanford University Press, 1986).

33 Y. Tagami, "Climate Change Reconstructed from Historical Data in Japan," Proceedings of International Symposium on Global Change, International Geosphere-Biosphere Programme-IGBP, 1993, 720~29.

34 Y. Tagami, "Climate Change Reconstructed from Historical Data in Japan," 720~29.

35 B. Fagan, Floods, Famines and Emperors: El Nino and the Fate of Civilizations(New York: Basic Books, 1999), 159~77.

36 Lamb, Climate, History and the Modern World, 207.

37 B. Fagan, Floods, Famines and Emperors, 197.

38 B. Fagan, Floods, Famines and Emperors, 49.

39 Lamb, Climate, History and the Modern World, 195.

40 Lamb, Climate, History and the Modern World, 194.

41 Fagan, Little Ice Age, 31~33.

42 Lamb, Climate, History and the Modern World, 188.

43 Lamb, Climate, History and the Modern World, 191.

44 Fagan, Little Ice Age, 91.

45 W. Behringer, "Climate Change and Witch-Hunting: The Impact of the Little Ice Age on Mentalities," History Department, University of York, ⟨http://www.york.ac.uk/depts/hist/staff/wmbl⟩.

46 Lamb, Climate, History and the Modern World, 212.

47 B. Fagan, Floods, Famines and Emperors, 197.

48 Fagan, Little Ice Age, 116.

49 Lamb, Climate, History and the Modern World, 187~89.

50 Fagan, Little Ice Age, 48.

51 ⟨www.thamesfestival.org/gallery/about/origins.htm⟩.

52 Fagan, Little Ice Age, 113.

53 David L. Higgitt, "A Brief Time of History," in Geomorphological Processes and Landscape Change: Britain in the Last 1000 Years, ed. David L. Higgitt and E. Mark Lee(Oxford: Blackwell, 2001), 17.

54 L. Ladurie and E. Ladurie, Times of Feast, Times of Famine, translated by B. Bray(New York: Noonday Press, 1971), 64~79.

55 J. Grove and Arthur Battagel, "Tax Records from Western Norway as an Index of Little Ice Age Environmental and Economic Deterioration," Climate Change 5, no. 3(December 1990): 265~82.

56 Lamb, Climate, History and the Modern World, 235.

57 Lamb, Climate, History and the Modern World, 237.

58 J. Magnuson et al., "Historical Trends in Lake and River Ice Cover in the Northern Hemisphere," Science 289(2000): 1743~746.

59 William H. Quinn, "A Study of Southern Oscillation-Related Climatic Activity

for A.D. 622~1990 Incorporating Nile River Flood Data," in El Nino: Historical and Paleoclimatic Aspects of the Southern Oscillation, ed. Henry F. Diaz and Vera Markgraf(Cambridge, UK: Cambridge University Press, 1992), 119~50.

60 Hans Neuberger, "Climate in Art," Wether 25, no. 2(1970): 46~56.

61 P. Thoroddsen, The Climate of Iceland through One Thousand Years(Karysmannaliofn: Reykjavik, 1916~1917 Vol. 2(1908~1922), 371.

62 Otto Pettersson, Climate Variations in Historic and Prehistoric Times(Goteborg, Sweden: Swenska Hydrografis Bilogy Konnor Skriften #5, 1914), 26.

제8장 가뭄과 기근이 전 세계를 덮칠 것이다

1 Mark Townsend and Paul Harris, "Now the Pentagon Tells Bush: Climate Change Will Destroy Us," The Observer, 11 November 2004.

2 Seth Borenstein, "U.S.: Climate Change Could Cause Global Woe," Knight-Ridder-Tribune News Service, 24 February 2004.

3 Debra Saunders, "More Hot Air on Global Warming," San Francisco Chronicle, 2 November 2001.

4 Robert Uhlig, "Feast and Famine in Europe as Global Warming Scorches Farms," Daily Telegraph (London), 21 August 2003.

5 R Willson and A. V. Mordvinov, "Secular Total Solar Irradiance Trends during Solar Cycles 21~23," Geophysical Research Letters 30, no 5 (2003): 1199.

6 A Dai, I. Y. Fund, and A. Del Genio, "Surface Observed Global Land Precipitation Variation, 1900~1988," Journal of Climate 10 (December 1997): 2943~962.

7 H. S. Mayeaux et al., "Yield of Wheat across a Subambient Carbon Dioxide Gradient," Global Change Biology3 (1997): 269~78.

제9장 지구에 남은 기후의 흔적을 찾아서

1 Lori Stiles, "Medieval Climate Not So Hot," University of Arizona News, 16 October 2003.

2 Willie Soon and Sallie Baliunas, "Recent Warming Is Not Historically Unique," Environment News, 1 January 2001.

3 Paul Schuster et al., "Chronological Refinement of an Ice Core Record at Upper Fremont Glacier in South Central North America," Journal of Geophysical Research 105 (27 February 2000): 4657~66.

4 H. Oeschger et al., "Late Glacial Climate History from Ice Cores," in Climate Processes and Climate Sensitivity, ed. J. E. Hansen and Taro Takahashi (Washington, D.C.: American Geophysical Union), Geophysical Monograph #29 (1984), 299~306.

5 C. Lorius et al., "A 150,00-Year Climatic Record from Antarctic Ice," Nature 316 (1985): 591~96.

6 적도 수렴지대는 적도 부근에서 움직이는데, 그 지대의 강한 햇볕과 따뜻한 물은 공기 중의 습도를 높이는 역할을 한다. 남방과 북방으로 움직이는 적도 수렴지대는 적도지역에 있는 많은 나라들의 강우량에 강한 영향을 끼치며, (극지방의 온도변화보다는) 열대지역의 건기와 우기에 영향을 준다.

7 V. F. Nguetsop et al., "Late Holocene Climatic Changes in West Africa, a High Resolution Diatom Record from Equatorial Cameroon," Quaternary Science Reviews 23 (2004): 591~609.

8 D. Verschuren et al., "Rainfall and Drought in Equatorial East Africa during the Past 1100 Years," Nature 403, (2000): 410–414.

9 G. H. Haug et al., "Climate and the Collapse of Maya Civilization," Science 299 (2003): 1731~735.

10 S. Huang, H. N. Pollack, and P. Y. Shen, "Late Quaternary Temperature Change Seen in Worldwide Continental Heat Flow Measurements,"

Geophysical Research Letters 24 (1997): 1947~950.

11 J. Esper et al., "1,300 Years of Climate History for Western Central Asia Inferred from Tree Rings," The Holocene 12 (2002): 267~77.

12 J. Esper and F. H. Schweingrguber, "Large-Scale Tree Line Changes Recorded in Siberia," Geophysical Research Letters 31 (2004): 10.1029/2003GLO019178.

13 L. J. Graumlich, "Global Change in Wilderness Areas: Disentangling Natural and Anthropogenic Changes," U. S. Department of Agriculture Forest Service Proceedings RMRS-P-15-Vol. 3, 2000.

14 F. McDermott et al., "Centennial-Scale Holocene Climate Variability Revealed by a High-Resolution Speleothem O18 Record from SW Ireland," Science 294 (2001): 1328~331; S. Niggemann et al., "A Paleoclimate Record of the Last 17,600 Years in Stalagmites from the B7 Cave, Sauerland, Germany," Quaternary Science Reviews 22 (2003): 555~67; U. Neff et al., "Strong Coherence between Solar Variability and the Monsoon in Oman between 9 and 6 Kyr Ago," Nature 411 (2001): 290~93; and Tyson et al., "The Little Ice Age and Medieval Warming in South Africa," South African Journal of Science 96, no. 3 (2000): 121~26.

15 I. D. Campbell and J. H. McAndrews, "Forest Disequilibrium Caused by Rapid Little Ice Age Cooling," Nature366 (1993): 336~38.

16 M. A. Cioccale, "Climatic fluctuations in the Central Region of Argentina in the Last 1000 Years," Quaternary International 62 (1999): 35~47.

17 Yang Bao et al., "General Characteristics of Temperature Variation in China during the Last Two Millennia," Geophysical Research Letters 10 (2002): 1029/2001GLO014485.

18 B. Wagner and M. Melles, "A Holocene Seabird Record from Raffles So Sediments, East Greenland, in Response to Climatic and Oceanic Changes," Boreas 30 (2001): 228~39. 래플즈 소 호수는 래플즈 오 섬에 있다.

19 R. Monastersky, "Viking Teeth Recount Sad Greenland Tale," Science News19 (1994): 310.

20 W. Soon and S. Baliunas, "Reconstructing Climatic and Environmental Changes of the Past 1,000 Years: A Reappraisal," Energy & Environment 14, no. 2/3 (March 2003): 233~96.

21 M. J. Salinger, "Southwest Pacific Temperatures: Trends in Maximum and Minimum Temperatures," Atmospheric Research 37 (1995): 87~100.

22 Third Assessment Report, 2001 (Cambridge, UK: Cambridge University Press, 2002), chapter 2, section 3.3.

23 E. Cook et al., "Climatic Change in Tasmania Inferred from a 1089-Year Tree-Ring Chronology of Huon Pine," Science 253 (1991): 1266~68.

24 〈www.john-daly.com〉.

25 John L. Daly, "Talking to the Trees in Tasmania, and Hot Air at Low Head," 1996, 〈www.john-daly.com〉 (September 2004).

26 M. J. Salinger, "Southwest Pacific Temperatures: Trends in Maximum and Minimum Temperatures," Atmospheric Research 37 (1995): 87~89.

27 A. T. Wilson et al., "Short-Term Climate Change and New Zealand Temperatures during the Last Millennium," Nature 279 (1979): 315~17.

28 Tim Radford, "Glaciers Melting because of Global Warming," The London Guardian, 20 February 2001.

29 Alan Cutler, "When Global Cooling Gripped the World," Washington Post, 13 August 1997.

30 Third Assessment Report, 128, fig. 2.18.

31 J. Oerlemans et al., "Modeling the Response of Glaciers to Climate Warming," Climate Dynamics 14 (1998): 267~74.

32 Dowdeswell et al., "The Mass Balance of Circum-Arctic Glaciers and Recent Climate Change," Quaternary Research 48 (1997): 1~14.

33 P. E. Calkin et al., "Holocene Coastal Glaciation of Alaska," Quaternary

Science Review 20 (2001): 449~461.

34 J. J. Zeeberg and S. L. Forman, "Changes in Glacier Extent on North Novaya Zemlya in the Twentieth Century," Holocene 11 (2001): 161~75.

35 M. Grove, The Little Ice Age (Cambridge, UK: Cambridge University Press, 1988).

36 C. J. Caseldine, "The Extent of Some Glaciers in Northern Iceland during the Little Ice Age and the Nature of Recent Deglaciation," The Geographical Journal 151 (1985): 215~27.

37 R. J. Braithwaite, "Glacier Mass Balance: The First 50 Years of International Monitoring," Progress in Physical Geography 26 (2002): 76~95.

38 R. J. Braithwaite and Y. Zhang, "Relationships between Interannual Variability of Glacier Mass Balance and Climate," Journal of Glaciology 45 (2000): 456~62.

39 C. J. Caseldine, "The Extent of Some Glaciers in Northern Iceland during the Little Ice Age and the Nature of Recent Deglaciation," The Geographical Journal 151 (1985): 215~27.

40 A. N. Mackintosh et al., "Holocene Climatic Changes in Iceland: Evidence from Modeling Glacier Length Fluctuation at Solheimajokull," Quaternary International 91 (1997): 39~52.

41 T. Yao et al., "Temperature and Methane Records over the Last 2 Ka in Dasuopu Ice Core," Science in China (series D) 45 (2002): 1068.

42 D' Orefice et al., "Retreat of Mediterranean Glaciers since the Little Ice Age: Case Study of Ghiacciaio del Calderone (Central Apennines, Italy)," Arctic, Antarctic, and Alpine Research 32 (May 2000):197~201.

43 D. H. Clark, M. Clark, and A. R. Gillespie, "Little Ice Age Glaciers and Moraines of the Sierra Nevada: Thinly Covered Glacial Ice," in GSA Abstract with Programs 24 (Oak Ridge, TN: Associated Universities, 1992), 15.

44 G. C. Wiles et al., "Tree Ring Dated Little Ice Age Histories of Maritime

Glaciers in Prince William Sound, Alaska," The Holocene 9 (1999): 163~
73.

45 S. Harrison and V. Winchester, "19th and 20th Century Glacial Fluctuations
and Climate Implications in Arco and Colonia Valleys, Hielo Patagonia Norte,
Chile," Arctic, Antarctic, and Alpine Research 32 (2000): 56~63; A. Y.
Goodman et al., "Subdivisions of Glacial Deposits in Southeast Peru Based
on Pedogenic Development and Radiometric Ages," Quaternary Research 56
(2001): 31.

46 G. Kaser, "A Review of the Modern Fluctuations of Tropical Glaciers,"
Global and Planetary Change 22 (1998): 93~103.

47 G. Kaser et al., "Modern Glacier Retreat on Kilimanjaro as Evidence of
Climate Change: Observations and Facts," International Journal of
Climatology 24 (2004): 329~39.

48 G. Kaser et al., "Modern Glacier Retreat on Kilimanjaro," 329~39.

49 P. Wardle, "Variations of Glaciers of the Westland National Park and Hooker
Range," New Zealand Journal of Botany 11 (1973): 349~88.

50 S. Winkler, "The Little Ice Age Maximum in the Southern Alps, New
Zealand: Preliminary Results from Mueller Glacier," The Holocene 10
(2000): 643~647; and J. Purdie and B. Fitzharris, "Processes and Rate of
Loss of Tasman Glacier, New Zealand," Global and Planetary Change 22
(1999): 79~91.

51 K. Birkenmajer, "Lichenometric Dating of Raised Marine Beaches at Admiralty
Bay, King George Island (South Shetland Islands, West Antarctica)," Bulletin
de L' Academie Polonaise des Science 29 (1981): 119~27.

52 S. Bjorck et al., "Late Holocene Paleoclimate Records from Lake Sediments on
James Ross Island, Antarctica," Palaeogeography, Palaeoclimatology,
Palaeoecology 121 (1996): 195~220.

53 B. Hall and G. Denton, "New Relative Sea Level Curves for the Southern

Scott Coast, Antarctica: Evidence for Holocene Deglaciation of the Western Ross Sea." Journal of Quaternary Science 14 (1999): 641~50.

54 D. Dahl-Jensen et al., "Past Temperatures Directly from the Greenland Ice Sheet," Science 282, (1998): 268~71.

55 A. E. Jennings and N. J. Weiner, "Environmental Change in Eastern Greenland during the Last 1,300 Years: Evidence from Foraminifera and Lithofacies in Nansen Fjord, 68N," The Holocene 6 (1996): 171~91.

56 Darby et al., "New Record Shows Pronounced Changes in Arctic Ocean Circulation and Climate," EOS, Transactions, American Geophysical Union 82 (2001): 601~7.

57 D. R. Muhs et al., "Vegetation and Paleoclimate of the Last Interglacial Period, Central Alaska," Quaternary Science Review 20 (2001): 41~61.

58 Z. Gedaloff and D. J. Smith, "Interdecadal Climate Variability and Regime-Scale Shifts in Pacific North America," Geophysical Research Letters 28 (2001): 1515~518.

59 J. N. Kasper and M. Allard, "Late Holocene Climatic Changes as Detected by the Growth and Decay of Ice Wedges on the Southern Shore of Hudson Strait, Northern Quebec, Canada," The Holocene 11 (2001): 563~77.

60 D. Arseneault and S. Payette, "Reconstruction of Millennial Forest Dynamic from Tree Remains in a Subarctic Tree Line Peatland," Ecology 78 (1997): 1873~883.

61 B. E. Berglund, "Human Impact and Climate Changes," Quaternary International 105, no. 1 (2003): 7~12.

62 Berglund, "Human Impact and Climate Changes."

63 K. Briffa et al., "A 1,400-Year Tree Ring Record of Summer Temperatures Fennoscandia," Nature 346 (1990): 434~39.

64 K. Briffa, "Fennoscandian Summers from A.D. 500: Temperature Changes on Short and Long Timescales," Climate Dynamics 7 (1992): 111~19.

65 McDermott, "Centennial-Scale Holocene Climate Variability," 1328~331.

66 Niggemann, "A Paleoclimate Record of the Last 17,600 years," 555~67.

67 M. L. Filippi et al., "Climatic and Anthropogenic Influence on the Stable Isotope Record from Bulk Carbonates and Ostracodes in Lake Neufchatel, Switzerland, During the Last Two Millennia," Journal of Paleolimnology 21 (2000):19~34.

68 E. Andren, T. Andren, and G. Sohlenius, "The Holocene History of the Southwester Baltic Sea as Reflected in a Sediment Core from the Bornholm Basin," Boreas 29 (2000): 233~50.

69 F. Rodrigo et al., "Rainfall Variability in Southern Spain on Decadal to Centennial Time Scales," International Journal of Climatology 20 (2000): 721 ~32; A. Sousa and P. J. Garcia-Murillo, "Changes in the Wetlands of Andalusia (Donana Natural Park, SW Spain) at the End of the Little Ice Age," Climatic Change 58 (2003): 193~217.

70 B. Schilman et al., "Global Climate Instability Reflected by Eastern Mediterranean Marine Records during the Late Holocene," Palaeogeography, Palaeoclimatology, Palaeoecology 176 (2001): 157~76.

71 M. Schoell, "Oxygen Isotope Analysis on Authigenic Carbonates from Lake Van Sediments and Their Possible Bearing on the Climate of the Past 10,000 Years," in The Geology of Lake Van, Kurtman, ed. E. T. Degens(Ankara, Turkey: The Mineral and Exploration Institute of Turkey, 1978), 92~97; S. E. Nicholson, "Saharan Climates in Historic Times," in The Sahara and the Nile, ed. M. A. J. Williams (Rotterdam, Netherlands: Balkema, 1980), 173~299; Schoell, M., "OxygenIsotope Analyses on Authigenic Carbonates from Lake Van Sediments and Their Possible Bearing on the Climate of the Past 10,000 Years," in The Geology of Lake Van, Ankara, eds. E. T. Degens and F. Kurtman (Ankara, Turkey: Maden Tetkikre Arama Press, 1978), 92~97.

72 S. Issar, Water Shall Flow from the Rock (Heidelberg, Germany: Springer,

1990); A. S. Issar, "Climate Change and History during the Holocene in the Eastern Mediterranean Region," in Diachronic Climatic Impacts on Water Resources with Emphasis on the Mediterranean Region, NATO ASI Series, Series I, Global Environmental Change, ed. A. N. Angelakis and A. S. Issar (Heidelberg, Germany: Springer 1998), 55~75; A. S. Issar et al., "Climatic Changes in Israel during Historical Times and Their Impact on Hydrological, Pedalogical, and Socioeconomic Systems," in Paleoclimatology and Paleometeorology: Modern and Past Patterns of Global Atmospheric Transport, ed. M. Leinen and M. Sarnthein (Dordrecht, Netherlands: Kluwer Academic Publishers, 1989), 535~41.

73 A. Frumkin et al., "The Holocene Climatic Record of the Salt Caves of Mount Sedom, Israel," Holocene1 (1991): 191~200; A. S. Issar "Climate Change and History during the Holocene in the Eastern Mediterranean Region," 55 ~75.

74 Bell and D. H. Menzel, "Toward the Observation and Interpretation of Solar Phenomena," AFCRL F19628-69-C-0077 and AFCRL-TR-74-0357 (Bedford, MA: Air Force Cambridge Research Laboratories, 1972), 8~12; F. Hassan, "Historical Nile Floods and Their Implications for Climatic Change," Science 212 (1981): 1142~145.

75 U. Neff et al., "Strong Coherence between Solar Variability and the Monsoon in Oman," Nature 411, 290~293 (2001): 7.

76 D. Fleitmann et al., "Holocene Forcing of the Indian Monsoon Recorded in a Stalagmite from Southern Oman," Science 300 (2003): 1737~739.

77 W. H. Berger and U. von Rad, "Decadal to Millennial Cyclicity in Varves and Turbidites from the Arabian Sea: Hypothesis of Tidal Origins," Global and Planetary Change 34 (2002): 313~25.

78 M. Naurzbaev and E. A. Vaganov, "Variation of Early Summer and Annual Temperature in East Taymir and Putoran (Siberia) over the Last Two

Millennia Inferred from Tree Rings," Journal of Geophysical Research 105 (2000): 7317~326.

79 Xu et al., "Temperature Variations of the Last 6,000 Years Inferred from O-18 Peat Cellulose from Hongyuan, China," Chinese Science Bulletin 47 (2002):1584.

80 Ma Zhibang et al., "Paleotemperature Changes over the Past 3,000 Years in Eastern Beijing, China: A Reconstruction Based on Mg/Sr Records in a Stalagmite," Chinese Science Bulletin 48 (2003): 395~400.

81 H. Kitagawa and K. Matsumoto, "Climatic Implications of 13 C Variations in a Japanese Cedar (Cryptomeria japonica) during the Last Two Millennia," Geophysical Research Letters 22 (1995): 2155~158.

82 북아메리카 화분자료는 일리노이의 스프링필드에 있으며, 미국 해양기상청의 고기후학 프로그램의 일환으로 연구되고 있다.

83 A. E. Viau et al., "Widespread Evidence of 1,500-Yr Climate Variability in North America during the Past 14,000 Years," Geology 30, no. 5 (2002): 455 ~58.

84 T. A. Thompson and S. J. Baedke, "Strandplain Evidence for Reconstructing Later Holocene Lake Levels in the Lake Michigan Basin," in Proceedings of the Great Lakes Paleo-Levels Workshop: The Last 4,000 Years, ed. Cynthia Sellinger and Frank Quinn, (Ann Arbor, MI: Great Lakes Environmental Research Laboratory, U.S. Department of Commerce, 1999), 30~34.

85 C. E. Larsen, "A Stratigraphic Study of Beach Features on the Southwestern Shore of Lake Michigan: New Evidence of Holocene Lake Level Fluctuations," Illinois State Geological Survey Environmental Geology Notes 112 (1985): 31.

86 Campbell and McAndrews, "Forest Disequilibrium," 336~38.

87 D. Graumlich, "A 1,000-Year Record of Temperature and Precipitation in the Sierra Nevada," Quaternary Research 39 (1993): 249~55.

88 V. C. LaMarche, "Paleoclimatic Inferences from Long Tree Ring Records," Science 183 (1974): 1043~48.

89 J. Chepstow-Lusty et al., "Tracing 4,000 Years of Environmental History in the Cuzco Area, Peru, from the Pollen Record," Mountain Research and Development 18 (1998): 159~72.

90 M. Iriondo, "Climatic Changes in the South American Plains: Records of a Continent-Scale Oscillation," Quaternary International 57~58 (1999): 93~112.

91 L. Valero-Garces et al., "Paleohydrology of Andean Saline Lakes from Sedimentological and Isotopic Records, Northwestern Argentina," Journal of Paleolimnology 24 (2000): 343~59.

92 Rietti-Shati et al., "A 3,000-Year Climatic Record from Biogenic Silica Oxygen Isotopes in an Equatorial High-Altitude Lake," Science 281 (1998): 980~82.

93 D. Tyson et al., "The Little Ice Age and Medieval Warming in South Africa," South African Journal of Science 96, no. 3 (2000): 121~26.

94 K. Holmgren et al., "A Preliminary 3,000-Year Regional Temperature Reconstruction for South Africa," South African Journal of Science 97 (2001): 49~51.

95 A. T. Wilson et al., "Short-Term Climate Change and New Zealand Temperatures during the Last Millennium," Nature 279 (1979): 315~17.

96 D' Arrigo et al., "Tree Ring Records from New Zealand: Long-Term Context for Recent Warming Trend," Climate Dynamics 14 (1998): 191~99.

97 P. E. Noon et al., "Oxygen Isotope Evidence of Holocene Hydrological Changes at Signy Island, Maritime Antarctica," The Holocene 13 (2003): 251~63.

98 K. Khim et al., "Unstable Climate Oscillations during the Late Holocene in the Eastern Bransfield Basin, Antarctic Peninsula," Quaternary Research 58 (2002): 234~45.

99 A. Leventer and R. B. Dunbar, "Recent Diatom Record of McMurdo Sound, Antarctica : Implications for the History of Sea Ice Extent," Paleooceanography 3 (1988): 373~86.

100 F. Cumming et al., "Persistent Millennial-Scale Shifts in Moisture Regimes in Western Canada during the Past Six Millennia," Proceedings of the National Academy of Sciences, USA, 99, no. 25 (2002): 16117~121.

101 S. Stine, "Medieval Climate Anomaly in the Americas," in Water, Environment, and Society in Timesof Climatic Change, ed. A. S. Issar and N. Brown (Dordrecht, Netherlands: Kluwer Academic Press, 1998), 43~67.

102 S. Stine, "The Great Droughts of Y1K," Sierra Nature Notes1 (May 2001), ⟨www.yosemite.org/naturenotes/paleodrought1.htm⟩.

103 C. LaMarche, "Paleoclimatic Inferences from Long Tree Ring Records," Science 183 (1974): 1043~48.

104 S. Stine, "Extreme and Persistent Drought in California and Patagonia during Medieval Time," Nature369 (1994): 546~49.

105 D. A. Willard, "Late-Holocene Climate and Ecosystem History from Chesapeake Bay Sediment Cores, USA," The Holocene 13 (2003): 201~14.

106 D. W. Stahle and M. K. Cleaveland, "Tree Ring Reconstructed Rainfall over the Southeastern USA during the Medieval Warm Period and Little Ice Age," Climatic Change 26 (1994):199~212.

107 Willard, "Late-Holocene Climate and Ecosystem History from Chesapeake Bay Sediment Cores, USA," 201~14.

108 D. W. Stahle et al., "A 450-Year Drought Reconstruction for Arkansas, United States," Nature 316 (1985): 530~32; Stahle and Cleaveland, "Tree Ring Reconstructed Rainfall," 199~212.

109 S. C. Fritz et al., "Hydrologic Variation in the Northern Great Plains during the Last Two Millennia," Quaternary Research 53 (2000): 175~84; K. R. Laird et al., "Century-Scale Paleoclimatic Reconstruction from Moon Lake, a

Closed-Basin Lake in the Northern Great Plains," Limnology and Oceanography 41 (1996): 890~902; and K. R. Laird et al., "Greater Drought Intensity and Frequency before AD 1200 in the Northern Great Plains, USA," Nature 384 (1996): 552~54.

110 W. E. Dean, "Rates, Timing, and Cyclicity of Holocene Eolian Activity in North Central United States: Evidence from Lake Sediments," Geology 25 (1997): 331~34.

111 Stahle and Cleaveland, "Tree Ring Reconstructed Rainfall."

112 G. H. Haug et al., "Climate and the Collapse of the Maya Civilization," Science299 (2003): 1731~735.

113 Jenny et al., "Moisture Changes and Fluctuations of the Westerlies in Mediterranean Central Chile during the Last 2,000 Years: The Laguna Aculeo Record," Quaternary International 87 (2002): 3~18.

114 S. Stine, "Extreme Drought in California and Patagonia during Medieval Time," Nature 369 (1994): 546~49.

115 S. E. Nicholson and X. Yin, "Rainfall Conditions in Equatorial East Africa during the Nineteenth Century as Inferred from the Record of Lake Victoria," Climate Change 48 (2001): 387~98; S. E. Nicholson, "Climatic and Environmental Change in Africa during the Last Two Centuries," Climate Research 17 (2001): 123~44.

116 Nicholson and Yin, "Rainfall Conditions in Equatorial East Africa during the Nineteenth Century," 387~98; Nicholson, "Climatic and Environmental Change in Africa during the Last Two Centuries," 123~44.

117 Henry Lamb, I. Darbyshire, and D. Verschueren, "Vegetation Response to Rainfall Variation and Human Impact in Central Kenya during the Past 1,100 Years," The Holocene 13 (2003): 285~92.

118 J. C. Stager et al., "A 10,000-Year High Resolution Diatom Record from Pilkington Bay, Lake Victoria, East Africa," Quaternary Research 59 (2003):

172~81.

119 T. N. Huffman, "Archeological Evidence for Climatic Change during the Last 2,000 Years in Southern Africa," Quaternary International 33 (1996): 55~ 60.

120 "Mozambique Natural Gas Fields, Environment," 30 December 2003, 〈www.sasol.com/natural_gas/environment/RSA〉 (21 October, 2005).

121 E. T. Brown and T. C. Johnson, "The Lake Malawi Climate Record: Links to South America," Geological Society of America Abstracts with Programs 35, no. 6 (September 2003): 62.

제10장 근거 없는 두려움들 : 이상기후, 모든 것이 지구온난화 때문이다

1 Scott Johnson, "Blown to the Future," Newsweek International, 10 January 2000.

2 "Insurers Grapple with Surging Weather Claims," Reuters, 12 December 2003.

3 Third Assessment Report, Summary for Policymakers (Cambridge, UK: Cambridge University Press, 2001), 2.

4 Gray et al., "Extended Range Forecast of Atlantic Seasonal Hurricane Activity and U.S. Landfalling Strike Probability for 2004," Colorado State University, December 2003, 〈http://hurricane.atmos.colostate.edu/forecasts/ 2004/dec2004/〉 (26 September 2005).

5 J. B. Elsner et al., "Spatial Variations in Major U.S. Hurricane Activity: Statistics and a Physical Mechanism," Journal of Climate 13 (2000): 2293~305.

6 J. Nott and M. Hayne, "High Frequency of Super-Cyclones along the Great Barrier Reef over the Past 5,000 Years," Nature 413 (2001): 508~12.

7 K. Zhang et al., "Twentieth-Century Storm Activity along the U.S. East Coast," Journal of Climate 13 (2000): 1748~761.

8 M. E. Hirsch et al., "An East Coast Winter Storm Climatology," Journal of

Climate 14 (2001): 882~99.

9 Bijl et al., "Changing Storminess? An Analysis of Long-Term Sea Level Data Sets," Climate Research 11 (1999): 161~72.

10 앨라배마-헌츠빌 대학 대기과학과 교수인 크리스티는 유엔 IPCC에서 보고서를 주도적으로 저술하는 학자이다.

11 H. Lamb, Climate, History, and the Modern World (New York: Routledge, 1982), 191.

12 Chao, Man and Land in China: An Economic Analysis (Palo Alto, CA: Stanford University Press, 1986).

13 Natural Hazards 29, no. 2 (June 2003).

14 1998년 8월 11일 로버트 발링과의 인터뷰 내용. ⟨http://www.evworld.com/archives/interviews/balling.html⟩ (30 September 2005). R. C. Balling Jr. and R. S. Cerveny, "Compilation and Discussion of Trends in Severe Storms in the United States: Popular Perception or Climate Reality?" Natural Hazards 29, no. 2 (June 2003): 103~12.

15 로버트 발링과의 인터뷰 내용.

16 Stanley Changnon and David Changnon, "Long-Term Fluctuations in Thunderstorm Activity in the United Sates," Climatic Change 50 (2001): 489~503.

17 S. A. Changnon and D. Changnon, "Long-Term Fluctuations in Hail Incidences in the United States," Journal Climate13 (2000): 658~64.

18 P. Grazulis, Significant Tornadoes: 1680~1991/A Chronology and Analysis of Events (St. Johnsbury, VT: Environmental Films, 1993); H. E. Brooks and C. A. Sowell, "Normalized Damage from Major Tornadoes in the United States: 1890~1999," Weather and Forecasting 16 (2001): 168~76.

19 S. Changnon, "Thunderstorm Rainfall in the Coterminous United States," Bulletin of the American Meteorological Society 82 (2001): 1925~940; and Thomas R. Karl and Richard W. Knight, "Secular Trends of Precipitation

Amount, Frequency, and Intensity in the United States," Bulletin of the American Meteorological Society79 (1998): 233~41.

20 E. K. Kunkel, "North American Trends in Extreme Precipitation," Natural Hazards 29 (2003): 291~305.

21 Third Assessment Report (Cambridge, UK: Cambridge University Press, 2001).

22 R. H. Kripalani et al., "Indian Monsoon Variability in a Global Warming Scenario," Natural Hazards 29 (2003): 189~206.

23 M. Khandekar, "Comment on [UN World Meteorological Organization] Statement on Extreme Weather Events," EOS Transactions, American Geophysical Union 84 (2002): 428.

24 Khandekar, "Comment on [UN World Meteorological Organization] Statement," 428.

25 N. Faucherau et al., "Rainfall Variability and Changes in Southern Africa during the 20th Century in the Global Warming Context," Natural Hazards 29 (2003): 139~54.

26 Evaluation of Erosion Hazards, H. J. Heinz Center for Science, Economics, and the Environment, FEMA contract EMW-97-CO-0375, 2000, ⟨http://www.heinzctr.org/publications.htm⟩ (30 September 2005).

27 D. J. Meltzer, "The Parching of Prehistoric North America," New Scientist131 (1991): 39~43.

28 Cooperative Holocene Mapping Project Members, "Climate Changes of the Last 18,000 Years: Observations and Model Simulations," Science 241 (1988): 1043~52.

29 W. E. Dean et al., "The Variability of Holocene Climate Change: Evidence from Varved Lake Sediments," Science 226 (1984): 1191~194.

30 E. Vance et al., "7,000-Year Record of Lake-Level Change on the Northern Great Plains: A High-Resolution Proxy of Past Climate," Geology 20 (1992):

870~82.

31 L. Forman et al., "Large-Scale Stabilized Dunes on the High Plains of Colorado: Understanding the Landscape Response to Holocene Climates with the Aid of Images from Space," Geology 20 (1992): 145~48; D. R. Muhs and P. B. Maat, "The Potential Response of Eolian Sands to Greenhouse Warming and Precipitation Reduction on the Great Plains of the U.S.A.," Journal of Arid Environments 25 (1993): 351~61; and W. E. Dean et al., "Regional Aridity in North America during the Middle Holocene," The Holocene 6 (1996): 145~48.

32 D. R. Muhs and V. T. Holliday, "Evidence of Active Dune Sand on the Great Plains in the 19th Century from Accounts of Early Explorers," Quaternary Research 43 (1995): 198~208.

33 Meko et al., "The Tree-Ring Record of Severe Sustained Drought," Water Resources Bulletin 31 (1995): 789~801; Muhs and Holliday, "Evidence of Active Dune Sand," 198.

34 R. F. Madole, "Stratigraphic Evidence of Desertification in the West-Central Great Plains within the Past 1,000 Years," Geology 22 (1994): 483~86.

35 C. Knox, "Climatic Influence on Upper Mississippi Valley Floods," in Flood Geomorphology, ed. V. R. Baker, R. C. Kochel, and A. C. Patton (New York: Wiley, 1988), 279~300; J. C. Knox, "Large Increases in Flood Magnitude in Response to Modest Changes in Climate," Nature 361 (1993): 430~32.

36 National Climate Data Center, "Developing a Tree-Ring Data Bank to Help Answer Questions about Global Change," 1996, ⟨www.ncdc.noaa.gov/paleo/treering.html⟩ 15 February 2005).

37 M. A. Nearing et al., "Expected Climate Change Impacts on Soil Erosion Rates: A Review," Journal of Soil and Water Conservation 59 (2004): 43~50.

38 S. Trimble, "Decreased Rate of Alluvial Sediment Storage in the Coon Creek Basin, Wisconsin, 1975~1993," Science 285 (1999): 1244~46.

39 A. Kerr, "Dueling Models: Future U.S. Climate Uncertain," Science 288 (2000): 2113~114.

제11장 지구 기후 모델은 믿을 수 있나?

1 Bob Herbert, "How Hot Is Too Hot?" New York Times, 24 June 2002.

2 Philip Ball, "Shake-up for Climate Models," Nature, 1 July 2002, ⟨www.nature.com/nsu/020624/020624-11.html⟩.

3 Landscheidt, Solar Activity: A Dominant Factor in Climate Dynamics (Nova Scotia: Schroeter Institute for Research in Cycles of Solar Activity, 1998).

4 Environmental Protection Agency, Global Warming, Climate, 14 October 2004, ⟨www.yosemite.epa.gov/introduction/goals⟩.

5 J. A. Rial et al., "Nonlinearities, Feedbacks, and Critical Thresholds within the Earth's Climate System," Climate Change 65 (2004): 11~38.

6 D. H. Douglass, B. D. Pearson, and S. F. Singer, "Altitude Dependence of Atmospheric Temperature Trends: Climate Models versus Observations," Geophysical Research Letters 31 (2004):doi: 10 (1029/2004): GL020103; and D. H. Douglass et al., "Disparity of Tropospheric and Surface Temperature Trends: New Evidence," Geophysical Research Letters 31 (2004): L13207, doi: 10 (10292004):GL020212.

7 John Bluemle, "Some Thoughts on Climate Change," North Dakota State Geological Survey Newsletter 28 (2001): 1~2.

8 U.S. Environmental Protection Agency, "Heat Island Effect: Basic Information," ⟨http://www.epa.gov/heatisland/about/index.html⟩, 7 February 2006.

9 Fred Singer, Hot Talk, Cold Science(Oakland, CA: The Independent Institute,

1997), 47. Singer quotes James D. Goodridge, "Urban Bias Influences on Long-Term California Air Temperature Trends," Atmospheric Environment 26B 1 (1992): 1~7.

10 S. A. Changnon, "A Rare Long Record of Deep Soil Temperatures Defines Temporal Temperature Changes and an Urban Heat Island," Climatic Change 38 (1999): 113~28.

11 T. R. Oke, "City Size and the Urban Heat Island," Atmospheric Environment 7 (1987): 769~79.

12 U.S. National Assessment of the Potential Impacts of Climate Variability and Change, U.S. Global Change Research Program, Washington, D.C., 2000

13 E. Kalnay and M. Cai, "Estimating the Impact of Urbanization and Land Use on U.S. Surface Temperature Trends: Preliminary Report," Nature 423 (29 May 2003): 528~31.

14 A. T. J. de Laat and A. N. Maurellis, "Industrial CO_2 Emissions as a Proxy for Anthropogenic Influence on Lower Tropospheric Temperature Trends," Geophysical Research Letters 31 (2004): L05204, doi: 10 (1029/2003): GL019024.

15 Laat and Maurellis, "Industrial CO_2 Emissions as a Proxy."

16 Climate Change 2001, chapter 7, section 7.2.2.4: "Cloud Radiative Feedback Processes."

17 Davies, Science Goals: Study of Clouds, NASA, May 2004, 〈www-misr/jpl.nasa.gov/mission/introduction/goals3.html〉.

18 "Natural 'Heat Vent' in Pacific Cloud Cover Could Diminish Greenhouse Warming," American Meteorological Society news release, 28 February 2001.

19 "Fewer Clouds Indicate Climate Change," 1 February 2002, 〈www.ScienceaGoGo.com〉.

20 B. A. Weilicki et al., "Evidence for Large Decadal Variability in the Tropical Mean Radiative Energy Budget," Science 295 (2002): 841~44.

21 Association of State Climatologists, November 2001, 〈lwf.ncbc.noaa.gov/oa/aasc/AASC_on_Climate.htm〉.

제12장 근거 없는 두려움들 : 지구에 급격한 한랭화가 닥칠 것이다

1 Calvin, neurophysiologist and author of A Brain for All Seasons: Human Evolution and Abrupt Climate Change (Chicago: University of Chicago Press, 2002).

2 Robert Gagosian, "Abrupt Climate Changes. Should We Be Worried?" Paper presented at the World Economic Forum, Davos, Switzerland, 27 January 2003.

3 U.S. Global Change Seminar: "Abrupt Climate Changes Revisited: How Serious and How likely?" U.S. Global Change Research Program Seminar Series, 23 February 1998.

4 R. R. Dickson et al., "Rapid Freshening of the Deep North Atlantic Ocean over the Past Four Decades," Nature 416 (2002): 832~37.

5 B. Alley, preface in The Committee on Abrupt Climate Change of the National Academy of Sciences, Abrupt Climate Change: Inevitable Surprises (Washington, D.C.: National Academy Press, 2001), v~vi.

6 David Rind et al., "Effects of Glacial Melt Water in the GISS Coupled Atmosphere–Ocean Model 1, North Atlantic Deep Water Response," Journal of Geophysical Research 106 (200l): 27335~353.

7 Alley, v~vi.

8 Rind et al., "Effects of Glacial Melt Water in the GISS Coupled Atmosphere–Ocean Model 1, North Atlantic Deep Water Response," 27335~353.

9 E. Tziperman and H. Gildor, "The Stabilization of the Thermohaline Circulation by the Temperature–Precipitation Feedback," Journal of Physical Oceanography 32 (2002): 2707~12.

10 Rind et al., "Effects of Glacial Melt Water in the GISS Coupled Atmosphere-Ocean Model 1, North Atlantic Deep Water Response," 27335~353.

11 P. Wu et al., "Does the Recent Freshening Trend in the North Atlantic Indicate a Weakening Thermohaline Circulation?" Geophysical Research Letters 31 (2004): 10.1029/2003GL018584

제13장 태양 그리고 지구의 기후

1 Henrik Svensmark, "Influence of Cosmic Rays on Earth's Climate," Physical Review Letters 81 (1999): 5027~30.

2 Alex Kirby, "Cosmic Rays 'Linked to Clouds,'" BBC News, 19 October 2002, ⟨news.bbc.co.uk/2/hi/science/nature/2333133.stm⟩.

3 "NASA Study Finds Increasing Solar Trend that Can Change Climate," Goddard Space Flight Center "Top Story," press release, 20 March 2003.

4 Paal Brekke, solar physicist with the European Space Agency, "Viewpoint," BBC News, 16 November 2000.

5 Stuiver, "Variations in Radiocarbon Concentration and Sunspot Activity," Journal of Geophysical Research 66 (1962): 273~76.

6 C. A. Perry and K. J. Hsu, "Geophysical, Archaeological, and Historical Evidence Support a Solar-Output Model for Climate Change," Proceedings of the National Academy of Sciences USA 97 (2000): 12433~438.

7 D. T. Shindell et al., "Solar Forcing of Regional Climate Change during the Maunder Minimum," Science294 (2001): 2149~152.

8 N. D. Marsh and H. Svensmark, "Low Cloud Properties Influenced by Cosmic Rays," Physical Review Letters 85 (2000): 5004~7.

9 Philip Ball, "Solar Blow to Low Cloud Could be Warming Planet," Nature, 6 December 2000.

10 H. Svensmark, "Influence of Cosmic Rays on Earth's Climate," Danish

Meteorological Institute, Physical Review Letters 81 (1998): 5027~30.

11 J. D. Haigh, "The Effects of Change in Solar Ultra-Violet Emission on Climate," paper presented at the American Association for the Advancement of Science annual meeting, Philadelphia, February 1998.

12 Drew Slindell et al., "Solar Cycle Variability, Ozone, and Climate," Science284 (9 April 1999): 305~8.

13 N. Shaviv and J. Veizer, "Celestial Driver of Phanerozoic Climate?" Geological Society of America 13 (2003): 4~10.

14 Shaviv and Veizer, "Celestial Driver of Phanerozoic Climate?" 4~10.

15 Shaviv and Veizer, "Celestial Driver of Phanerozoic Climate?" 4~10.

16 J. Veizer, "Celestial Climate Driver: A Perspective from Four Billion Years of the Carbon Cycle," Geosciences Canada 32, no. 1 (2005): 13~30.

17 Veizer, "Celestial Climate Driver," 13~30.

18 Veizer, "Celestial Climate Driver," 13~30.

19 Shaviv and Veizer, "Celestial Driver of Phanerozoic Climate?" 4~10.

20 "Sun's Warming Influence 'Under-estimated,'" BBC News, 28 November 2000, ⟨newsbbcco.uk/hi/English/sci/tech/newsid⟩

제14장 근거 없는 두려움들 : 지구온난화가 대참사를 부른다?

1 "Global Warming Killing Thousands," Reuters, 11 December 2003, ⟨www.wired.com/news/politics/0,1283,62737,00.html?⟩ (1 October 2005).

2. Sierra Club, "Global Warming Impacts: Health Effects," 2004, ⟨www.sierraclub.org/globalwarming/health/conclusions.asp⟩.

3 I. M. Goklany and S. R. Straja, "U.S. Trends in Crude Death Rates Due to Extreme Heat and Cold Ascribed to Weather, 1979-1997," Technology 7S (2000): 165~73.

4 R. E. Davis et al., "Changing Heat-Related Mortality in the United States,"

Environmental Health Perspectives 111 (2000): 1712~718.

5 G. Laschewski and G. Jendritzky, "Effects of the Thermal Environment on Human Health: An Investigation of 30 Years of Daily Mortality Data from SW Germany," Climate Research 21 (2002): 91~103.

6 V. L. Feigin et al., "A Population-Based Study of the Associations of Stroke Occurrence with Weather Parameters in Siberia, Russia (1982-1992)," European Journal of Neurology 7 (2000): 171~78.

7 Y.-C. Hong et al., "Ischemic Stroke Associated with Decrease in Temperature," Epidemiology 14 (2003): 473~78.

8 P. Nafsted, A. Skrondal, and E. Bjertness, "Mortality and Temperature in Oslo, Norway, 1990-1995," www.ncbi.nlm.nih.gov/entrez.

9 S. Hajat and A. Haines, "Associations of Cold Temperatures with GP Consultations for Respiratory and Cardiovascular Disease amongst the Elderly in London," International Journal of Epidemiology 31 (2002): 825~30.

10 N. Gouveia et al., "Socioeconomic Differentials in the Temperature-Mortality Relationship in Sao Paulo, Brazil," International Journal of Epidemiology 32 (2003): 390~97.

11 A. L. F. Braga and J. Schwartz, "The Effect of Weather on Respiratory and Cardiovascular Deaths in 12 U.S. Cities," Environmental Health Perspectives 11 (2002): 859~63.

12 S. M. Robeson, "Relationships between Mean and Standard Deviation of Air Temperature: Implications for Global Warming," Climate Research 22 (2002): 205~21.

13 W. R. Keatinge and G. C. Donaldson, "Mortality Related to Cold and Air Pollution in London after Allowance for Effects of Associated Weather Patterns," Environmental Research 86A (2001): 209~16.

14 W. R. Keatinge et al., "Heat Related Mortality in Warm and Cold Regions of Europe: Observational Study," British Medical Journal 321 (2000): 670~73.

15 Paul Brown, "Global Warming Kills 150,000 A Year," The London Guardian, 12 December 2003.

16 Clifton Meador, Med School (Franklin, TN: Hillsboro Press, 2003), 67~82.

17 Paul Reiter, "From Shakespeare to Defoe: Malaria in England in the Little Ice Age," Emerging Infectious Diseases 6 (January–February 2000): 1~11.

18 S. Horiuchi, "Greater Lifetime Expectations," Nature 405 (15 June 2000): 789~92.

19 Horiuchi, "Greater Lifetime Expectations," 789~92.

제15장 지구를 위한 미래 에너지

1 Stephen Koff, Newhouse News Service, 29 September 2003, ⟨www.newhousenews.com/archive/koff092903.html⟩.

2 Peter Finn, "Europe Unites in Gas Protests," Washington Post, 22 September 2000.

3 "That Was the Week that Was," Science and Environmental Policy Project, 10 April 2004.

4 "Discovery May Spur Cheap Solar Power," 2 October 2003, ⟨www.CNN.com/technology⟩.

5 Mark Clayton, "Solar Power Hits Suburbia," Christian Science Monitor, 12 February 2004.

6 Policy Implication of Greenhouse Warming: Mitigation, Adaptation and the Science Base, Panel on Implications of Greenhouse Warming (Washington, D.C.: National Academy Press: 1992), 775.

7 S. Schneider, "Earth Systems Engineering and Management," Science 291 (2001): 417~21.

8 Schneider, "Earth Systems Engineering and Management," 417~21.

9 LeBlanc, "Constant Battles," Archeology (May/June 2003): 18~25.

10 M. Hoffert et al., "Advanced Technology Paths to Climate Stability: Energy for a Greenhouse Planet," Science 298 (1 November 2002): 981~87.

11 for Policymakers, Working Group III, IPCC Third Assessment Review, 2001: 8.

12 Hoffert et al., "Advanced Technology Paths to Climate Stability," 981~87.

13 Hoffert et al., "Advanced Technology Paths to Climate Stability," 981~87.

14 Hoffert et al., "Advanced Technology Paths to Climate Stability," 981~87.

15 Hoffert et al., "Advanced Technology Paths to Climate Stability," 981~87.

16 Hoffert et al., "Advanced Technology Paths to Climate Stability," 981~87.

17 Hoffert et al., "Advanced Technology Paths to Climate Stability," 981~87.

18 Hoffert et al., "Advanced Technology Paths to Climate Stability," 981~87.

19 Hoffert et al., "Advanced Technology Paths to Climate Stability," 981~87.

20 son, Don, "Environmentalists Sue over Medicine Lake Geothermal Plans," Associated Press, 20 May 2004.

제16장 교토의정서의 딜레마

1 Ron Bailey, "The Kyoto Protocol is Dead," 17 December 2004, ⟨techcentralstation.com⟩.

2 "President Bush Discusses Global Climate Change," transcript of remarks by President George W. Bush in the White House Rose Garden, 11 June 2001, ⟨http://www.whitehouse.gov/news/releases/2001/06/11⟩.

3 "President Bush Discusses Global Climate Change."

4 Lee Myers and Andrew Revkin, "Putin Aide Rules Out Russian Approval of Kyoto Protocol," New York Times, 2 December 2003.

5 Myers and Revkin, "Putin Aide Rules Out Russian Approval of Kyoto Protocol."

6 Myers and Revkin, "Putin Aide Rules Out Russian Approval of Kyoto

Protocol."

7 탄소 배출 관련 데이터는 gas emission data for all ANNEX I countries can be found at 〈www.grida.no/db /maps/collection/climate9/index.cfm〉에서 볼 수 있다.

8 "We'll Fall Short of Kyoto Targets, Ottawa Says," Toronto Star, 2 December 2004.

9 Pomeroy, "Italy Calls to End Kyoto Limits," Reuters, 15 December 2004.

10 Marc Morano, "Greens Concede Kyoto Will Not Impact 'Global Warming,'" 〈CNSNews.com〉, 17 December 2004.

11 Brendan Keenan, "Cost of Ending Global Warming 'Too High,'" Irish Independent, 18 August 2005.

12 Keenan, "Cost of Ending Global Warming 'Too High.'"

13 Mendelsohn and James Neumann, The Impact of Climate Change on the U.S. Economy (Cambridge, UK: Cambridge University Press, 1999).